U0166394

BBC

英国BBC
《聚焦》杂志　编著

青年天文教师连线
高爽　孟南昆　译

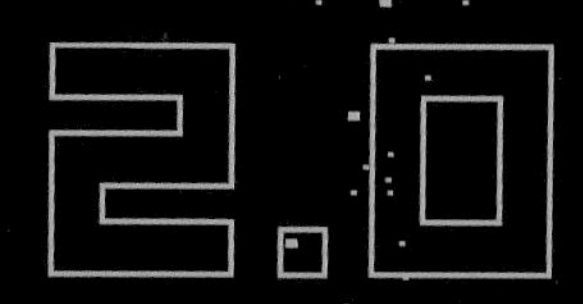

BBC *FOCUS* MAGAZINE

地球2.0

人类对未来家园的美好想象

湖南科学技术出版社　博集天卷 CS-BOOKY

CONTENTS

THE FUNDAMENTALS
宇宙的基石

THE SOLAR SYSTEM
太阳系

BEYOND THE SOLAR SYSTEM
太阳系之外

EARTH TODAY
今日地球

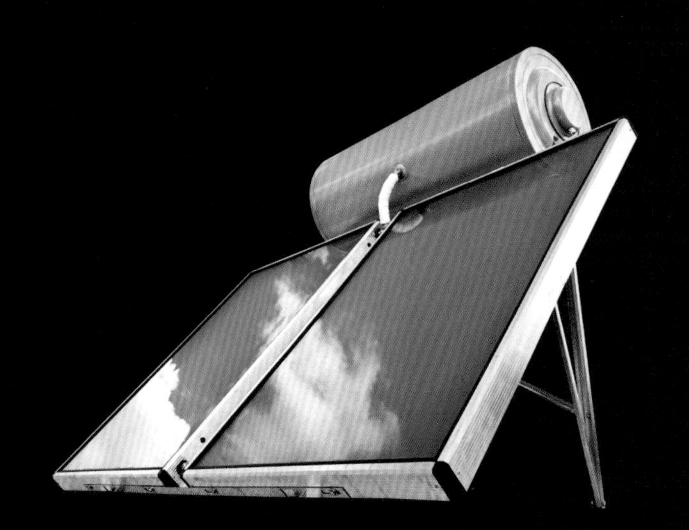

SAVING ERATH
拯救地球

BRYOND ERATH
地球之外

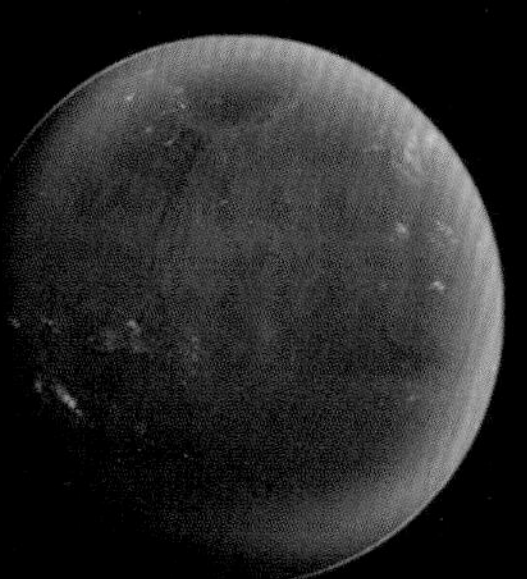

THE FUNDAMENTALS

宇宙的基石

Yω-axis
Xω-axis
EQUATOR
EAST
q = a(1-e)
FA = F2 A2
p = a(1-e²)
b = a(1-e²)^½
c = ae = CF = CF2 ; Yω = r sin v
M = n(t-T)
M = E - e sin E
ω = θ0
Xα = Xf cos θ0 - Yf sin θ0
Yα = Xf sin θ0 + Yf cos θ0
Xf = Xα cos θ0 + Yα sin θ0
Yf = -Xα sin θ0 + Yα cos θ0

我们经历了漫长而持久的过程，为宇宙从单单一个点
开始暴胀寻找证据。但是，约翰·格里宾说，最终它将
成为人类最伟大的发现之一。

宇宙从大爆炸开始

The Universe Started with a Big Bang

Finding proof that our Universe expanded from a single point was a long and drawn-out process. Ultimately, though, says John Gribbin, it became one of humanity's greatest discoveries .

▸ 宇宙微波背景（大爆炸的余辉辐射）的图像

宇宙如何开始是科学面对的问题中最大的一个。在20世纪，一系列天文观测和偶然的物理实验终于证实了大爆炸理论。

弄懂大爆炸

宇宙诞生于一个炙热而致密的状态。这个观念被英国天文学家弗雷德·霍伊尔定名为“大爆炸”。它是最重要的科学概念之一。但是，这个想法诞生的历史还不到100年，并且直到1965年才有证据显示大爆炸真的发生过。宇宙微波背景辐射就是其中一个铁证。然而，在此之前已经有很多间接证据。

事后看来，我们可以在俄罗斯数学家亚历山大·弗里德曼于1922年发表的一篇论文中看到大爆炸思想的起源。弗里德曼研究了阿尔伯特·爱因斯坦的广义相对论，认识到这一理论中描述了空间、时间和物质的行为的方程，可以用于不同种类的宇宙。一些宇宙随着时间的推移从小到大膨胀。一些宇宙从大到小收缩；一些宇宙从一个小小的点膨胀到一定的大小，然后又回到了一个点。当时，没有确凿证据表明，这些数学模型中的任何一个与我们所生存的宇宙相匹配。

这并没有让弗里德曼停止猜测。他在1923年写道：“由于缺乏可靠的天文数据，援引任何描述我们宇宙年龄的数字都是无用功。然而，如果我们出于好奇，计算宇宙从创生于一个点到成为现在状态的时间，即从‘世界的创造’开始所经过的时间，那么得到的结果是数百亿年。”这与现在普遍接受的138亿年相当接近，但当时还没有引起人们的注意。

弗里德曼不知道的是，其实已经有支持他的想法的天文数据了。美国亚利桑那州洛厄尔天文台的维斯托·梅尔文·斯里弗长期研究一种光，产生这种光的源在当时被称为星云（旋涡形的“云”）。这些源是银河系内的气体云（也许是恒星形成的地方），还是远超出银河系范围的更大的天体（本身就是星系）？人们为此展开辩论。

斯里弗惊讶地发现，这些旋涡星云的光线被大大地“红移”了。乍一看可以解释为，红移是由多普勒效应造成的，这些天体正在快速离开我们。（译者注：多普勒效应是指物体辐射的波长因为波源和观测者的相对运动而产生变化。在运动的波源前面，波被压缩，波长变得较短，频率变得较高为蓝移；反之为红移。根据波红、蓝移的程度，可以计算出波源循着观测方向运动的速度。）这表明它们确实在银河系外。但还有另一种

时间线

这可能是古往今来最大的难题：

宇宙怎么开始的?

回答它需要了解数十年间的科学发现……

1931

勒梅特在《自然》杂志中写道："我们可以构想，宇宙开始的形式如同独特的原子，原子的质量是宇宙的总质量。"

1929

爱德文·哈勃发现，一个星系到我们的距离与根据其红移得到的速度成正比。乔治·勒梅特在1927年发表了这一结果，但没有人注意到。

可能性。根据弗里德曼发现的膨胀宇宙模型（但是斯里弗对此并不知情），随着时间的推移，空间的拉伸也产生类似的红移效应。

测量距离

关于旋涡星云的本质的辩论在1924年有了结果。当时加利福尼亚州威尔逊山新建了一台约2.5米的望远镜，爱德文·哈勃就使用它工作。他通过研究"星云"里已知的造父变星，测量出了到仙女座大星云（或称星系）的距离。这就确定了那些旋涡确实是宇宙深处的星系。是时候该有人把红移和距离放在一起，添加到广义相对论的方程中以描述我们的宇宙了。

这个人就是乔治·勒梅特，一个比利时数学家兼天文学家。他见过斯里弗和哈勃，但是对弗里德曼的工作一无所知。他独立地发现了爱因斯坦方程的一些解，它们与弗里德曼所得到的相同，但勒梅特对方程的解释是基于对真实宇宙的观测。综合各方面，他发现一个星系的红移取决于它与我们的距离，也就是说，它的"速度"与它的距离成正比。但勒梅特意识到这不是多普勒效应。正如他在1927年的一篇文章中所说的那样，该红移是"宇宙膨胀的宇宙学效应"。但这篇文章是发表在一份无名的比利时杂志上，没有人注意到它，尽管他把一份副本送给了当时重要的英国天文学家亚瑟·爱丁顿。

与此同时，哈勃也没有闲着。在使用各种技术测量星系的距离的同时，他还招募了米尔顿·赫马森为他测量星系的红移。赫马森是一名初出茅庐的天文学家，却是那时候世界上最好的观测专家。1929年，哈勃和赫马森发表了一篇论文。这篇文章介绍了他们对24个星系的研究成

1964

阿诺·彭齐亚斯和罗伯特·威尔逊发现来自空间各方向的很弱的无线电噪声的嘶嘶声。第二年，这被解释为大爆炸的剩余辐射。

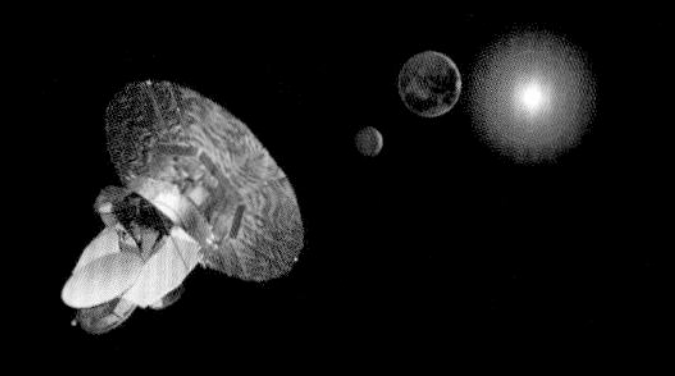

1948

拉尔夫·阿尔弗（上图）和罗伯特·赫尔曼计算发现，原始火球的剩余辐射今天仍然充满宇宙，温度约为5000℃（译注：应该约为5开尔文）。这也发表在《自然》杂志上。

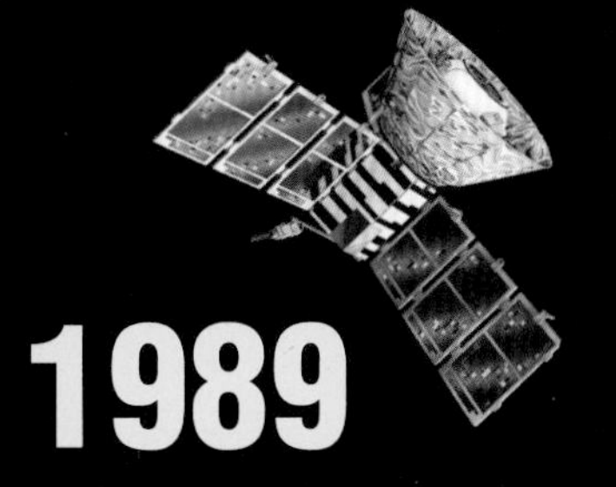

1989

发射了宇宙背景探测者卫星（COBE），用来探测宇宙背景辐射微小的不规则（波纹），以确认大爆炸模型的准确性。

2001

发射了威尔金森微波各向异性探测器（WMAP），对背景辐射进行精确测量，将宇宙的年龄确定为138亿年。

果。其中20个星系的红移是斯里弗之前得到的，4个“新的”数值则来自赫马森。

这就足以让哈勃发表著名的红移一距离关系。它表明星系离我们的距离与根据其红移得到的速度成正比。这正是两年前勒梅特发表的，但现在被称为“哈勃定律”。在哈勃和赫马森的文章里，哈勃常数的值是500千米每秒百万秒差距，与勒梅特的接近。这不由令人起疑。可是，在他们那篇文章中，并没有提到斯里弗或勒梅特。众人皆知，哈勃是一个虚荣且让人不愉快的自我宣传家。在这件事上他也竭尽所能地去赢得所有的功劳和荣耀，并且在很大程度上成功了。

这一次，消息传播得像野火一样。可以理解，勒梅特很恼火。他写信给爱丁顿，提醒他注意那篇1927年的文章。随后，爱丁顿做了一切他可以做的，以传播勒梅特优先发现一事的消息，包括发表那篇文章的英译版。勒梅特最终获得了他应得的荣誉，但是哈勃已经用自己的名字命名了这一定律。

勒梅特的故事并没有结束。哈勃只是对使用红移来测量距离感兴趣，从未尝试将它用来拟合任何宇宙学模型。大多数相对论学家只是简单地将这些方程视为与真实世界无关的东西。然而，勒梅特认真对待这些方程，并尝试用它们来描述宇宙如何开始。在1931年，他推测宇宙可能像“烟花爆竹”一样，从粒子密集的状态激烈地开始，急剧扩张成今天我们看到的这个世界。他在1946年出版了一本书，在其中详细阐述了这一想法，指出宇宙的起源就像个“原始原子”或“宇宙蛋”。这启发了俄罗斯出生的美国人乔治·伽莫夫。他接受了勒梅特的观点，并且在同事拉尔夫·阿尔弗和罗伯特·赫尔曼的帮助下将其进一

◂ 宇宙诞生于一个单一的时空点，这一发现有赖于对来自大爆炸本身的辐射的确认

步发展。

拉尔夫·阿尔弗认识到，来自勒梅特的“烟花爆竹”的热量应该已经以电磁辐射的形式填满了宇宙，今天依然以低温射电波的形式存在。1948年，他在《自然》杂志上发表了一篇论文，结论是“当前宇宙的温度约为5开尔文（-268℃）”。伽莫夫宣传了这个想法一段时间（现在人们经常误以为是他首先提出的），但在那个时代，没有人认为可以探测到这样的宇宙背景辐射，并且这个想法很快被遗忘了。

从20世纪50年代起，这种关于宇宙创生的理论被称为大爆炸宇宙论。但是，大爆炸的想法有一个问题。星系现在移动的速度告诉我们，它们从在勒梅特的“宇宙蛋”中挤作一团到如今已经有多久。“宇宙的年龄”与哈勃常数有关，常数越大，星系远离得越快，宇宙越年轻。对于500千米每秒百万秒差距的速度，宇宙年龄只有大约10亿年，比已知的太阳和恒星年龄要小得多。这就支持了与之竞争的稳恒态宇宙模型，即宇宙一直存在并且总在膨胀，但是随着空间的拉伸，新的原子就会产生，形成新的星系，从而使宇宙看上去总是一样。

迟来的认可

大爆炸的想法逐渐变得更加令人信服，因为更好的望远镜和改进的观测结果表明，哈勃常数比勒梅特和哈勃估计出的小得多，小于100千米每秒百万秒差距。然后决定性的时刻来了。

1964年，阿诺·彭齐亚斯和罗伯特·威尔逊在新泽西州克劳福德山为贝尔电话公司工作。在那里，他们开始调试一台射电望远镜，为射电天文研究测试卫星通信情况。在它可以用于天文研究之前，必须进行校准。彭齐亚斯和威尔逊发现，无论将望远镜指向天空中哪一部分，仪器中总会出现微弱的无线电噪声的嘶嘶声——这恼人的东西似乎是电磁干扰。他们感到很困惑。之后，在1964年12月，彭齐亚斯恰好向另一个射电天文学家伯纳德·伯克提到了这个问题。伯纳德·伯克说，他知道普林斯顿大学的一个团队可能能够解释这个问题。

该团队由詹姆斯·皮布尔斯和罗伯特·迪克领导，还有两名年轻同事彼得·罗尔和大卫·威尔金森。罗伯特·迪克独立地提出了与拉尔夫·阿尔弗相同的想法，但是更前进了一步，启动了一个项目，建造望远镜来寻找所预测的辐射。当彭齐亚斯和威尔逊联系他们的时候，这台望远镜几乎建成了。

这两支队伍群策群力，迅速得出结论，彭齐亚斯和威尔逊所发现的可能确实是“大爆炸”的“回声”。他们给《天体物理学杂志》写了两篇文章。迪克、皮布尔斯、罗尔和威尔金森的文章首先发表，提出了来自早期热宇宙的残余辐射理论。随后，彭齐亚斯和威尔逊以《频率4080 Mc/s处多余天线温度的测量》为题发表了文章，并没有提及该发现的意义，除了这句话：“对于观察到的多余的噪声温度，可能的解释在迪克、皮布尔斯、罗尔和威尔金森同一期发表的姊妹篇快讯里。”这篇文章就是真的曾经存在过一场大爆炸的证明。

在接下来的几十年里，三颗关键的卫星探索了大爆炸的细节。第一颗是1989年发射的COBE，它成功地探测到了背景辐射的波纹。激起这些波纹的是产生后来星系的种子。大爆炸理论胜利了。

术语解析

了解大爆炸所需要的宇宙学术语

▸▸ 宇宙学红移

宇宙的膨胀引起星系之间的空间拉伸，从而引起光或其他电磁辐射的拉伸。这不是多普勒效应，因为它不涉及空间中的运动，但是也以速度为单位来测量。宇宙背景辐射是来自大爆炸的光，红移为1000。

▸▸ 哈勃定律

实际上是乔治·勒梅特首先发现的。这一定律表明星系的红移“速度”与星系之间的距离成正比。那么两倍远的星系就以两倍的速度退行，依此类推。然而，这并不意味着我们在宇宙的中心。无论你从哪个星系观察，这一定律都是相同的。

▸▸ 微波

微波是射电波，在天文学中，被用来研究大爆炸留下的背景辐射。在地球上，它们用于微波炉、雷达和远程通信。宇宙本质上是温度为-270.3℃的微波炉。

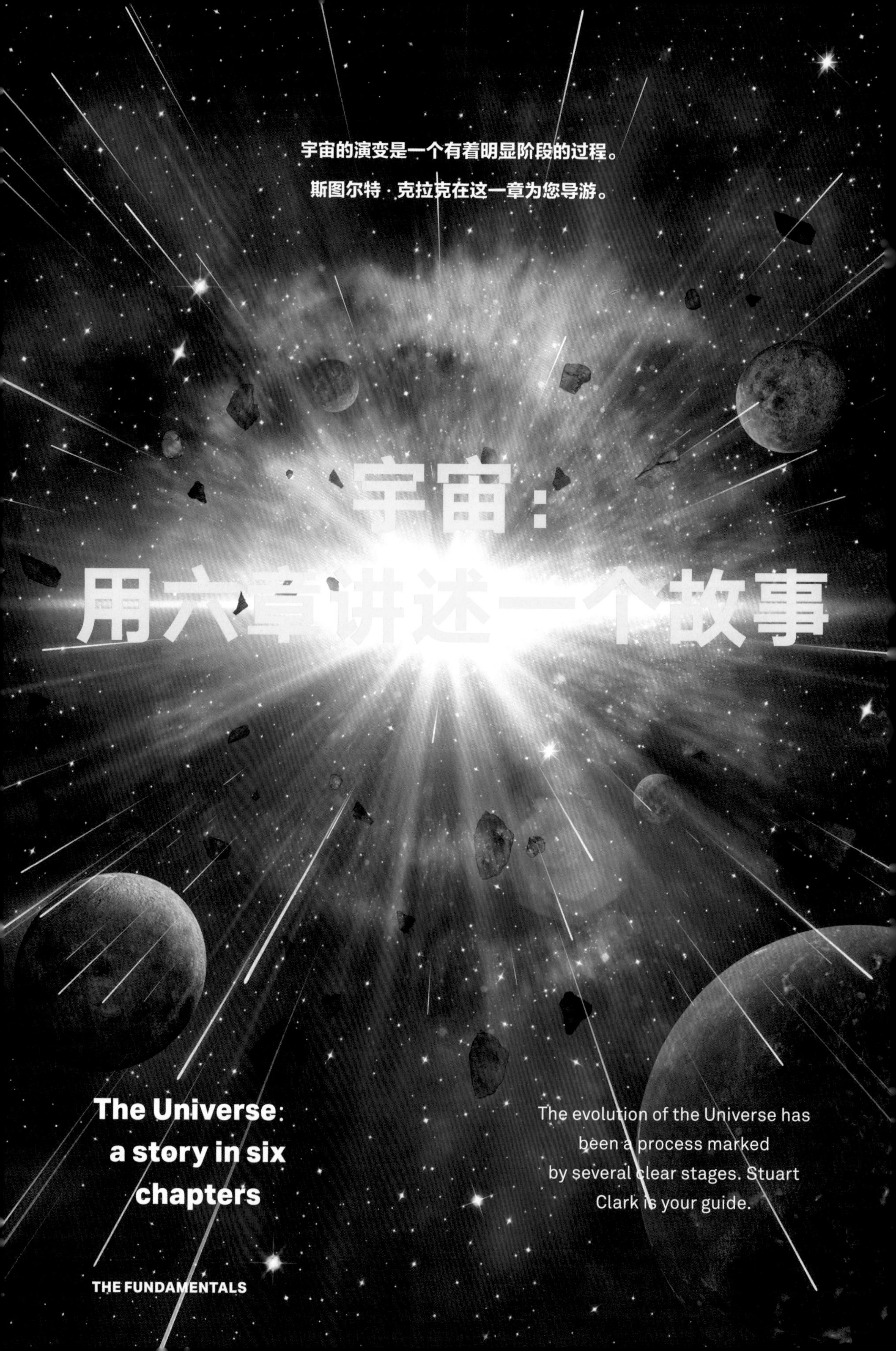

宇宙的演变是一个有着明显阶段的过程。

斯图尔特 · 克拉克在这一章为您导游。

宇宙：用六章讲述一个故事

The Universe: a story in six chapters

The evolution of the Universe has been a process marked by several clear stages. Stuart Clark is your guide.

▸ 大型强子对撞机沿着27千米（16英里[1]）的环发射粒子，然后使它们相撞，以重建大爆炸刚刚发生之后的条件。

2009年可能会被记录在天文教科书中，因为从这一年我们开始了对宇宙的理解革命。这场革命中的起义军不是一个人，而是一台机器——一台被称为普朗克的空间探测器，以伟大的德国物理学家马克斯·普朗克命名。该航天器是欧洲空间局在这一年发射的，负责探测宇宙的“蓝图”，就是今天围绕我们的星星和星系的种子的快照。

一个世纪以来，宇宙学家一直在忙于构建描述宇宙从最早的时刻到今天的故事的数学理论。但现在，对普朗克蓝图的分析显示出很多情节上的漏洞，或科学家所称的“异常”，它们并不符合那些理论。

一方面，普朗克的数据表明，宇宙年龄比预期

1分钟后，整个宇宙类似于一颗恒星的内部，但是空间尺度巨大。

的要大约5000万年。它还包含更多的神秘暗物质和比以前想象的少得多的原子。虽然这些可能听起来很严重，但实际上宇宙学家对此最不担心。

在普朗克记录下的早期宇宙的辐射中，所谓的“冷点”更令人不解——这些地区看起来比目前的理论允许的冷很多。的确，整个宇宙的温度图样看起来不均匀，有些奇怪。

像这样的新发现正在揭示我们宇宙的历史：宇宙如何到了我们今天看到的样子。

1 英美制长度单位，1 英里合 1.6093 千米。

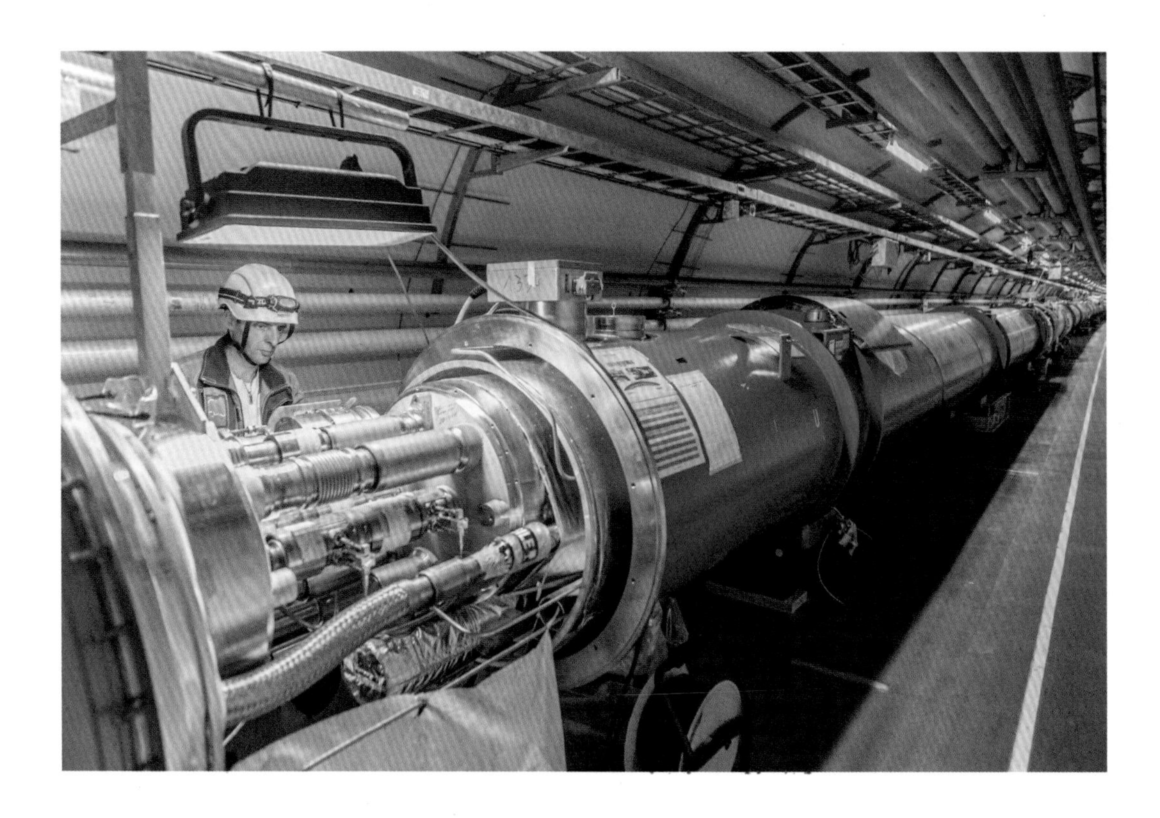

CHAPTER ONE

第一章：大爆炸

大爆炸的那一刻仍然笼罩着与以往一样多的神秘感。它是宇宙开始的点，空间和时间在此形成，我们周围的所有物质和能量都开始存在。现在普朗克望远镜的数据显示，这次爆炸发生在138亿年前。最初，那里没有星星或星系，只是一个热而稠密的粒子和辐射的海洋。

大爆炸之后，空间开始膨胀，使得物质和能量扩散开。麻烦的是我们用来理解扩张的理论，爱因斯坦的广义相对论，在大爆炸的极端密度下失效了，所以物理学家正在寻找一种扩展它的方法。

最好的模板是量子理论，它处理的是非常小尺度的物理，为除了重力之外的所有力提供了研究基础。为研究这样的理论，科学家们必须转向在瑞士的欧洲核子研究组织（CERN）的大型强子对撞机（LHC），用它重建大爆炸之后的几分之一秒内宇宙的存在状态。兰开斯特大学的宇宙学家阿努邦·马宗达博士说：“LHC在实验室里给了我们一个迷你宇宙。虽然实验可以显示在原始宇宙中什么粒子占优势地位，然而理论家们必须形成一个理解它们的理论。”

弦理论是一种可能的量子引力理论，但是不清楚它是否与现实相似，因为数学上目前无法做出任何可以在实验室测试或在宇宙中观察的预测。现在，我们对大爆炸的片刻仍然知之甚少。

CHAPTER TWO

第二章：膨胀

大爆炸后10～35秒

在普朗克卫星之前，几乎每一次对宇宙最大尺度的观测都表明它是非常均匀的。当然，也有星系团和巨大的空洞，但是当把宇宙作为整体考虑时，这些都相对较小。

因此，宇宙学家发展了一个叫作“暴胀”的数学框架，来解释均匀性。1980年马萨诸塞理工学院的粒子物理学家艾伦·古思首先提出一个假设：在大爆炸之后，发生了一段非同寻常的扩张，在眨眼之间，宇宙增长了至少10^{60}倍。这将平滑整个宇宙的任何大尺度偏差，使其看起来均匀。宇宙学家认为只有物质和能量最小的密度起伏才得以保留。出乎意料的是，这些波动被1989年美国国家航空航天局（NASA）发射的COBE卫星发现了，微小到不超过十万分之一。它们是星系成长的种子。

普朗克卫星更详细地测量了这些波动。这个5亿英镑的航天器将全天分为10亿像素，并在其3年任务期间对每个像素观察1000次。这就得到了全空间的微波海洋，即宇宙微波背景的地图，它和之前看到的大不相同。

正是这些大爆炸余辉辐射的微小波动，为天文学家提供了早期宇宙的蓝图，即在大爆炸后几分之一秒内的物质和能量的分布。当普朗克卫星的数据公布后，立即清楚地显示，宇宙学界仍然有问题不能达成一致。

有一个可疑的大冷点表明，早期宇宙中存在一巨大的物质团块，它更致密而不能用暴胀解释。更令人不解的是，宇宙的一面比另一面起伏更强烈，表明整个宇宙的物质分布不均匀。“这很奇怪”，剑桥大学天体物理学教授和普朗克科学团队成员乔治·埃夫斯塔提乌博士说，“而且我认为，如果真的有这样的事情，你必须解释它怎么和暴胀自洽。真的很困惑。”

但是，暴胀理论也可能尚未发展到尽头。芬兰赫尔辛基大学的宇宙学家罗斯·勒纳博士说：“相反，我的直觉是这些异常现象将指向一个更具体的暴胀模型。”她独立于普朗克团队工作。

根据纽约大学的马修·克莱班的说法，异常现象的另一个解决方案是，在突发的暴胀期间，我们的宇宙使劲撞进了一个近邻宇宙。这使我们的宇宙波澜起伏，留下了我们今天看到的异常现象。如果是这样，我们应该把它们当成宇宙的伤痕。然而，检验这样一个有争议的想法是非常复杂的。

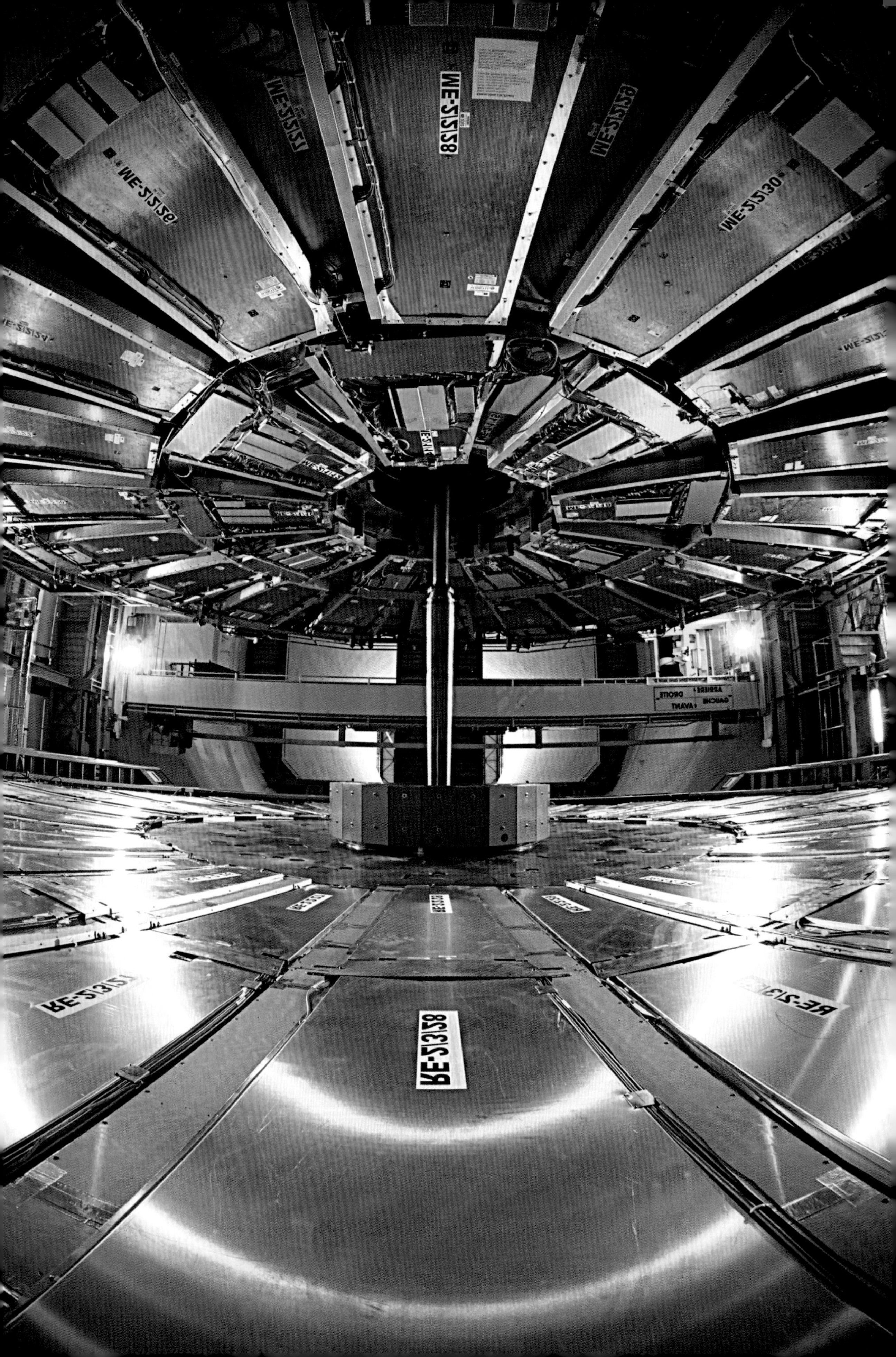

CHAPTER THREE

第三章：粒子的产生

大爆炸后1分钟

1分钟后，整个宇宙类似于一颗恒星的内部，但是空间尺度巨大。在这个"坩埚"中合成的粒子将成为宇宙中所有原子的原子核。这些粒子大多数是单一的质子，它们将合成氢，但四分之一的粒子转变成有两个质子和两个中子的氦原子核。还有微量的锂和铍产生。

所有这些激烈的活动的证据今天依然环绕着我们，存在于组成宇宙的化学成分中。从对太阳和其他恒星发射的辐射的测量我们知道，宇宙中保留着98%的这种原始氢和氦。原始原子中仅仅有2%在恒星内部被合成了较重的化学元素。

◂ 大型强子对撞机（第 14 页）的 CMS（紧凑渺子线圈）探测器（上页）正在寻找可以组成暗物质的粒子

▴ 这个星系形成于大爆炸后不久，那时宇宙只有 10 万岁

CHAPTER FOUR

第四章：物质和能量的退耦

大爆炸后38万年

普朗克望远镜探测到的辐射就是在这个时刻被释放到太空的。在此之前，宇宙一直是由原子核、较轻的粒子和能量组成的炽热团块。整个的原子不可能形成；每当原子核和电子结合在一起时，辐射又将它们分开。

现在，连续的空间扩张削弱了辐射，使得它不再能够分裂原子。这是一个转折的时刻，因为大多数以前的自由粒子现在被束缚在原子中，就像雾被清除了一样。

我们能够在晴天看到地平线，同理，我们现在能通过普朗克望远镜看到该辐射经过了140亿年太空旅行后的样子，而各种后来成为星系的物质团块的密度记录也得以保留。正是这些记录，使如今的人们对此前发生的暴胀产生了疑问。

CHAPTER FIVE

第五章：宇宙黑暗时期

大爆炸后100万年

最初，退耦辐射对人眼来说可能是可见的。当然，没有人会看到它。但是空间的持续膨胀将辐射拉伸到红外波段，然后延伸到微波。

宇宙变得黑暗了。即使在100万年之后，也没有天体，所以没有光源。这就是宇宙黑暗时期。慢慢地，宇宙中的原子海洋开始碎片成团，将它们自身融合成为最初的天体。这是由暴胀后不久形成的粒子组成的“暗物质”云的引力所驱动的。

宇宙黑暗时期以第一代天体的出现而结束。第一代恒星纯粹是由氢和氦构成，一些恒星可能

星系可能不像以前一样频繁地发生碰撞，
但宇宙依然精彩纷呈。

CHAPTER SIX

第六章：现在

大爆炸后138亿年

是太阳质量的数千倍。它们只活了几十万年，然后摧毁自己，并把形成行星和生命所需的较重元素播撒向宇宙。

2013年3月，哈勃太空望远镜（HST）在星际中的“家门口”发现并精确定位了宇宙中最古老的恒星之一。这颗星称作玛士撒拉星，估计年龄为145亿年（上下误差8亿年）。误差幅度如此之小，意味着它与宇宙的假定年龄有潜在的一致性。这可能听起来像是这颗恒星比预测的宇宙年龄更老，但其实问题在于我们在测量恒星年龄时能达到的准确度。它正在太空中加速，离我们只有190光年远。

第一代黑洞是那些现在在星系中心发现的黑洞。虽然黑洞不发光，但落向它引力方向的物体确实会升温并发射辐射。它们也会像第一代恒星一样结束宇宙的黑暗时代。

被称为类星体的第一代星系是贪吃的怪物。其中的黑洞发射出的光和所有恒星加起来发射的一样多。渐渐地，黑洞消耗了附近的所有物质，只剩下恒星在星系内闪耀。

偶尔，星系仍然会碰撞、合并，但这些事件的发生频率，与过去的宇宙发生的碰撞事件相比，少得不值一提。现代宇宙中恒星的形成也显著减少了。但不要以为宇宙变得无聊了。

宇宙学家要解决的最大奥秘出现在50亿年前。奇怪的能量开始加速宇宙的膨胀。天文学家称之为暗能量，但要求他们解释它还为时尚早。

诺丁汉大学的宇宙学家托尼·帕迪拉博士承认：“我们离理解它还很遥远。”从量子物理学出发可以预测暗能量的强度，但它与观测到的相比大得可怕。帕迪拉说：“这真的没有道理，这是一个被忽视了太久的问题。”

但也许不会更久——欧洲空间局正忙着建设欧几里得空间望远镜，计划在2020年发射它。它将以极高的精度研究宇宙扩张的方式，以确定暗能量的确切影响，从而提供关于暗能量是什么的重要线索。显然，宇宙的故事还没有进入结局。

◄ 普朗克望远镜以史无前例的精度对宇宙微波背景的细节做了前所未有的展示（上页）

罗伯特·马修思在这里深入探讨，空间的结构如何帮助我们理解黑洞、大爆炸及现实的本质。

解析宇宙的纤维结构

Unravelling the Fabric of the Universe

Robert Matthews investigates how the structure of space could shed light on black holes, the Big Bang and the nature of reality itself .

毫无疑问，这是最令人难以置信的旅程，是不可想象的终极深度潜水，但我们不是去往海洋深渊底部，而是深入宇宙本身的结构。科学家正在为探索空间的孔径开展宏伟的项目。他们要寻找一种领域，通过了解它的性质，人们对现实本质的观点会发生变化。

它被称为普朗克尺度，远远小于最小的原子甚至亚原子粒子。这种尺度以马克斯·普朗克命名。他是一位德国物理学家，在一个多世纪前开创了量子理论。几乎所有关于普朗克尺度的事情都令人难以置信。今天最好的显微镜可以实现大约1亿的放大倍数，仅仅刚够分辨单个原子。要分辨在普朗克尺度上发生的单个事件，你将需要一个比现在还强大10亿亿亿倍的显微镜。换句话说，你需要的放大倍数如此巨大，以至于单个原子看起来会比整个星系更大。

然而，尽管面临挑战，科学家们仍相信他们正在逼近普朗克尺度。他们已经通过研究宇宙事件提出了一些见解。有些人猜测，对宇宙构造的一瞥可能会出现在正在进行的实验中。

这些结果可能解释了一些最深刻的科学奥秘——包括宇宙是从近140亿年前的一个非常致密的状态诞生的。宾夕法尼亚州立大学的理论家马丁·博约沃尔德教授说：“时空的结构是我们在完全了解自然的道路上遇到的新的前沿，可能也是最后的一个。普朗克尺度对于了解大爆炸和黑洞的中心是什么至关重要。”

根据博约沃尔德教授的观点，科学家对实在的理解现在可能要产生突破，新的观点就像一个世纪前证明了原子存在后产生的一样深刻。“我

◀ 自2008年以来，NASA的费米伽马射线空间望远镜一直在研究伽马射线（上页）

们现在知道物质的原子本质意味着什么，但是对于时空，我们仍然在与19世纪物理学相当的水平上工作，”他说，“如果可以探测到普朗克尺度效应，我们就可以测试和改进关于它的理论。”

改变思想

达到普朗克尺度的企图处于21世纪科学的前沿，但对空间和时间的真实本质的怀疑可追溯到数千年前。在公元前5世纪，希腊哲学家埃利亚的芝诺认为，空间和时间无限可分的“常识”概念导致悖论。他指出，如果空间是无限可分的，那么从一个点到另一个点的想法就成了问题。然而，在日常经验中，似乎并没有这种事。这表明空间无限可分的想法可能是错的。

芝诺之问直到20世纪50年代中期才回到人们的视线。那时，理论家试图统一现代物理学的两大理论：量子理论，它控制着亚原子世界；爱因斯坦的引力理论，它被称为广义相对论。

理论家认识到，只有统一二者的理论才能解释大爆炸的谜团，即宇宙从一个难以想象的压缩状态中爆发出来。爱因斯坦的引力理论本身不能完成这个工作——当试图描述大爆炸的瞬间时，它的方程式就直接失效了。但理论家怀疑，当与量子理论相结合时，广义相对论可能会再次给出合理的答案。粗略的计算表明，这样产生的“量子引力”理论不再意味着宇宙开始时没有任何尺寸。相反，它表明宇宙开始的状态虽然令人难以置信地小，但大小还是有限的，大致等于普朗克尺度。

但量子引力的影响并不止于大爆炸。它们正在此时此地，通过爱因斯坦引力理论与著名的量子不确定性原理相结合的效应，影响空间和时间的本质。

据此，即使明显是空无一物的空间，它的某些特性也密切相关。特别是，一个空间的范围定义得越准确，它的能量大小就越不确定。爱因斯坦的引力理论预测，这将导致时空变得更加扭曲。时空扭曲的程度越大，空间的体积越小，在普朗克尺度达到极限。

马里兰大学的量子引力专家特德·雅各布森教授说：“如果有东西局限于一个普朗克尺度的范围内，那么引力扭曲的程度可能会很大，以至于整个区间都被吞没在一个迷你的黑洞中。所以在普朗克长度的尺度上，时空的弯曲程度是最大的。”

BEYOND EINSTEIN

超越爱因斯坦

寻求万物理论

关于普朗克尺度的最大问题之一是空间和时间在那里会变成什么样。一个想法是，它看上去像时空的泡沫，犹如被风吹过的海面。但大多数人认为，真相只有在物理学的圣杯——万物理论（ToE）被发现后才会出现。

这一探索开始于一个世纪前，当时爱因斯坦试图建立单一的一套方程来描述引力和电磁力。他始终没有发现他的“统一场理论”。不管怎么说，他的方程不能纳入后来发现的强核力和弱核力。

现在，理论家认为他们知道如何创建一个万物理论了：将爱因斯坦的称为广义相对论的引力理论，与亚原子世界的规则——量子理论相结合。挑战在于融合二者描述基本力不同的方法。

合并这些方法的尝试很快遇到了数学上的问题。但是在20世纪80年代中期，理论家们做出了突破。如果一切事物，甚至是空间和时间，都是由“超弦”组成的，许多问题就消失了。

这类多维物体被认为具有两个关键属性。它们非常小：与普朗克尺度大致相同。而且它们至少有10个维度，其中6个卷成令人难以置信的复杂形状，被称为卡拉比-丘流形。

超弦似乎解决了统一量子理论和广义相对论的问题。这些属性一起指向了宇宙“纤维”的新视角。在普朗克尺度上，空间不再平滑和规则，也不会混乱。相反，它就像一个广阔的平原点缀着卡拉比-丘流形。

研究纤维

为什么说哈勃太空望远镜像个巨大的“显微镜”

2011年，意大利帕多瓦大学的法布里齐奥·坦布里尼领导的科学家团队试图用绕地球运行的哈勃太空望远镜来探测普朗克尺度效应。该团队的方法是分析类星体的图像。类星体是可见宇宙边缘上的星系极其明亮的中心区域。因为它们位于数十亿光年之外，这些暗弱的类星体看起来应该是锐利的点状光源。但是在穿越浩瀚宇宙的旅行中，它们的光线应该受到一些宇宙纤维中普朗克尺度效应的影响。而且由于这种效应是累积的，当光到达地球时，越遥远的类星体的图像应该越模糊。

在分析了用HST拍摄的150多个类星体的图像后，该团队一无所获，没有任何普朗克尺度效应的迹象。这件事暗示的是什么仍在争论之中：一些理论家声称该研究并不像它看起来那样严谨。无论如何，没有找到任何东西并不意味着普朗克尺度效应不存在，只是目前关于它的理论尚需改进。

类星体
由超大质量黑洞驱动的非常明亮的星系

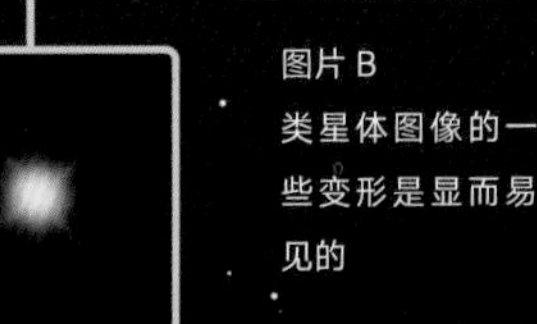

▼哈勃空间望远镜
接收来自类星体的光的空间仪器

图片A
类星体在这个距离上看起来很清晰

图片B
类星体图像的一些变形是显而易见的

图片C
类星体的图像显然是模糊的

如果宇宙在普朗克尺度上确实是扭曲的，那么遥远的类星体的光线在其跨越太空的旅程中会越来越模糊。

一个关于尺度的问题

宇宙的纤维在这个尺度下具体是什么样子，人们还并不清楚，因而提出了各种可能的描述。但大多数人认为，就在此时此地，空间和时间都在普朗克尺度上遭受难以想象的扭曲。至少，如果在这个尺度水平上量子理论和相对论仍然有效，情况就会是这样。雅各布森教授告诫说，但这件事他不能打包票。

他说："如果这两种理论不成立，其他异乎寻常的现象将会发生。这些现象将超越我们目前的理解能力。无论怎样，在普朗克尺度上的现象都可能是'有趣的'。"

只有一种方式可以发现它究竟是如何有趣的：设计一些探索那个尺度上的空间和时间本质的方法。令人惊讶的是，科学家已经有了主意，并且结果相当诱人。

具有讽刺意味的是，迄今为止，大多数进展都是通过对巨大尺度上发生的事件进行研究而得出的。原因很简单：如果有机会积累，即使最小的效应都可以被检测到。对普朗克尺度上的现象来说，这意味着要寻找在距离地球很远的地方发生的事件中的蛛丝马迹。

天文学家最开始是使用NASA的费米太空望远镜尝试这个策略的。费米于2008年发射，能够探测伽马射线——这是宇宙中最剧烈的事件所引起的最具穿透力的辐射。2009年5月，费米探测到了一段持续2秒的伽马射线暴，其源星系的距离超过70亿光年。在这次伽马暴的辐射中，天文学家探测到，有两条光线的波长（也就是能量）相差了百万倍。这使得它们完美地验证了关于普朗克尺度的一个理论：扭曲可能如此强烈，以至于它们违反了爱因斯坦著名的规则，即所有辐射以光速穿过真空。

一些理论家声称，考虑辐射的能量，速度将有显著的差异。但是，尽管能量相差巨大，两次伽马射线在持续了70多亿年的旅程之后，到达费米太空望远镜的时间仅相差0.9秒。根据斯坦福大学的费米科学家彼得·迈克尔森的说法，这对试图推翻爱因斯坦可敬的理论的人来说是个坏消息。他说："这两个光子以相同的速度前进，精度达到一亿分之一。爱因斯坦依然正确。"

继续搜寻

从那时起，科学家们就普朗克尺度效应做了进一步搜索。法国萨克莱核研究中心的菲利普·洛朗博士及其同事发表了一篇研究报告，对

主要事件

对时空理解的一段简史

460BC

公元前460年

埃利亚的芝诺展示了距离可以无限分割的想法如何导致矛盾，暗示对空间的"常识"观点可能会产生误导。

1899

1899年

德国物理学家马克斯·普朗克引入了一个基本的但小而又小的长度单位——普朗克长度，现在被认为是空间失去"常识"属性的尺度。

1915

1915年

阿尔伯特·爱因斯坦发表了他的引力理论。该理论叫作广义相对论，它揭示了空间、时间与引力之间的基本关系。

▸ 费米太空望远镜寻找一个能量是另一个光子（黄色）百万倍的光子（紫色），但没有找到

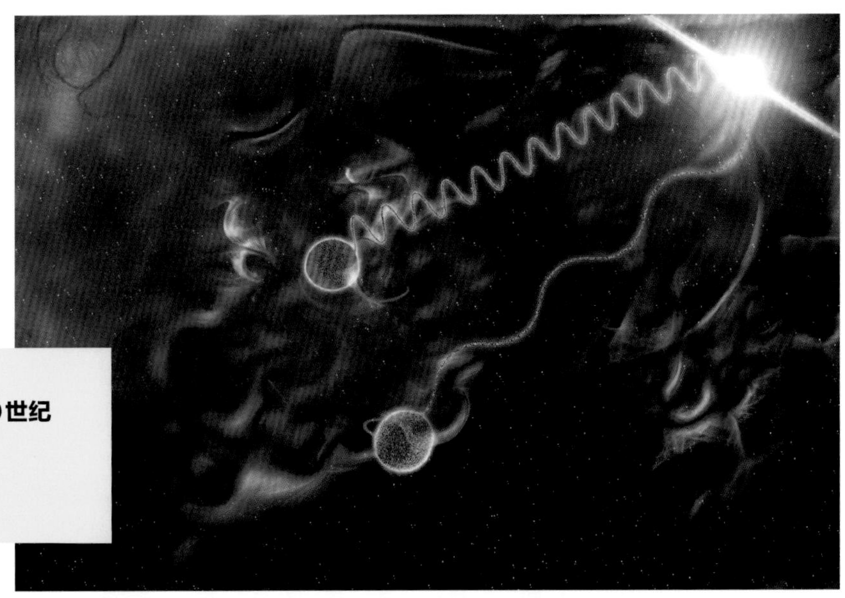

对于时空，我们仍然在与19世纪物理学相当的水平上工作。

象是2004年由欧洲空间局的国际伽马射线天体物理实验室（INTEGRAL）探测到的伽马辐射。根据一些人的观点，当伽马射线穿过真空时，空间和时间在普朗克尺度的扭曲应该使它产生可探测的扭曲或偏振。然而，洛朗博士的团队无法在伽马射线中找到任何极化的证据，排除了这种理论。

意大利帕多瓦大学的法布里齐奥·坦布里尼领导的小组发表了一篇研究，其中探讨了在哈勃太空望远镜拍摄的遥远星系的图像中寻找普朗克尺度的"模糊"。其结果的意义仍然在激烈辩论中，但似乎他们也只是成功地排除了一些关于普朗克尺度的理论。

那么，寻找时空针迹或许真的是一场徒劳？还没有人知道。或许爱因斯坦的有百年历史的概念会得胜，又或许它的溃败会使我们产生关于空间和时间本质的惊人的新洞见。

1955年
美国理论家约翰·惠勒提出了时空泡沫的概念：根据一些理论，它是空间和时间在普朗克尺度上的汹涌湍流。

1985年
理论家试图将爱因斯坦的引力理论与量子理论相结合，并在普朗克尺度上提出了关于空间和时间本质的新观点，如卡拉比-丘流形。

2008年
天文学家使用费米太空望远镜台探测来自宇宙半途的一次爆发的伽马射线。这些射线没有表现出普朗克尺度效应。

2011年
通过研究恒星的爆发和遥远星系的辐射来探测普朗克尺度效应的尝试一无所获，说明关于普朗克尺度现象的一些理论可能有问题。

向上运动的东西一定会掉下来。但是为什么是这样的，人类中最聪明的一些头脑花了几个世纪的时间才搞明白。而且，正如布莱恩•克莱格接下来所解释的，引力的某些方面仍然是一个谜。

引力的本质

What goes up must come down... But why that's the case is a mystery that took some of humanity's greatest minds centuries to figure out.And, as Brian Clegg explains,some aspects of gravity continue to remain a puzzle.

The Nature of Gravity

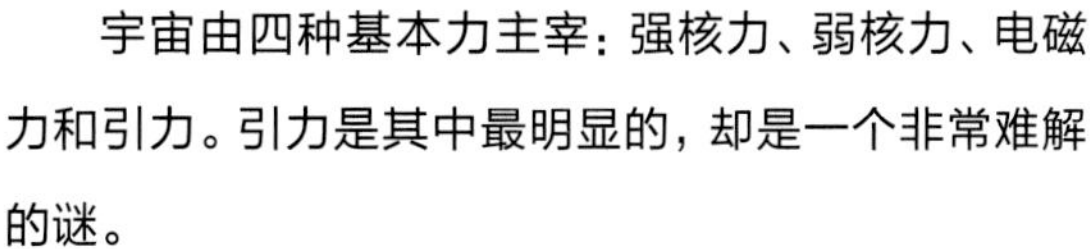

牛顿意识到是引力使行星在轨道上运行，否则它们会沿着直线飞走。

宇宙由四种基本力主宰：强核力、弱核力、电磁力和引力。引力是其中最明显的，却是一个非常难解的谜。

对古希腊人来说，引力反映了元素的本质。亚里士多德描述了土和水具有重性，并且说它们有向宇宙中心（地球）运动的趋势。他认为，空气和火有轻性，促使它们远离中心。但这种趋势只存在于不完美的月球以下的范围。在希腊世界观中，比月球更上面的一切都取决于第五个元素（精质），它允许天体不受干扰地旋转。

要了解亚里士多德的观点，我们需要忘记在学校学到的所有物理知识。重性不是一种力，它仅仅描述了土和水的本质。靠近宇宙中心是它们的自然倾向，正如狗的自然倾向是与猫打架。在亚里士多德对物理学两千年的统治中，关于引力的理论不断被修修补补，但很少受到严肃挑战。

简而言之

古希腊人认为土和水被拉向宇宙的中心，在那时指的也就是地球。但是，多亏伽利略、牛顿和爱因斯坦，我们对这一基本力的认识已经与公元前4世纪的大相径庭。

杰出人物

五位伟大的思想家，他们的工作对人类理解引力至关重要。

公元前384～前322

亚里士多德

作为一位权威的古希腊哲学家，亚里士多德对科学的影响持续了1800多年。令人叹惜的是，他的理论（基于推理而不是观察）几乎都是误导。在亚里士多德看来，引力是物体靠近宇宙中心的一种倾向。

1564～1642

伽利略·伽利雷

这位自然哲学家相信实验的重要性，最后反驳了亚里士多德关于引力的观点。尽管因为支持哥白尼的太阳系模型而受审判是他出名的原因，但他最大的贡献在于对力和运动的系统研究，包括引力的影响。

实际一点

7世纪，伟大的印度数学家婆罗摩笈多提及，引力可能以类似于磁体的方式工作。300年后的伊斯兰学者比鲁尼也有类似的想法，但这不足以撼动亚里士多德理论的统治地位。当哥白尼和伽利略改变对太阳系的描述时，第一道裂痕出现了。如果他们是正确的，地球围着太阳旋转，太阳是新的宇宙中心，那么亚里士多德的引力模型将分崩离析。根据推理而非观察和实验，亚里士多德认为地球是宇宙的中心。如果太阳是中心，那么所有重物都应该飞到太空。

另外，亚里士多德的引力模型使得重的物体比轻的下降得更快。重的物体含有更多的材料，应该感受到更迫切的愿望，因此移动更快。亚里士多德认为这是事实，但伽利略推翻了这个观点。他问，如果将两个不同重量的物体捆绑在一起，会发生什么？根据亚里士多德的说法，重的物体想要下降得更快，并加速轻的物体，但轻的物体会减速较重的物体，使它们以中等速度下降。然而，组合在一起的物体比其中任何一个都重，所以整体应该下降得更快。这根本讲不通。

虽然伽利略肯定没有像传说中一样，让物体从比萨斜塔落下来验证它们同时到达地面，但他做了一个实验，用软木和铅制成摆锤，其中铅比软木重100多倍。而它们是以同样的速度摇摆（继而

1643～1727

艾萨克·牛顿

最伟大的英国物理学家。他在光、运动、引力和微积分领域的大部分工作都是在剑桥完成的，尽管有一些工作是被瘟疫限制在林肯郡的家中做的。后来他任职铸币厂厂长，议员和皇家学会会长，但物理学仍然是他最重要的遗产。

1879～1955

阿尔伯特·爱因斯坦

爱因斯坦出生于德国的乌尔姆市，但十几岁起成为瑞士公民。1905年，他在专利局工作时发表了三篇论文，表明了原子真实存在，奠定了量子理论基础，建立了狭义相对论。他在1915年提出的广义相对论理论至今仍然是引力的标准理论。

1882～1944

亚瑟·爱丁顿

爱丁顿生于湖区，曾在剑桥从事天文学和天体物理学研究。据说当被问到世界上是否只有三个人理解广义相对论时，爱丁顿回答说："谁是第三个人？"

在重力作用下下落）的，他还多次让球在倾斜的轨道上滚动来测量重力的影响。伽利略明确地描述了一种将物体拉向地球的"引力"。

但是，给引力研究提供了科学和数学的支持的人是艾萨克·牛顿。不确定他是否真的受到了苹果落地的启发（苹果肯定没有砸在他的头上），尽管他确实提出了这个说法。1726年4月，在一次与古玩收藏家威廉·斯塔克利的长谈中，晚年的牛顿讲到了苹果的落地让他想到："苹果为什么总是垂直落地？"

根据斯塔克利的记述，牛顿认为，苹果被"牵引的力量"拉向地球，而这个力量一定与其数量成比例。苹果吸引地球，地球吸引苹果。但更重要的是，牛顿飞跃性地提出了"万有引力"这一概念。他突破了亚里士多德的月球屏障，将这个力应用于整个宇宙，意识到是引力使行星保持在轨道上运行，否则它们会沿着直线飞走。

牛顿将这些和更多的内容写入了他的著作《自然哲学的数学原理》，常被称为《原理》。这本书最初用拉丁语写成，不容易阅读。而且，与我们预期的不同，它在很大程度上依赖于几何。但是从这本书我们理解了重要的一点，即引力取决于物体的质量除以它们之间距离的平方。根据这一发现和牛顿的运动定律，足以描述行星和卫星的运动，以及释放物体后它们的下降方式。毫无疑问，这是一场胜利。

然而，牛顿确实遗留了一个问题：这种奇怪的力是如何在一定距离之外起作用的。在《原理》中他写道"hypothesis non fingo"，翻译为"我没有捏造假设"。这是一个诡异的评论：在使用"捏造"这个词时，就像在编造某人的罪证一样，牛顿暗示他的竞争对手正在编造。不过，这个解释的空隙使得牛顿开始受到攻击，特别是因为他使用了"吸引"这个词。今天我们很熟悉用"吸引”来形容引力，但当时它只用于浪漫场合。对17世纪的人来说，他似乎在说地球绕太阳转是由于某种行星的迷恋。

牛顿并非孤军奋战。例如，他的死对头罗伯特·胡克曾经提出，引力是“平方反比定律”，它随着距离的平方衰减，但胡克没能用数学来支持他的想法。是牛顿组建了这个宏伟的整体。

关于引力的解释

尽管有争议，牛顿对于引力如何起作用的确实有一些想法。和很多人一样，他怀疑在空间中有一种看不见的物质可以传播这种力。随着时间的推移，这种机械式的引力模型变得越来越复杂。最流行的是尼古拉·法蒂奥·丢勒和乔治·路易·勒萨热这两名瑞士科学家分别独立提出的想法。他们认为，空间充满微小不可见的颗粒，这些微粒不断地从各个方向轰击物体。当某些东西，比如地球，挡住了粒子流的路，那么被遮挡的其他物体就能免受来自它那个方向的粒子推压。这意味着剩余的粒子将物体推向地球。

这个听起来非常不可能。但直到头脑卓越如阿尔伯特·爱因斯坦才提出了更好的想法，这一突破性的进展就发生在辉煌的1905年开始不久。这一年，他写了三篇改变物理学面貌的论文。这些论文确定了原子的存在，形成了量子理论的基础（凭此他获得了诺贝尔奖），并介绍了狭义相对论，揭示了表面看起来固定的量，如质量、长度和时间流逝如何根据参考系而变化。

两年后，爱因斯坦坐在伯尔尼的专利局，诞生了他认为最令他开心的想法。“我突然有一个想法：如果一个人自由落下，那么他不会感到自己的体重。我很吃惊。这个简单的想法给我留下了深刻的印象，促使我去发展引力理论。”

引力和光

爱因斯坦认识到，引力和加速度是等效的，无法区分。例如，如果你在没有窗户的太空船上，发现自己受到的拉力是g，则有两种可能的解释：一种可能是，你仍在地球表面；另一种是，你可能在太空中，宇宙飞船以9.801米每平方秒的速度加速（与地球引力相同的加速度）。你的仪器探测不到差异，但如果这是真的，它就告诉了我们引力的奇怪之处。

如果我们想象一束光穿过加速的太空飞船，由于运动的原因光束看起来向船舱中的人弯曲。但因为加速度和引力是等效的，同样的光束在引力场中也是弯曲的。爱因斯坦意识到，引力会弯曲空间，将大质量物体周围的空间扭曲，以至于任何沿着直线运动的物体的轨迹在它周围都变得弯曲。行星的轨道运动和光束的弯曲是一个道理。

事实上，他的发现仍然没解决问题。虽然空间的扭曲解释了行星的轨道，但它并没有告诉我们为什么苹果会下落。东西没有理由自己开始运动，但是时空（狭义相对论中对空间和时间的混合）被大质量物体扭曲，正是扭曲启动了运动。支持这一切的数学复杂得可怕，即使是爱因斯坦也需要帮助才能理解它，但是原理很简单。

爱因斯坦的这套理论后来以“广义相对论”闻名，它给了牛顿的理论一个框架，使后者有了生效的原因。不仅如此，广义相对论已经做出了一些与牛顿理论不同的预测，实验证实了与现实相符合的是广义相对论。

从很多方面看来，引力理论似乎都是完备的。它可以用来预测一切，从黑洞的存在性到宇宙随时间变化的方式。但我们的理解还有一个很大的缺口：所有其他自然力如今都被量子化了。

它们不是连续的，而是可分为细小的一份份，称为量子。因而预期也应该存在一个量子引力理论，但还没有建立。弦理论一度看似会提供答案，但是人们越来越担心这种数学驱动的概念将永远不会得到有用的预测，从而使得越来越多的人把兴趣转向了替代理论，如圈量子引力论。

引力和人类

我们现在对引力的认识表明它比古人认为的更重要。引力不仅使物体留在地球上，而且它还促使大量旋转的尘埃和气体云合并，从而形成太阳系。正是引力在太阳中产生温度和压力，与量子效应一起使其经核聚变，产生给了我们生命的热和光。

太空中的实验甚至表明引力对生物来说至关重要，植物的根在无引力指引的情况下很难生长。国际空间站的实验已经表明，鸟蛋需要重力才能孵化。人类在低重力环境中会健康恶化，骨密度和肌肉张力减小，器官因为不受重力束缚，离开原处向上移动而挤压到肺。

引力仍然藏有一些秘密。它保留了相当一部分的神秘面纱。例如，我们不知道为什么它比其他力弱得多。如果您怀疑这一点，请将其与电磁力进行对比：在捡起回形针时，一小块冰箱磁体就可以克服整个地球所产生的引力。我们也不知道如何使引力量子化，但是仍然感谢牛顿和爱因斯坦这两位先驱者的工作，这种基本力已经不完全是一个谜。

术语解析

讨论引力性质时使用的关键术语

基本力

自然界的四大力：引力、电磁力、强核力和弱核力。它们负责粒子之间（以及物质和光之间）的所有相互作用。

平方反比定律

这描述了一个随着平方值变大而变小的量。例如，如果你将两个物体之间的距离加倍，则引力将变为原来的四分之一。

质量

由艾萨克·牛顿引入的一个概念，来描述存在的物质的量。物体的质量是其产生引力的原因，而且不发生变化，而其重量是其质量在特定位置上受到的引力。

相对论

伽利略认为运动是相对的。如果我们与其他物体以相同的速度移动，它相对我们不动。爱因斯坦在他的狭义相对论（反映光速恒定的影响）和广义相对论（引入了引力和加速度）中发展了这个思想。

就在100多年前，阿尔伯特·爱因斯坦撰写了一个开创性的理论，永久改变了物理学。但是这一理论有没有不足?让我们根随马库斯·乔恩进行深入了解。

检验相对论

Relativity on Trial

Just over 100 years ago,Albert Einstein wrote a ground breaking theory that transformed physics forever.But are there any chinks in its armour?Marcus Chown delves deeper.

什么是广义相对论？

广义相对论描述了质量和能量如何导致时空结构扭曲，产生我们认为的引力，这个理论扩展了阿尔伯特•爱因斯坦早期的狭义相对论。这两种理论都是基于物理学规律在任何地方都以同样的方式起作用和光速不变的观念。从这个起点出发，阿尔伯特•爱因斯坦推测，既然一切事物都相对于其他的事物运动，不同的观察者对同一事件的观察就不一样。这就是该理论得名的原因。

1915年11月，在第一次世界大战期间，德国物理学家阿尔伯特•爱因斯坦发表了革命性的引力理论。广义相对论表明：艾萨克•牛顿这位古往今来最伟大的科学家是错误的。不仅如此，它还既预测了黑洞的存在，又预测了宇宙诞生于一次大爆炸，它甚至至少在原理上展示了如何建造时间机器。

爱因斯坦认识到的关键是，在任意小的空间区域内，引力和加速度都是等价的。他得出这一结论，是考虑了伽利略17世纪的观察结果：所有物体，如果从同一高度下降，无论其质量如何，在重力下都以相同的速度下降，同时击中地面。这怎么可能？

爱因斯坦想象了一个远离地球的航天器，以1斜加速。如果内部的宇航员同时放手羽毛和锤子，因为地板以1斜的加速度向上运动，两个物体会同时撞到地板上。如果窗户被涂黑了，宇航员不知道他们在太空中，他们可能会得出结论，他们正在地球上经历重力。

爱因斯坦推测，我们感受得到引力，是由于我们正在加速。难以置信的是，我们之所以没有意识到这一点，是因为物体扭曲了它所处的四维时空。在地球周围有一个我们看不到的时空谷，我们的“自然”运动是沿着时空中的最短路径，或者最小阻力的路径的，也即落向山谷底部。地球表面阻碍我们前进，把我们推回。我们就是这样体验引力的。

简而言之，这是广义相对论。正如理论物理学家约翰•阿奇博尔德•惠勒所说：“物质告诉空间如何弯曲。弯曲的空间告诉物质如何运动。”这套理论已经通过了20世纪的每一项测试，预测和解释了超出牛顿理论范围的现象。但是，我们也知道它在黑洞“中心”和大爆炸这样的“奇点”处会失效。所以物理学家正在寻找它的弱点，希望借此找到更深入、更基本的概念，从而填补爱因斯坦理论的空白。一个尚未得到证实的关键预测是引力波的存在。

捕捉波

引力波是时空结构中的涟漪，如池塘里的波纹，引力波从加速的物体向外扩展。问题是时空比钢铁在硬度上高出1000亿亿亿倍，这意味着让它振动并产生引力波极为困难。只有最剧烈的天体物理事件，如黑洞的诞生或合并，或超密恒星的碰撞才能引起振动。

2015年12月，欧洲空间局启动了LISA“探路者”任务，用来测试空间引力波探测器的概念。

LISA代表激光干涉空间天线，其最终想法是在太空中放置一个巨大的等边三角形。计划大概在2034年完成。三角形将由3颗卫星组成，距离在100万到500万千米之间，使用镜子把激光来回反射。可以把三角形的边看作巨大的尺子，当引力波通过时，预期它会交替地在一个方向上拉伸空间并在垂直的方向上挤压，所以诀窍将是寻找尺子长度的微小变化。LISA“探路者”项目科学家保罗•麦克纳马拉说：“我们希望能够在超过百万千米的尺度上探测到一个原子的宽度那么小的变化。

◂地球周围时空被扭曲成为一个“谷”（上页）
▾南极望远镜是全球阵列的一部分，该阵列被称为“事件视界望远镜（EHT）”，旨在研究银河中心的黑洞

五种方式

在现实生活中感受爱因斯坦的理论

质量

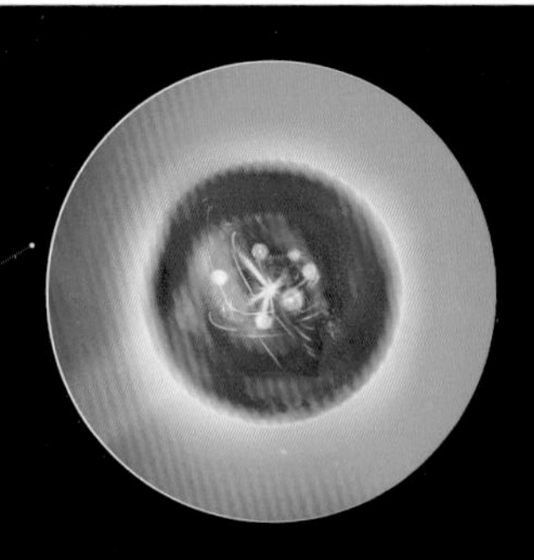

“希格斯场”只占你的质量的1%左右。99%是由于相对论效应。具体来说，组成你的夸克是因为运动得极快，才获得了大量的质量。没有爱因斯坦，你的体重只有1千克左右！

阳光

根据爱因斯坦的理论，质量是能量的一种形式，因此可以转化为其他形式的能量。这种转化正发生在太阳核心，在那里核反应将大约0.7%的氢核质量转化为热，最终转化成阳光。

黄金

当电子在轨道之间移动时，原子吸收并重新发射光。光的能量（颜色）取决于轨道之间的能量差异。黄金本应该显示银色，但其最内层的电子移动得如此之快，以至于它们获得了质量。这改变了其原子反射的光，使其看起来是黄色的。

宇宙

通过望远镜看到的遥远宇宙其实并不在我们认为的地方，而是一个错觉。原因是来自遥远天体的光必须通过物质在时空中创造出来的光才能到达地球。宇宙的图像因此被扭曲了，就像通过磨砂玻璃看东西。

缓慢的卫星

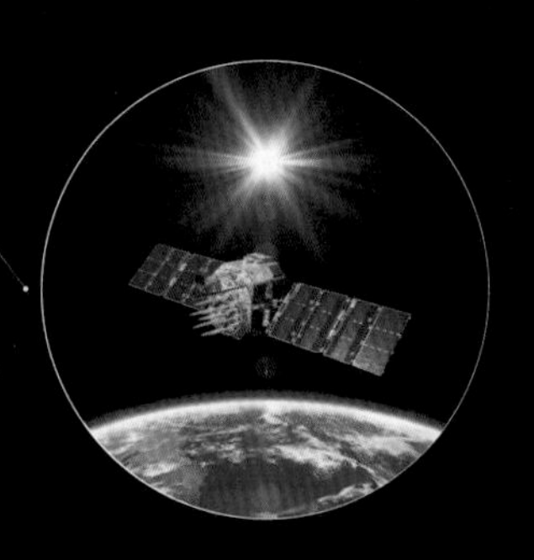

如果你有手机或卫星导航，它会计算你相对于全球定位卫星阵的位置。当这些卫星靠近地球时，它们会遇到更强的引力，因而它们的时钟变慢。这一效应必须在计算你的位置时扣除。

地球表面已经建造了一些引力波探测工具，但是地面的背景振动与真实的源容易相混淆，使得它们对最低频率的引力波无能为力。这种波应该能由LISA探测到。此外，应该有一个由银河系中的白矮星双星引起的数百万次事件组成的“背景”。“双星”是由两颗星组成的系统，围绕着共同的质心运动。“甚至还有可能，太空探测器将能直接测量在大爆炸的一瞬间产生的原初引力波。”麦克纳马拉说。

麦克纳马拉解释说：“电磁波让我们看到宇宙，而引力波将使我们‘听到’它。想象一下去乐团演奏会，但是只能看见音乐家，听不到任何声音的场面。现在我们把声音打开了。这就是我们开始用引力波观察宇宙时的情景。”准备好聆听宇宙交响曲吧！

更深层次

广义相对论在大爆炸和黑洞处失效。那里是物质密度无限大的“奇点”，不能帮助我们寻找更深层次、更根本的理论。希望在于广义相对论在稍微不那么极端的情况下“有”懈可击，这就是“等效性原理的卫星试验”（或STEP）的理念。这台绕地旋转的仪器正在寻求NASA的资助，在1971年提出STEP项目的创始人之一保罗•沃登说：“如果它能够得到支持，可能在6年内就能升空。”

“等效性原理”是个特别的名称，用来说明引力和加速度无法区分，因此所有物体以相同的速度下落。由于这个原理是广义相对论的基础，它是寻找异常的关键所在。人们认为伽利略从比萨斜塔上释放了不同质量的物体，而“阿波罗”15号的指挥官大卫•斯科特1971年在月球上用锤子和羽毛重复了实验。STEP将悬吊由至少三种不同的材料（如铍、铌和铂铱）做成的四对“测试物体”，并观察它们是否相对移动。

物体将被放在液氦罐内，使其与外部温度波动隔离，并被超导外壳包围，以防止电磁干扰。微型推进器将抵消卫星上的大气阻力，使得测试物体的自由落体接近完美。

实验的关键是，地球轨道上的卫星在做其圆周运动时，尽管总是偏离直线路径，却从来没有离地球更近，因为地球的表面永远会沿着曲线远离它。换句话说，它永远在下降。这样可以放大不同质量的物体下落时发生的微小速率差异。

众所周知，等效性原理在万亿分之一的精度上都有效，但是STEP将在这个基础上提高100万倍。将广义相对论和量子理论统一起来的所有尝试都涉及新的力，这可能会以不同的方式影响不同的物质。“违反广义相对论基本上意味着发现一种新的自然力，或者是一些很奇怪的东西，”沃登说，“如果没有违反——至少在实验的精度内——我们可以排除很多引力理论，但不能排除爱因斯坦的。”

“洞”的故事

但是广义相对论可能会在一两年内面临最严峻的检验。到目前为止，这个理论只在引力相对较弱的情况下测试过。没有人在引力强大的地方（接近黑洞）测试过。当事件视界望远镜（EHT）观测到银河系中心的黑洞时（大概是在2017年），一切都将改变。

EHT是由分布在全球各地的射电望远镜构成的阵列。每个地点记录的无线电信号传递到一起，并在马萨诸塞州海斯塔克的一台计算机上进行汇合，模拟出一个与地球大小相当的巨盘。盘越大，观测时使用的波长越短（EHT使用的波长

广义相对论的成功

爱因斯坦的著名理论已经多次得到验证。

水星之谜

水星绕日公转的椭圆轨迹会逐渐改变，即“进动”。它在太阳周围描绘出玫瑰花状的图案，但是水星进动的速率比根据牛顿理论得到的快。爱因斯坦认为，这是因为太阳附近的引力比牛顿所预测的要强。在爱因斯坦之前，这是一个难题，导致人们认为存在一颗行星（祝融星）摄动水星。

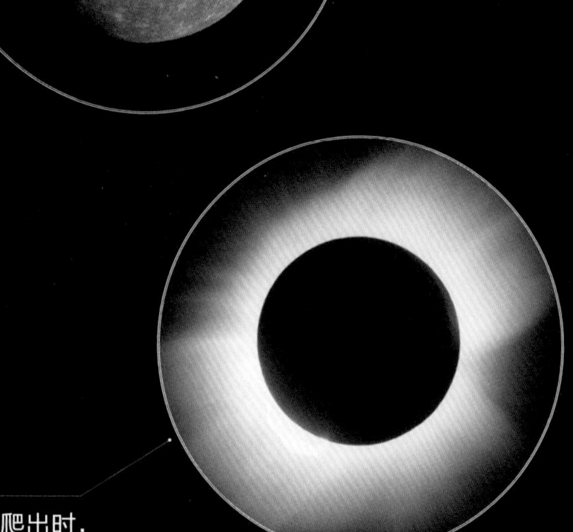

疲倦的光

光从诸如恒星一类的大质量天体所造成的时空谷爬出时，其能量有损失。这等效于它频率的减小，称为引力红移。这已经从致密的白矮星的光下观察到了。

激起涟漪的引力

1974年，拉塞尔·赫尔斯和约瑟夫·泰勒发现了两颗相互绕转的超致密中子星。他们确定了它们正共同旋进，且损失其轨道能量。这个失去的能量正是爱因斯坦预测的应该以引力波辐射到太空的能量。

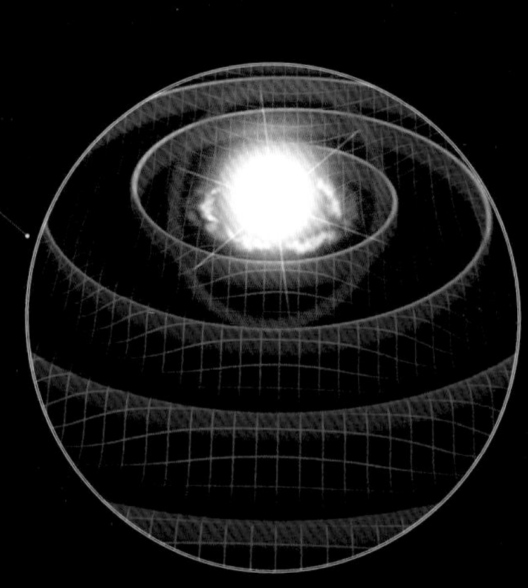

弯曲的光

爱因斯坦计算出，太阳的引力将使来自遥远的星星的光线的路径偏折，偏折程度是牛顿预测的两倍。观察视位置靠近太阳的星星的唯一时机是日全食。在1919年的日全食期间，亚瑟·爱丁顿证实，恒星的位置偏移正如爱因斯坦所预言的那样。

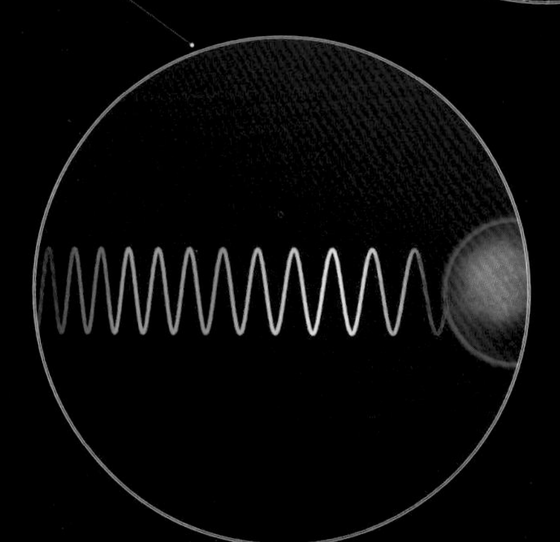

▶ LISA 探路者任务将测试空间引力波探测器的概念

广义相对论可能会在一两年内面临最严峻的检验。

是1.33毫米），就越可以放大天空中的更多细节。

黑洞的问题是它们很难被观测到。恒星质量级别的黑洞太小，而作为其他星系核心的超大质量黑洞（太阳质量的300亿倍）又太遥远。只有一个黑洞在我们可观测范围内——在26000光年远的银河系中心，叫作人马座A*（Sgr A*），由于其自身强大的引力，它的图像会被放大。马萨诸塞理工学院的EHT科学家、EHT团队负责人舍普·多尔曼说："人马座A*就像从地球看月球上的柚子一样大。"

关键是要观察黑洞的视界（任何物质和光线掉入后都无法返回的边界），看它是否像爱因斯坦所预言的那样，或者是否存在。斯蒂芬·霍金认为答案可能是否定的，这将在强引力范围内检测爱因斯坦的理论，该理论从未在这种情况下被检测过。多尔曼说："一幅图像就可以让我们检验在黑洞边界的广义相对论，同样重要的是，它将证明黑洞的存在前所未有地真实可信。一幅图像将标志着我们对黑洞和引力认识的一个转折点。"

多尔曼是谦逊的，黑洞视界的第一幅图像可能成为一幅标志性图像，可以与"阿波罗"8号拍摄的地球在月球上升起的图像相媲美。

在科学世界里，100年是非常长的时间。自从爱因斯坦发表了他的著名论文以来，人们提出了无数理论，但其中有许多是不切实际或行不通的。一个世纪以来，科学领域取得了非凡成就，但广义相对论究竟还有多大的适用空间还有待观察。它的时代将要终结了吗？毕竟，连爱因斯坦都认为这个理论是不完整的。

如果STEP、LISA或EHT能够发现这一庄严外表下最微小的漏洞，科学家就可能制定一种新的引力理论，甚至可能向着难以捉摸的"万物理论"迈开试探性的第一步。

几十年来，顶尖的天文学家一直在孜孜不倦地寻找宇宙最神秘的物质。但是，如果我们看不到它，我们究竟如何知道它是否真的存在呢？下面请看科林•斯图尔特的解释。

10分钟
理解暗物质

Understand Dark Matter in 10 Minutes

For decades,top astronomers have been on an enormous treasure hunt for the Universe's most mysterious substance.But if we can't see it,how on Earth do we know it even exists?Colin Stuart explains...

科学家为什么认为暗物质存在?

直到20世纪30年代人们才发现宇宙中的一切并不像我们看到的那样。瑞士美籍天文学家弗里茨·兹维基那时在研究一个星系团，探索各个成员星系的移动速度。他惊讶地发现它们的速度远远大于他的预期。事实上，它们移动得如此之快，正常来讲应该迅速分散开来，摆脱星系团的引力。可是并没有。于是兹维基推测，星系团中必须有更多物质保持其整体的引力牵引，并将各星系联结在一起。推测和实际差距不小，他估计实际的物质是他看到的400倍。由于无法解释这种神秘的物质是什么，他便称之为“Dunkle Materie”，德语意为暗物质。

与此同时，在观测银河系边缘的恒星时，荷兰天文学家扬·奥尔特也被迫提出类似的理论。他预测，恒星离银河中心越远，公转得就越慢。情况应该与我们太阳系内的类似：行星离太阳越远，公转一周的时间就越长。但是，奥尔特发现观测到的并不是这样。外围恒星的速度比它们应该有的更快。为了解释为什么它们虽然有很高的速度，却仍然被束缚在银河系，他假设有一些看不见的物质产生了遍布银河系的引力。到1980年时，美国天文学家维拉·鲁宾在大约100个其他星系发现了相同的效应。无论这种看不见的东西是什么，它都是广泛分布的。

今天，有种叫作引力透镜的效应提供了更多的证据，表明存在一些奇怪的东西。如果我们看到一个大质量的物体，比如一个星系团，移动到一个遥远的亮源前面，那么前景物体就能够弯曲背景物体的光线。这种光形成一系列的弧，连起来称为“爱因斯坦环”。质量越大，弯曲量越大。然而，星系团中通常没有足够的可见质量来解释我们观察到的弯曲量。我们再次认识到，必须有额外的、不可见的质量存在。

▸ 维拉·鲁宾研究了大量的星系，发现暗物质是普遍存在的

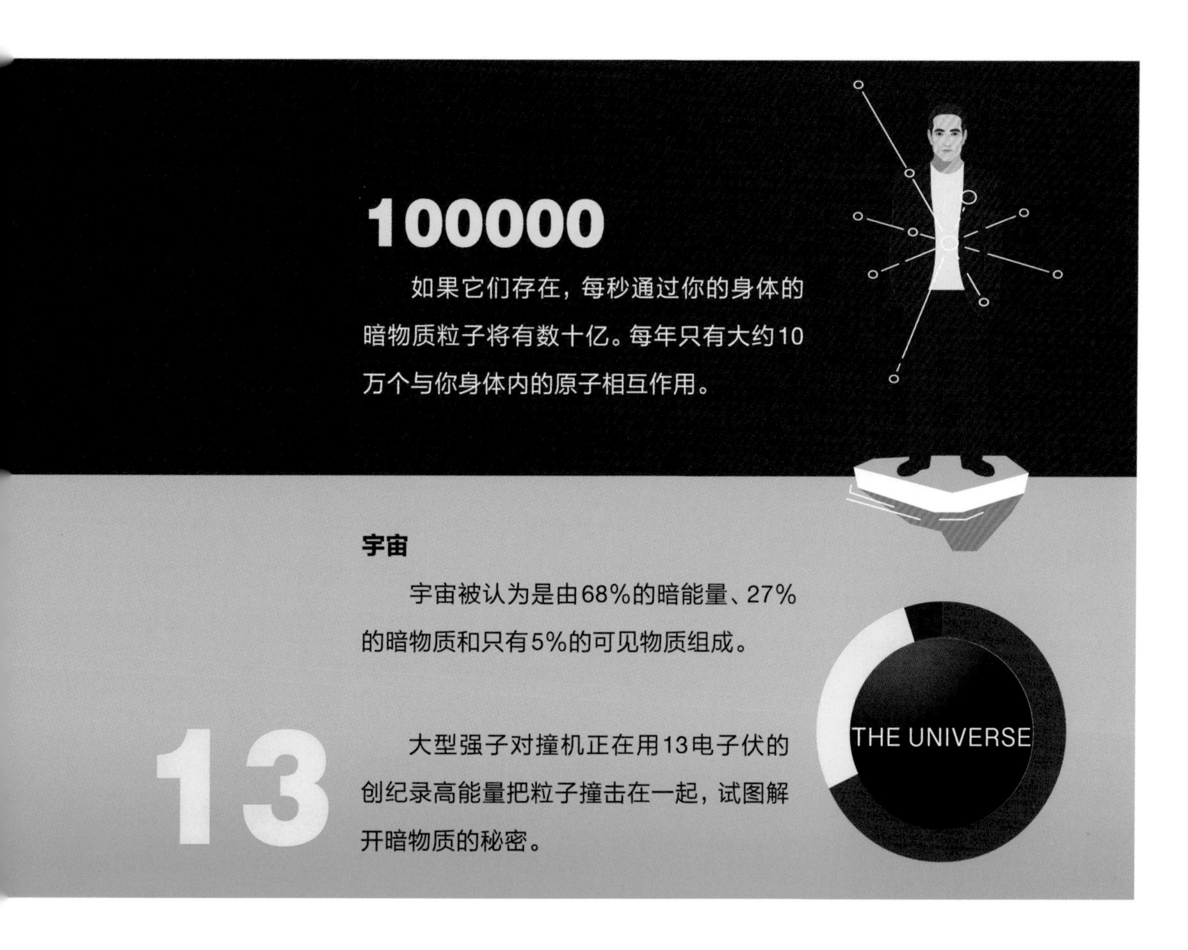

100000

如果它们存在，每秒通过你的身体的暗物质粒子将有数十亿。每年只有大约10万个与你身体内的原子相互作用。

宇宙

宇宙被认为是由68%的暗能量、27%的暗物质和只有5%的可见物质组成。

13

大型强子对撞机正在用13电子伏的创纪录高能量把粒子撞击在一起，试图解开暗物质的秘密。

术语解析

湮灭

一对正反粒子相互作用发生质能转换的过程。两个暗物质粒子相撞时，有可能创造出一系列新粒子。我们正试图通过世界各地和太空的各种实验来检验这一点。

星系

太空中的一大群恒星，就像恒星的城市。我们的是银河系，拥有约2000亿颗恒星。

引力透镜

爱因斯坦的广义相对论的一个预言是质量使得光线弯曲。然而，天文学家经常会看到比目前可见物质引起的更多的弯曲。

中微子

小而且几乎无质量的粒子。我们探测到的主要由太阳内部的核反应产生，额外的中微子可能是由暗物质湮灭产生的，探测到它们将是一个重大的突破。

标准模型

粒子物理学家用来解释亚原子世界的食谱，它包含粒子如何与力和光相互作用的规则。

超对称

一个超越标准模型的观点，认为每个“正常”的粒子都有一个超对称的伴侣粒子。这些超对称粒子中最轻的可能负责形成暗物质。

这是什么？

当天文学家在最大尺度上观测宇宙时，他们看到巨大的星系团串在长长的丝上，形成宇宙巨洞的边界。他们对这种分布的解释是，暗物质通过它们的引力影响提供了一个“脚手架”，把普通物质聚集在了一起。

科学家认为暗物质是什么？

物理学家有一本称为粒子物理标准模型的宇宙食谱。通过使用它的配方，他们可以解释力的行为和粒子相互作用的方式。这个模型已经被多次验证，包括在CERN的大型强子对撞机上的实验。

迄今为止，物理学家还不能根据这本食谱烹饪出行为类似观测到的暗物质的东西。它必须能够通过引力与正常的物质相互作用，然而为了保持不可见，它不能与光相互作用。为了解释这种行为，物理学家提出了一种新的粒子：弱相互作用大质量粒子（WIMPs）。它们是“弱相互作用”的，但不与光相互作用，而“大质量”是因为它们参与了引力的相互作用。

当天文学家对宇宙进行计算机模拟的时候，他们在宇宙的演化中加入了WIMPs形式的暗物

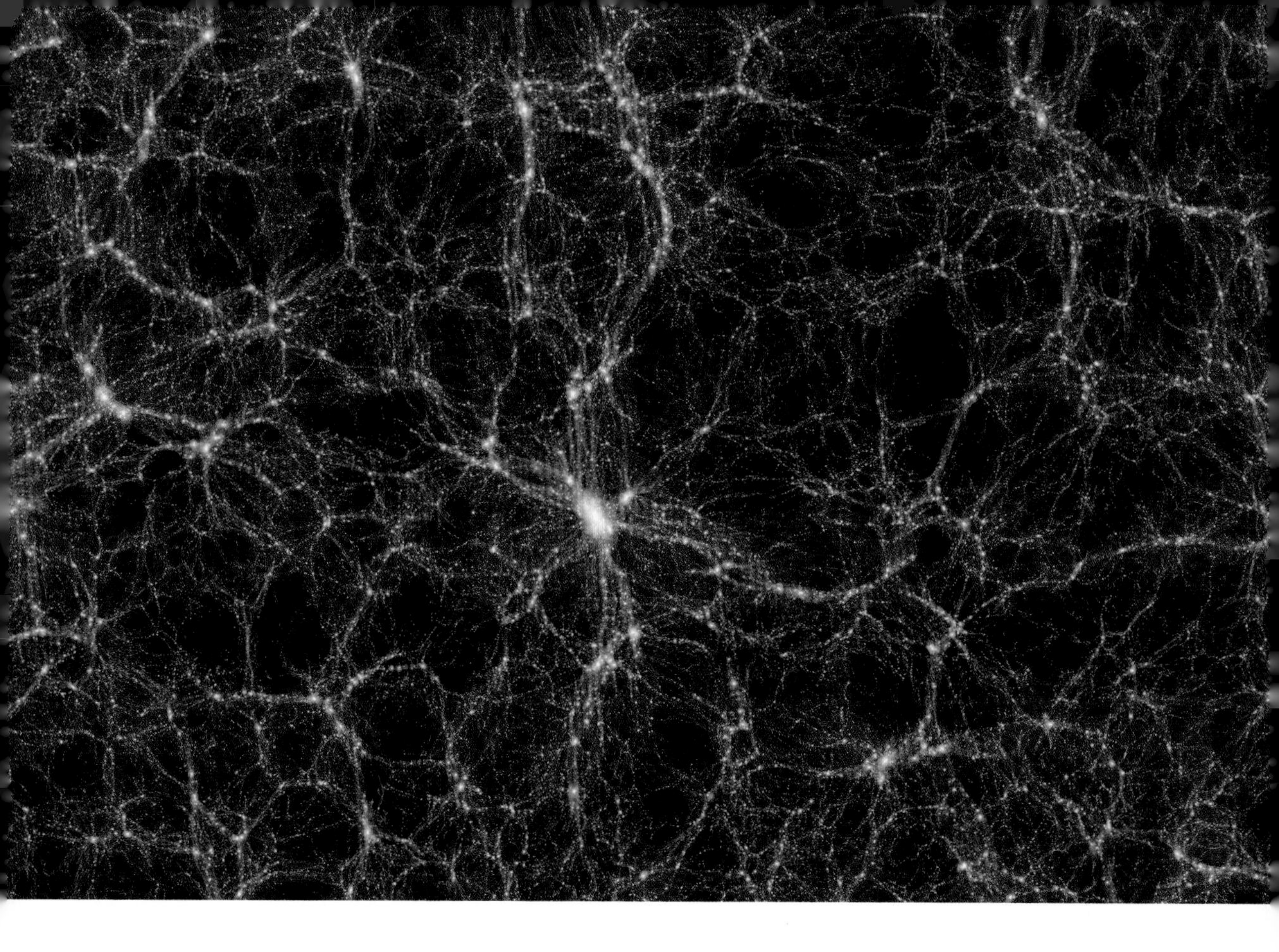

质，得到的结构与我们今天看到的星系分布相当匹配。被称为“超对称”的超越标准模型的物理理论也似乎与这幅图相吻合。

在过去有过其他的解释，包括MACHOs（代表“大质量致密晕天体”）。它的想法是，在银河系中有许多像黑洞一样不可见的大天体，当把所有可见物质加在一起时，没有包括它们，因此我们低估了银河系的质量。

科学家为寻找暗物质都做了些什么？

如何找到那些注定看不见的东西？你当然看不到它。更糟糕的是，WIMPs非常诡异，以至于它们几乎总是直接穿过正常的物质，包括你建立的用来捕捉它的任何探测器。

换个角度说，暗物质是如此海量，以至于每秒有数十亿个暗物质粒子不受阻碍地穿过你。然而，平均来说，在任何5分钟的时间里，这些暗物质粒子中只有一个与你体内的正常物质原子相互作用。

基于暗物质粒子偶尔与正常物质相互作用的想法，人们在南达科他州地下深处开展了大型地下氙实验。

科学家们征用了一座废弃的金矿，并在1.6千米的深处建立了一个暗物质探测器。它由370千克液体氙气和包围它的264，979升水组成，用来探测WIMPs与氙气偶然的相互作用。如果WIMPs反冲氙原子，那个原子将通过液体加速，从而产生可被周围的超敏感相机拍摄到的闪光。科学家也许还能够在暗物质和它自己相互作用时，通过被称为湮灭的过程来检测它。发生这种情况时，会产生一系列“正常”的粒子，我们应该能够把它们挑出来。一个这样的仪器是目前捆绑到国际空间站的阿尔法磁谱仪（AMS-02），它正试图找到银河系中心附近的WIMPs湮灭产生的原子碎片。

太阳也可以帮忙。作为太阳系中最大的天体，它应该正扮演一个巨大的宇宙真空吸尘器角色，扫除它在银河系中运动的轨道上的暗物质粒子。一些暗物质粒子会在太阳内部湮灭，产生正常粒子流。不幸的是，太阳是如此致密，几乎所有这些次级粒子仍然困在里面。然而，有一种类型的粒子（中微子）能出来并穿越太空到达我们。例如，放置在南极的冰立方等实验仪器，就是为了收集这些指示信号。

此外还有大型强子对撞机（LHC）。为了提高机器的功率，实验关闭了两年。2015年5月5日，LHC开始将两个质子碰撞在一起。希望通过把比以前能量更大的粒子碰撞在一起，让大自然开始展示其内部运作的更多秘密。

暗物质可能是其他东西吗？

到目前为止，我们一直假设暗物质是有形的，是真实存在的东西。但如果不是呢？如果它是幻影呢？也许它只是一个征兆，表明我们没有正确地理解引力？这正是所谓的修正牛顿动力学（MOND）的倡导者支持的。

请记住，引入暗物质的初始原因之一，是为了解释这样一个事实：即与我们的太阳系行星不同的是，银河系中的恒星并不会随着它们离银河系中心的距离增加而减慢速度。但是如果在小尺度上（如太阳系）有一套引力的规则，大尺度上（如银河系）有另外一套规则呢？虽然牛顿的引力定律允许我们把人送到月球上或把太空飞船送到行星上，但是将这些规则应用到不适用的区域，也许会造成困惑，使我们误认为恒星的运动很奇怪。

这个想法最早是由以色列物理学家莫德采·米尔格若姆在1983年提出的。他认为在加速度小的地方（就像在旋涡星系的边缘），引力可能会更强。这些想法可以帮助解释星系运行的细节，这是暗物质理论不能解释的。然而，目前没有理由怀疑引力在不同尺度上的表现不同，MOND很难解释为什么星系团以观测到的方式聚集在一起。

暗物质和暗能量有任何关系吗？

没有。暗能量是人们给加速宇宙整体扩张的神秘实体起的名字（一种反引力）。相比之下，暗物质可以被认为是引力胶，帮助星系和星系团聚在一起。它们都拥有同一个形容词，表明我们对两者真实本质的无知，从它们是什么这点说，我们确实在黑暗中。

可以把宇宙的历史看作是这两个黑暗实体之间的一场拉锯战。当宇宙年轻的时候，星系靠得

现在把它解释给朋友

1.

当天文学家望向宇宙时，他们看到许多现象表明，宇宙中有比望远镜所能看到的更多的物质。通常情况下，特定地点的引力似乎更强，这表明有一些看不见的东西造成了额外的引力。

很近，暗物质占主导地位（宇宙膨胀缓慢）。然而，随着它的扩大，星系又进一步分离，暗物质作用于最大尺度上的合力开始减弱。现在暗能量正在赢得这场战斗，正在加速宇宙的膨胀。

那么有多少暗物质在那儿？

暗物质完全支配着组成人类、行星和恒星的普通物质。我们的银河系大约有90%的暗物质，只有10%的“正常”物质（也称为重子物质）。在宇宙的所有物质中，85%是暗物质，只有15%是重子。

然而，有一点要小心，那就是区分宇宙有多少是由暗物质构成的，和宇宙的物质有多少是暗的。根据爱因斯坦著名的方程$E=mc^2$，质量和能量是同一枚硬币的两面。这导致宇宙学家经常谈论宇宙的质量能量（所有的质量和所有的能量放在一起）。用这些术语说，宇宙有68%的暗能量，27%的暗物质和仅仅5%的可见物质（原子）。如果我们对能量部分进行换算，数字会变成85%以上的暗物质，约15%的重子物质。

捕捉暗物质和我有什么关系？

和所有的科学研究一样，很难从一开始就预测其实际应用。然而，许多技术经历大浪淘沙，最终进入日常生活。以CERN为例。历史上第一个网站是http://info.cern.ch。这项技术的设计目的是在实验室的计算机之间进行通信。

暗物质搜寻的一个可能的副产品是改进的数码相机。目前大口径全天巡视望远镜正在建设之中，到2021年，它将开始从智利沙漠山顶的台址观测天空。它配备了惊人的3200兆像素相机，将能够绘制出宇宙的结构，以测试暗物质的理论。通过建造这样一台巨大的相机，这些新技术最终将应用在商业摄影和医疗成像市场。

Two

2.

因为我们看不到它，所以我们把这个东西称为暗物质，认为它占宇宙中所有物质的85%左右。关于它是由什么构成的，我们最好的想法是，那是一种尚未被发现的粒子，称之为WIMPs（弱相互作用大质量粒子）。这是以它可能具有的性质命名的。

Three

3.

世界各地和太空的实验仪器都在寻找WIMPs参与相互作用的证据。搜寻一无所获，促使一些科学家转向另一种称为“修正的牛顿动力学”（MOND）的理论，认为引力在不同的尺度上有所不同。

最伟大的科学家、几个世纪的研究，都试图把地球在不断扩张的宇宙中定位。正如贾尔斯·斯帕罗所解释的，我们现在可以确定我们在哪里了。

我们在宇宙中的位置

Our Place in the Universe

Science's greatest minds and centuries of research have tried to position Earth in the ever-expanding Universe. As Giles Sparrow explains, we can now be certain of where we are...

简而言之

16世纪，超新星和彗星帮助天文学家确定地球围绕太阳旋转，而不是相反。这为科学家们计算宇宙的真实尺度铺平了道路。

我们处于什么位置？2000多年来，天文学家花了很多时间来回答这个问题。每一次新的发现都使得地球和人类在宇宙中的地位进一步降低。但是这些发现也极大地拓宽了我们对整个宇宙的认识，帮助我们确立了地球上生命不稳定的地位。

大多数早期的“宇宙论”更多地源于神话而不是科学。但到了公元前6世纪，古希腊哲学家们首次发展了非神话学的理论。现在留存的最早的来自米利都的阿那克西曼德，他认为地球不是宇宙的中心，而是扁平圆筒的上表面，在空间中自由飘浮。

一个世纪以后，菲罗劳斯将地球想象成几颗在圆形轨道上运动的行星之一。然而，它围绕的不是太阳，而是一团看不见的、神秘的中心火。太阳是次级火（或者也许是一面镜子），沿着它自己的轨道绕中心运动。菲罗劳斯的模型首先提出了天体的视觉运动至少部分来自在地球上的观测者的运动。

到了公元前4世纪，这些观念被一个重要的认识推翻了。如果地球在运动，那么我们看到的天空当然应该和其他物体一样，受到“视差”的影响。换句话说，当我们改变观测位置时，附近的一棵树相对于远处的森林移动得更快。相似地，地球在太空中的轨道运动是不是应该让天体随着时间的推移来回移动它们的视位置呢？

出于这个原因，伟大的哲学家亚里士多德认为，地球一定是宇宙的不动中心。中心火的观念现已失势。太阳、月亮、行星和恒星固定在同心晶体球壳上，球壳带着它们环绕地球做圆运动。那时人们已经知道地球是球形的，尽管受到了观测的挑战，亚里士多德的思想此后还是持续了近2000年。

在16世纪，几个事件共同作用，彻底地打破了地心说的束缚。16世纪初，波兰的尼古拉斯·哥白尼教士开始发展一种替代性的日心系统，它似乎比地心系统更好。

他不是第一个质疑地心说教条的教士，但是当他提出他的观点时，恰逢宗教改革。在这一时期，很多长期为人接受的假设第一次遭到质疑。哥白尼在1543年临终前才出版了他的《天体运行论》一书的最终版本，但是它迅速在新教的北部欧洲流传开了。

很快，发生了两起宇宙事件，帮助了日心说天文学的发展：首先是在1572年，仙后座爆发了一颗超新星（爆炸的恒星）。然后在1577年，一颗壮观的彗星扫过了地球的天空。丹麦天文学家第谷·布拉赫两者都观测到了，发现它们缺乏明显的视差，从而证明了这些物体比月球远得多。超新星动摇了长久以来关于恒星不变的信念，彗星则提供了最终解决行星轨道问题的关键。

使用第谷的观测数据，他的助手兼合作者约翰内斯·开普勒发现，彗星的运动必须遵循一个椭圆轨道，因此会通过假想的支撑其他行星的晶体球壳。开普勒进而把行星的轨道模拟成绕太阳的椭圆形路径，最终自1609年起，接连得到了三条行星运动定律，提供了几乎完美的预测。

最后，地球的身份定于太阳系中的几颗行星之一。但是直到1671年，意大利天文学家乔凡尼·多美尼科·卡西尼测量了火星的轨道，才

时间线

哥白尼在16世纪40年代确立了以太阳为中心的日心说，改变了天文学的发展方向。

1609

德国天文学家约翰内斯·开普勒在一部名为《新天文学》的著作中发表了他的前两条行星运动定律。开普勒定律用椭圆而不是圆形轨道，准确地描述了日心系统中行星的运动。

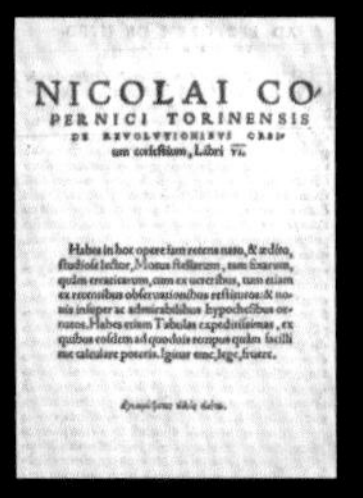
NICOLAI CO
PERNICI TORINENSIS
DE REVOLVTIONIBVS ORBI
um coelestium, Libri VI.

1543

尼古拉斯·哥白尼出版了他的《天体运行论》，提出了一个太阳系的详细模型，它是以太阳为中心，而不是以地球为中心的。

确定了行星际空间的真实尺度，行星之间相隔数千万千米甚至更多。

尽管哥白尼和开普勒有这些突破，但是他们认为，所有的“固定恒星”都位于空心宇宙球壳内部，与地球的距离相同。最早怀疑这件事的人之一是英国天文学家托马斯·迪格斯，他在1576年出版了一本英文的年鉴，用以推广哥白尼理论。他还论证说，在太空中存在着随机散布的无限的恒星海洋。

开普勒的发现碰巧赶上了望远镜的发明，天文学家很快就利用上这种新的仪器，以前所未有的精度进行测量。然而，令人沮丧的是，所有哥白尼理论预言的恒星视差的迹象仍然难以寻觅。因此，还有一些天文学家对这个宇宙的新模型保持谨慎。

1687年，艾萨克·牛顿在他的《原理》中一劳永逸地解决了问题。他的运动定律和万有引力定律不仅为开普勒定律提供了解释，而且还首次对恒星距离做出了合理的估计。基于亮星天狼星具有与太阳相同的内禀亮度的假设，他计算出它的距离是地球至太阳距离的80万倍（现代术语是12.6光年）。牛顿对天狼星的估计距离比真实距离高出45%，但更为重要的是，它表明恒星的视差必须很小，测量它将是一个巨大的技术和观测挑战。

实际上，直到150多年后，德国天文学家弗里德里希·贝塞尔才最终解决了这个问题。1838年，贝塞尔宣布他已经测量了一个叫作天鹅座61的微弱星体的视差（角度小于满月直径的1/5500）。在那个时候，科学家已经独立计算了地球与太阳的距离，所以只用了简单的几何，贝塞尔就找到并计算出了到天鹅座61的距离，按现代术语说是10.3光年。

随着贝塞尔的突破性发现，天文学家开始建立恒星视差星表，但进展缓慢。到了19世纪末，只有几十颗有准确的数值。在照相巡天技术发明后，人们才有了大规模地测量视差的能力。

1917

哈罗·沙普利绘制了银河系周围球状星团的分布图，显示出我们的太阳系位于距银河系中心数千光年的地方。

1838

弗里德里希·贝塞尔利用视差来测量天鹅座61到地球的距离。现在我们知道它是离我们约10.3光年的橙矮星双星。这次测量首次直接确认了星际距离的巨大尺度。

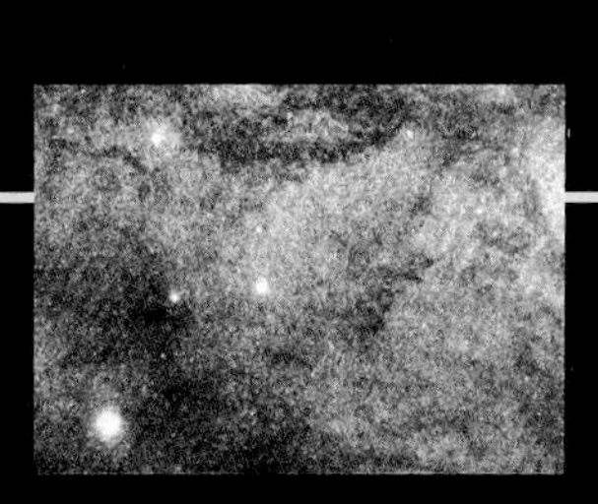

1924

爱德文·哈勃发表了造父变星位于仙女座星系的第一个证据。这证明它们不是银河系的一部分，我们的银河系只是一个可能无限大的宇宙中的一个星系。

视差曾经是（现在仍然是）直接测量星际距离的唯一方法，但是它仅限于相对较近并且移动相对较大的天体。幸运的是，通过直接测量提供的信息，天文学家可以研究恒星的物理属性，例如其固有的亮度或光度。人们很快发现，与牛顿的前提相反，恒星差异很大；这些差异将提供测量宇宙距离的下一个阶梯。

将恒星的光度与它们的光的波长分布（粗略地说，它们的颜色）相比较，可以发现波长分布中明显的模式，这些模式显示在反应恒星性质的著名的“赫罗图”中。天文学家可以用这个图，基于“光谱类型”和恒星在我们天空中的视亮度，估计恒星的大体距离。

天文学家很快发现，某些恒星的光度与它们其他的特性紧密相关。这些恒星被称为“标准烛光”，因为这种光源的光度是已知的，可以用来测出远远超出视差测距范围的宇宙距离。

第一批标准烛光被用来确定银河系的尺度。人们早已认识到，天空中星星的分布是不均匀的。早在1781年，威廉·赫歇尔就试图测绘银河系的形状，并通过计算不同方向的恒星数量，来确定我们在其中的位置。但是，就像牛顿一样，他假设所有的恒星都具有大致相同的亮度，最终只得到了一个有缺陷的模型，其中太阳位于银河系中心附近。

直到1908年，美国天文学家亨丽埃塔·斯万·勒维特才发现，有一类恒星具有与其内禀亮度相关的亮度波动周期，它们就是造父变星。另一个美国人哈罗·沙普利使用这些恒星测量了银河系球状星团的位置。这些密集的球位于银河系中央平面的上方和下方，他发现它们似乎集中在朝着人马座（也即射手座）的方向，在距离地球

◂ 欧洲空间天局的盖亚正在绘制由 10 亿个天体组成的银河系 3D 图像（上页）

数万光年的一个区域里做圆周运动。他推测这可能是我们银河系的中心，太阳只是周边恒星盘中一颗不起眼的恒星。

鉴于测得的银河系尺寸相当大，当时一些人认定，我们的银河系事实上就是整个宇宙，另一些人则认为在天空的许多地方看到的暗弱的“旋涡星云”本身就是星系，只不过与我们隔了巨大的星系间空间。这个争论在20世纪20年代中期由爱德文·哈勃解决了，他在几个旋涡星云中精确定位了造父变星。根据它们的变化周期，哈勃指出，它们本质上是明亮的，只是因为我们在数百万光年的距离之外看它们才会显得微弱。

更重要的是，哈勃确定了这些星系的距离和它们的光的性质之间的重要关系：一个星系越远，它的光被拉长或“红移”得越多。这种关系今天被称为哈勃定律。它是宇宙大爆炸后空间普遍膨胀的结果。由于绝大多数星系距离太远，无法分辨其中的单个造父变星，所以这个定律通常被反过来用，以便根据红移的大小来估算星系的距离。

这两种基本的技术——视差和标准烛光——仍然是许许多天文学研究的基础。我们在宇宙中的地位似乎越来越微不足道，但至少我们可以更确定我们站在哪里。

基础知识

这些关键术语将帮助你了解宇宙：

One

1.光年

这是常用的天文距离单位。它相当于一个地球年内，宇宙中最快速的东西（光线）所经过的距离。一光年相当于9.5万亿千米（5.9万亿英里）。

Two

2.视差

由于观察者的视角发生了变化，附近天体相对更遥远的背景看起来发生的位置移动。沿着已知的“基线”（地球轨道直径）精确测量视差，可以让天文学家计算出与附近恒星的距离。

Three

3.标准烛光

标准烛光是指任何一类天体或事件，其内禀光度是固定的，或者可以在事先不知道它与地球的距离的情况下计算出来。通过把标准烛光的光度和从地球看到的视亮度相比较，天文学家可以计算出它的距离，以及包含它的任何一个更大系统的距离。

THE SOLAR SYSTEM

太阳系

我们在宇宙中的小角落是数十亿年的行星演化的产物，

请看伊丽莎白•皮尔森的讲解。

太阳系的历史

The History of the Solar System

Our little corner of the Universe is the product of billions of years of planetary evolution.Elizabeth Pearson explains...

当婴儿地球与另一颗年轻的行星相撞时，一大堆碎片落在后面。

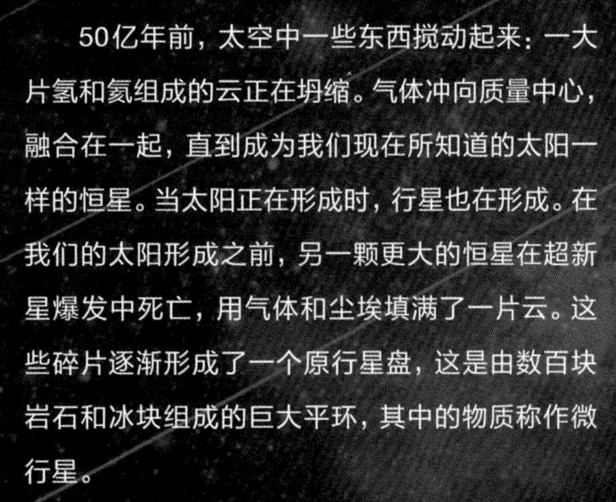

50亿年前，太空中一些东西搅动起来：一大片氢和氦组成的云正在坍缩。气体冲向质量中心，融合在一起，直到成为我们现在所知道的太阳一样的恒星。当太阳正在形成时，行星也在形成。在我们的太阳形成之前，另一颗更大的恒星在超新星爆发中死亡，用气体和尘埃填满了一片云。这些碎片逐渐形成了一个原行星盘，这是由数百块岩石和冰块组成的巨大平环，其中的物质称作微行星。

这些微行星是太阳系的基石。经过几百万年的撞击和融合，这些物体开始形成我们今天所知的行星。

靠近太阳的区域，挥发性化学物质（如水）的温度太高，无法保持固态。最初的原行星盘只含有少量的岩石固体物质，所以最靠近太阳的四颗行星相对较小。

但在距离地球730千米的小行星带以外，温度足够低，气体可以在岩石核心周围形成厚厚的大气层，因而形成气态庞然大物，也就是木星、土星、天王星和海王星。

不过，不仅仅是行星，几颗卫星也是这样形成的。尽管许多卫星是来自行星俘获的微行星，但是包括我们的月球在内的一些卫星还是有一个更加剧烈的开始。当婴儿地球与另一颗年轻的行星相撞时，一大堆碎片落在后面。几亿年后，它们融合在一起，形成了我们地球最大的同伴。

在40亿年前，行星和卫星已经形成，但是太阳系与现在的状态还是有很大的不同。那时可能有比今天我们所知的8颗行星更多的行星，而且它们的距离更近。

随着时间的推移，外面的行星开始慢慢地离开太阳，摆脱太阳系的引力。其结果是，几颗早期的行星被抛到深空，大约40亿年前，剩余的碎片撞向行星。

这个时期现在称为晚期重轰击期，留下的痕迹仍然可以在月球、火星和其他岩石行星的表面上看到。在地球上，这样的陨石坑被火山活动所掩盖，或被大气所磨损。

这次轰击给我们地球造成的最大的影响，是遗留给我们一系列的元素。在地球形成过程中，金、铜等金属沉入地心，所以我们今天在地壳上发现的沉积物必定来自晚些时候到达的小行星和彗星。

也许送到我们这个星球上最重要的东西是

水。早期的太阳系对于水的沉积来说太热了，但到了晚期重轰击期时，气温已经大大下降了。当彗星撞击早期行星表面时，水不会立即沸腾，而是形成了海洋。

数亿年后，行星已经进入轨道，并开始成长和演化。火山作用形成了它们的表面，而在深处，熔化的核心开始冷却。较小的类地行星的核心凝固；没有金属芯的流动，它们的保护磁场就消失了，使它们的大气层对太阳风无能为力。随着时间的推移，每个世界之间的这种差异越来越大，导致今天我们能够在太阳系中看到多样的行星。

但太阳系的演化过程远未结束。彗星和小行星仍然在攻击行星，太阳正在慢慢膨胀，变得更加明亮。再过几十亿年，太阳系将再一次改变自己。

from the Sun to the Moon

从太阳到月亮

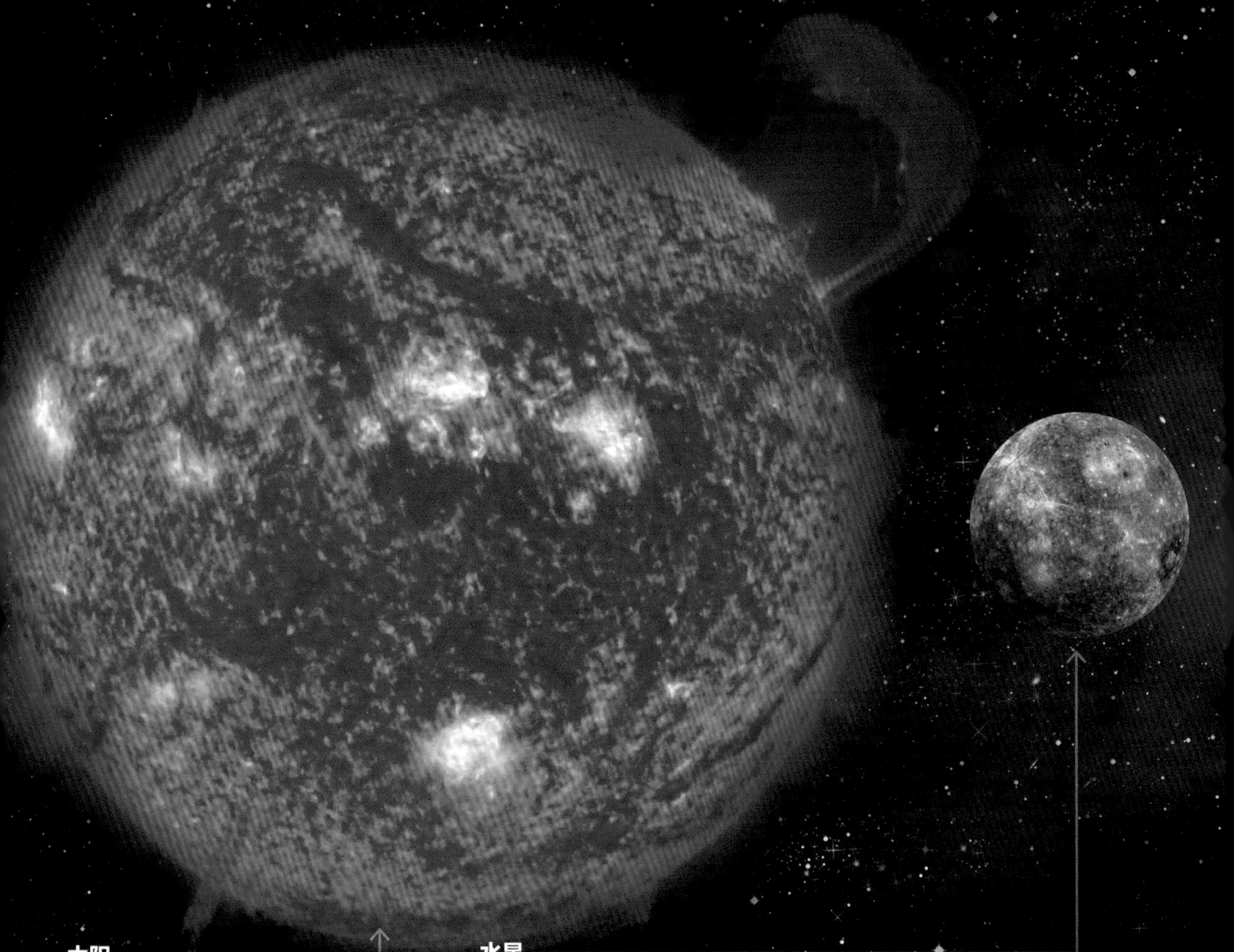

太阳

与地球的距离：150，000，000千米（平均）

大气：70%的氢气、28%的氦气、2%的其他元素

直径：约1，390，000千米

事实：太阳占太阳系总质量的99.8%以上

水星

与太阳的距离：约46，000，000千米（近日距）

大气：42%的氧气、29%的钠、22%的氢气、6%的氦气和0.5%的钾

直径：4880千米

访问：NASA的“水手”10号在1974年至1975年之间访问了3次。“信使”号自2011年以来一直在水星轨道上

事实：水星的温度变化很大。它与太阳非常接近，白天温度可以高达427 ℃。不过，到了晚上，气温可能会下降到约-183 ℃

金星

与太阳的距离：108，200，000千米（平均）

大气：约95%的二氧化碳、氮气、硫酸和极少量其他元素

直径：约12，103千米

访问：成功访问的第一艘航天器是1962年的“水手”2号。从那时起，已经有超过20个航天器访问过，其中包括“金星”7号，首个着陆在另一颗行星上的探测器

事实：金星的转动太慢了，一天相当于243个地球日

月球

与地球的距离：384，400千米（平均）

大气：几乎没有

直径：约3，474千米

访问：首先由苏联的“月球”2号在1959年访问的。10年后，“阿波罗”11号第一个完成了载人登月

事实：月球实际上正在远离地球，以每年约4厘米的速度离开我们

地球

与太阳的距离：149，600，000千米（平均）

大气：78%的氮气、21%的氧气和1%的其他气体

直径：12，756千米

事实：专家估计超过99%的曾生活在地球上的物种现在已经灭绝

请注意：图中行星的大小和距离不是按比例缩放的

2015年8月，“好奇”号火星探测器庆祝了它在火星上的第三年。凯瑟琳•奥福德为我们揭秘它迄今为止的精彩发现。

“好奇”号：迄今为止的旅程

Curiosity:The Journey So Far

In August 2015,the Curiosity rover celebrated its third year on Mars. Catherine Offord reveals its mission highlights to date.

1.2012年8月

着陆!

经历了历史上最复杂的着陆(依靠“超声速降落伞”和76个烟火装置)之后,“好奇”号到达火星的盖尔环形山。它拍摄到火星上的第一个视图,并将其发送回地球。

2.2012年9月

发现!

“好奇”号拍了一张河床的照片,之后它被命名为“霍塔”。这是加拿大的一个湖的名字,它的发现促使人们猜测火星的这一部分曾经有过水道。对河床的分析表明,水深很可能在踝关节和髋关节之间。

3.2012年12月

发现!

“好奇”号通过土壤分析找到了火星上曾经有水的明确证据。它还找到了硫和氯,以及少量在地球上自然状态下不存在的有机分子,有人担心检测设备会造成污染。

4.2013年3月

发现!

“好奇”号在火星表面测试了几个星期后,NASA宣布,古代火星可能有微生物存在过。第一批样品包含许多“生命构建块”,包括碳、氢、氧和氮。

899千克

“好奇”号的重量,它携带了燃料、机械臂、相机和多个高度专业化的设备

90米

每小时“好奇”号可以前行的距离

与使用太阳能发电的火星探测器“机遇”号不同,“好奇”号由其携带的钚燃料的放射性衰变驱动。

5.2013年4月

假日!

“好奇”号靠自己撑了好几个星期，因为火星移动到了太阳后面，使通信变得困难。但是，虽然“好奇”号无法行驶或钻探，它仍然可以分析它已经收集的样本。

6.2013年11月

灾难!

“好奇”号已经穿越了盖尔环形山。它对自己的轮子拍了一些照片，这些图像显示出肉眼可见的损坏，它们可能是由岩石造成的。

7.2013年12月

发现!

NASA报告说，火星上的辐射水平与国际空间站上的辐射水平相似，所以火星旅客可能不会受到严重的健康影响。

8.2014年6月

一岁了!

“好奇”号在温迦那自拍，这张照片庆祝了这位漫游者的第一个生日（火星年）。到目前为止，它总计已经走了十几千米。

9.2014年9月

拍照时机!

“好奇”号到达夏普山的底部，它将在未来几个月内探索这里，收集有关火星地质历史的数据。它捕捉了一些它钻的孔的图像。

10.2014年12月

发现!

“好奇”号检测到甲烷的本地峰值，这是与地球微生物活动有关的一种气体。虽然非生物过程也可能产生天然气，如水和岩石之间的反应，但它仍表明火星上可能有生命，这一发现让人兴奋。

11.2015年2月

灾难!

在转移样品时,“好奇”号的一个手臂短路。在NASA调查期间,该漫游者的操作暂停了。几个星期后,“好奇”号再次能用胳膊筛选岩石了。

“好奇”号已经超过了两年的预期寿命。其前任“机遇”号自2004年1月着陆以来依然完好。

12.2015年4月

拍照时机!

“好奇”号捕捉到火星日落的彩色照片(如图所示)。太阳似乎因为空气中的尘埃云的“光散射”而发出蓝光,这些图像将帮助科学家更多地了解火星的大气层。

13.2016年5月

1000个SOLS!

“好奇”号庆祝它自登陆以来在火星上的第1000个火星天,或者说是“sols”。本页主图是由几张照片拼接的,显示了火星车到遥远的着陆点的路径。

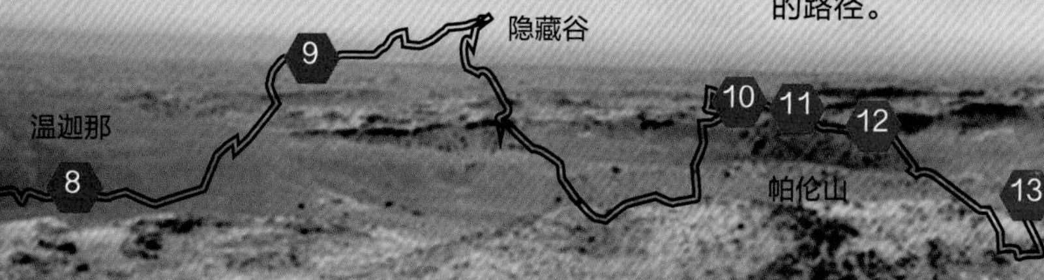

25亿美元

是“好奇”号项目花费的金额。这个任务是火星科学实验室任务的一部分。

火星车通过“轨道器”与地球进行通信,它是火星轨道上的小型卫星,将信号传送回地球。

接下来是什么?

2016年9月,“好奇”号有了新伙伴,即研究火星早期演变的着陆器“洞察”号。“好奇”号的继任者“火星2020”将在四年后发射。

from Mars to Saturn

从火星到土星

我们继续探索太阳系更外面的行星，

从红色的火星到土星环。

火星

与太阳距离：227，940，000千米（平均）

大气：95%的二氧化碳、3%氮气、1.6%的氩气，还有一些水蒸气。2004年发现了微量的甲烷

直径：约6805千米

发现：肉眼可见，16世纪中叶，尼古拉斯·哥白尼在理论上认为这是一颗行星

访问：火星是受访问次数最多的行星。苏联于1960年率先发射探测器。2008年，“凤凰”号航天器确认了水冰的存在

事实：太阳系中最高的山在火星上。这是一座名为奥林匹斯的火山，高约21千米

小行星带

与太阳的距离：这个带与太阳的距离从3.29亿千米至4.78亿千米

成分：带中数十亿小行星里的大多数由岩石组成，但有些含有铁和镍金属

发现：天文学家朱塞佩·皮亚齐在1801年首次发现了谷神星。后来人们发现了智神星，其后是许多其他小行星。不久前，谷神星被列为矮行星，是整个小行星带中唯一的一颗矮行星

访问：2015年3月，NASA的航天器“黎明”号进入了谷神星的轨道

事实：小行星带内物体之间的平均距离是惊人的965，606千米，大约是地球周长的24倍

木星

与太阳的距离：778，500，000千米

大气：90%的氢气、近10%的氦气，有氨、硫、甲烷和水蒸气的痕迹

直径：约143，000千米（平均）

发现：尽管在夜空中肉眼可见，但是直到17世纪初，伽利略用望远镜才发现了木星最大的四颗卫星

访问：1973年的“先驱者”10号是第一个飞越木星的飞行器，一年后是“先驱者”11号。其后的任务包括“旅行者”号、“尤利西斯”号、“卡西尼”号和“新视野”号

事实：木星的“大红点”实际上是一场长度达4万千米的持续风暴。据估计它已经肆虐了长达350年

土星

与太阳的距离：约14亿千米

大气：75%的氢气、约25%的氦气，痕量的甲烷和水冰

直径：约116，474千米

发现：就像木星一样，土星在没有望远镜或双筒望远镜的情况下是可见的，但是直到1610年，伽利略才确认了它现在随时可以被辨认的土星环

访问：1979年，“先驱者”11号首次飞越土星。“旅行者”1号和2号在20世纪80年代进行了进一步的研究。“卡西尼-惠更斯”号于2004年进入土星轨道，并且仍然在这颗行星上盘旋

事实：土星拥有多达62颗卫星。这些卫星的引力把土星的环（由纯的水冰组成）整合成连贯有形的物体

请注意：图中行星的大小和距离不是按比例缩放的。

下面，请看威尔·盖特回顾欧洲空间局研究67P/丘留莫夫-格拉西缅科彗星的发现。

▶▶

“罗塞塔”号：继续旅行

Rosetta:The Journey Continues

Will Gater looks back at the discoveries of ESA's mission to Comet 67P/Churyumov-Gerasimenko

“罗塞塔”号是在 2004 年从法属圭亚那发射的，比它与 67P 会合早了 10 年

惊奇和意外新发现往往是探索的巨大乐趣。在洞察或理解的宝贵时刻，我们会触及所居住的宇宙的美，甚至是永恒的奥秘。对从事欧洲空间局的“罗塞塔”号任务的科学家来说，2015年带来的意外激动不止于此。我们只需要看一看飞船返回的图像，就可以看到这场非同寻常的大戏。

“罗塞塔”号是在2004年3月发射的。它的目的是与彗星的核心会合，并最终围绕它转动。该彗星名为67P/丘留莫夫-格拉西缅科，周期性地访问内部太阳系。天文学家们预测，这坨4000米宽的冰块灰尘混合体看起来会有点像马铃薯，表面散布着几处大的隆起。

但是，随着探测器在2014年7月接近目标，这颗彗星带来了一个重大的惊喜：来自“罗塞塔”号摄像机的图像显示，67P不是一整块大致是圆形的东西，而是由两个巨大的相互连接的“瓣”组成。发现了不同寻常的形状，项目科学家马特·泰勒表示：“这简直太疯狂了。”

壮观的景色

到8月份，飞船看到的景致更加壮观了。飞船的导航摄像机在到达彗星时拍摄了引人注目的单色图像，其中显示了彗星嶙峋表面上粗糙的露头和高耸的悬崖，来自“罗塞塔”号的OSIRIS仪器的高分辨率照片则展现了散落在地面上的巨石。在两个瓣相遇的地方，探测器的摄像头甚至发现了一个异常的平滑地带，两侧是陡峭的悬崖。泰勒解释说：“我听到一些彗星专家指出我们观察到的这颗彗星与其他彗星的相似之处。这一颗具有所有其他的彗星的特征。”

OSIRIS团队的成员卡斯滕·居特勒回应了这一观点：

“怀尔德2号彗星上面的坑我们现在也看到了；坦普尔1号彗星上有悬崖，在67P表现为台地。有一些平滑的区域被尘埃覆盖，应该是尘埃降落形成的。

“另一方面，我们预计至少看到一些撞击陨石坑，但现在我们没有看见。是因为这颗彗星经历的碰撞没有像我们预期的那样多，还是说它们全部被彗星的活动抚平了？我们对彗星活动如何塑造表面，以及如何帮助悬崖、断裂、坑和平地形成有很多想法。把所有这些想法结合起来，形成一种与我们所看到和了解的所有内容保持一致的理论，还需要很多时间。”

坚持到底

值得庆幸的是，“罗塞塔”号团队有很多时间。探测器的任务并不是飞掠67P彗星，而是从到达起就一直和它在一起。这让科学家们不仅能够详细观察表面，还能观察彗星在接近太阳时如何变化和演化。

“我们所做的事情之前没有人做过。”泰勒解释说。我们预测事情会如何，但像往常一样，事情并不总是像计划的那样。我们原本以为会尘土飞扬，但尘埃环境比我们预想的要复杂得多。因此，我们无法导航到离彗星非常近的地方，因为星象跟踪仪需要准确的指向，但是大量的尘埃使得它不再准确。”

尽管存在这些困难，“罗塞塔”号一直在努力分析彗星和它发出的物质。泰勒说：“这些测量

▸彗星 67P 通过太阳系（下页）

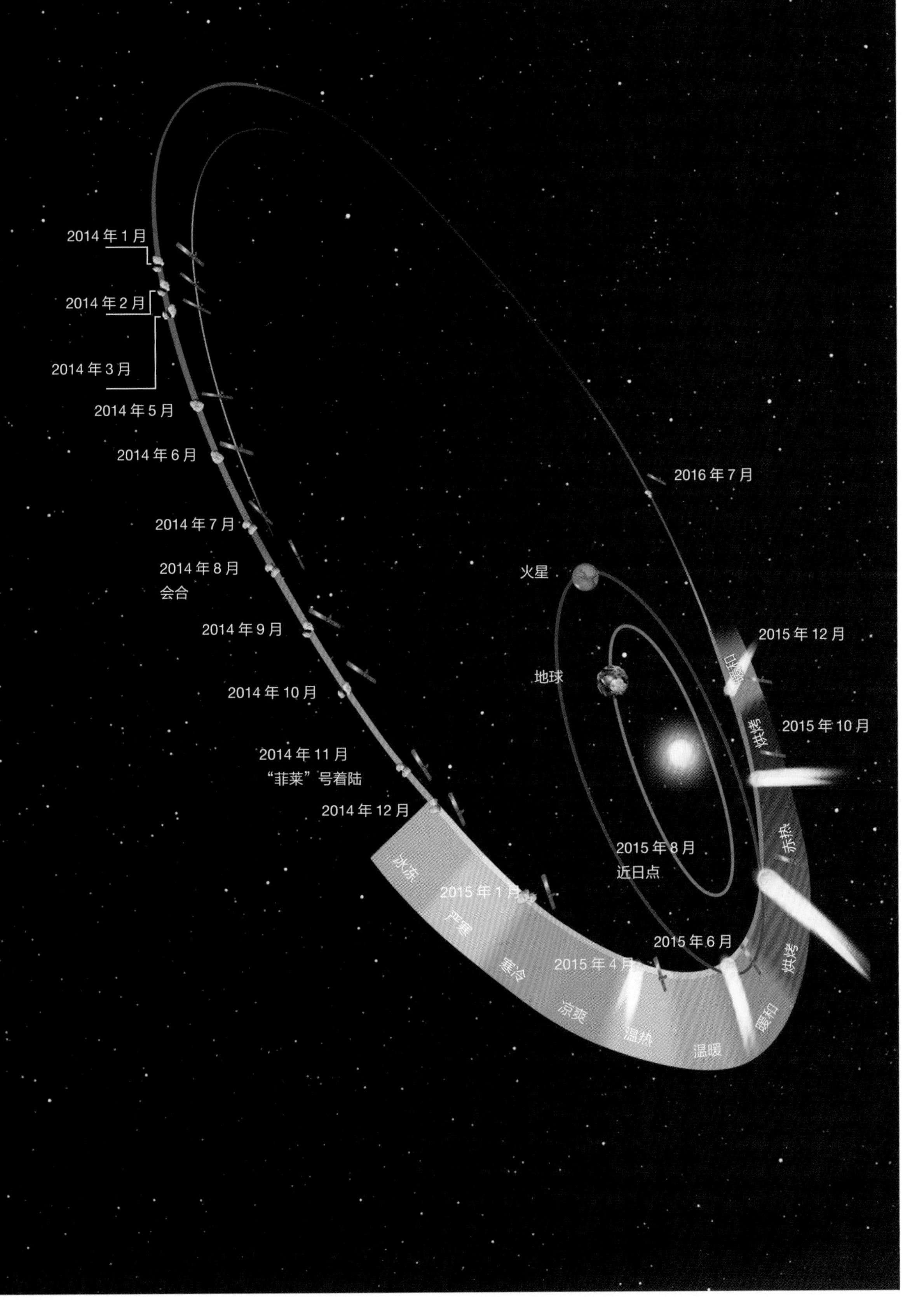

2014年1月
2014年2月
2014年3月
2014年5月
2014年6月
2014年7月
2014年8月
会合
2014年9月
2014年10月
2014年11月
“菲莱”号着陆
2014年12月
2016年7月
火星
地球
2015年12月
暖和
2015年10月
烘烤
赤热
2015年8月
近日点
2015年1月
2015年6月
2015年4月
冰冻
严寒
寒冷
凉爽
温热
温暖
暖和
烘烤

结果表明这颗彗星非常古老，在太阳系的外部地区花费了很长时间。”这就把所有其他的测量结果联系起来了，它是非常原始的天体，在太阳系形成的时候就已经形成了，而且从那时起没有受太多的干扰。

“罗塞塔”号在彗星周围嗡嗡作响，提供了有价值的观测资料。与此同时，该任务的设定里还包含了近距离观察67P的计划。2014年11月，轨道器部署了一个名为“菲莱”号的小型着陆器，它后来带给了我们行星探测历史中最激动人心的航天器降落之一。虽然登陆最初没能完全按计划进行，但探测器的确从彗星表面返回了前所未有的图像和数据。

在轨道上，“罗塞塔”号试图弄清“菲莱”号着陆器的位置，但随着时间的推移，它也见证了一些这颗彗星上不可思议的事情。67P越来越接近近日点——即在它的轨道上离着太阳最近的点的过程中，也越来越活跃。

马克斯·普朗克太阳系研究所的让-巴蒂斯特·万桑在“罗塞塔”号到达彗星之前就已经研究了67P的活动。他说：“当时，我正在进一步研究可从地球观察到的大尺度彗发结构。彗发是彗核外面包围的尘埃和气体。万桑和他的同事用航天器的OSIRIS仪器看到，当“罗塞塔”号逼近彗星时，目的地的活动增加了。

神秘的爆发

万桑回忆说：“第一个迹象就是，彗星不再像2014年3月的早期图像里那样，是单个的点光源，而是已经发展出了彗发。这符合预期，但仍然令人高兴。更令人惊讶的是，我们在2014年4月底发现的大爆发，突然释放了大约10吨的彗星物质。我们仍然不知道是什么触发了这个事件。”

随着“罗塞塔”号在67P附近飞行，OSIRIS相机定期监视该彗星的变化。万桑说：“我们的模型预测，当‘罗塞塔’号到达彗星附近时，彗星活动将主要发生在彗核的北部高纬度区域。虽然我们的预测是正确的，但我们很快意识到，大尺度的喷流实际上是由许多小得多的结构组成的。”

也许最令人兴奋的是，其中几个较小的结构似乎与彗星表面的大“坑”有关。万桑解释说：“我们在探测器抵达后立即注意到了坑，但是花了几个星期的时间才意识到它们是活跃的。通过仔细处理这些海绵状凹陷的高分辨率图像，我和我的同事们看到，弱喷流以每秒几米的速度从这些凹陷中流出。我们的图像有很宽的取值范围。

时间线

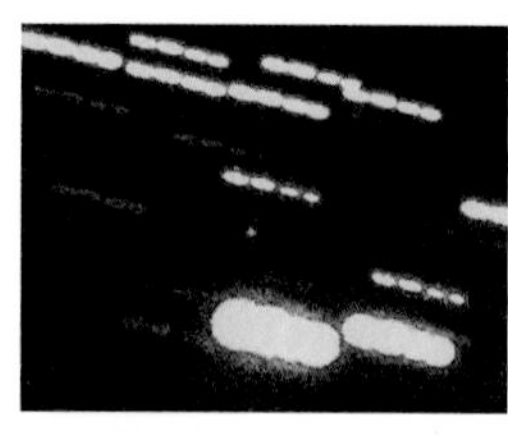

2003年1月
错失的机会
“罗塞塔”号的原定目标是46P/维尔塔宁彗星，但火箭的问题使得任务错过了发射机会。

2004年3月
升空！
3月2日，“罗塞塔”号最终从法属圭亚那的库鲁起飞。现在正朝着一个完全不同的彗星——67P/丘留莫夫-格拉西缅科彗星飞去，该彗星发现于1969年。

2014年1月20日
太空船醒来
在电子冬眠状态下经过几年太空穿越，“罗塞塔”号醒来了。它很快就要拍摄67P的第一张远距离图像。

2014年中期
燃烧，宝贝儿，燃烧
在过去的几个月里，“罗塞塔”号一直在做一些推力器“燃烧”，这是必要的，以确保它与67P成功会合。有些燃烧持续了7小时。

它们包含了比我们的屏幕可以显示的更多的灰色。这意味着图像中的阴影区域或黑点仍然包含很多信号，通过增强亮度和对比度，我们可以窥探阴影后的这些额外信息。”

当67P接近太阳时，它的活动急剧增加：由于恒星的热量，每天越来越多的气体和尘埃被剥离出彗星表面。在2015年8月的近日点附近，摄像机捕捉到了冰核上闪耀的几次壮观的彗星喷流。居特勒说：“我们在一幅图像中看到了非常强烈的爆发。十五分钟前那里什么也没有。”居特勒说现在的目标是探索这些明显的喷流是如何形成的。“我们让OSIRIS专门监测假定的活跃地区（我们以前见过爆发的地区），我们希望看到喷流的出生和死亡。”

冰的魅力

使“罗塞塔”团队着迷的不仅仅是喷流活动，航天器的相机也发现了彗星核上冰的闪光。“我们始终知道它一定在那儿，”居特勒解释说，“当靠近太阳时，彗星慢慢升温，冰块就开始蒸发，把尘埃毯掀起来了。”

通过所有这些活动，“罗塞塔”号对于彗星的演变以及彗星表面上进行着的过程都有了前所未有的了解。但了解活动的背景也是至关重要的。正因为如此，世界各地的数百位天文学家，使用地面和太空望远镜，也一直在研究“罗塞塔”号的这个观测目标。

正在协调观测活动的科林·斯诺德格拉斯说：“在我们进行‘罗塞塔’号现场测量的同时，了解大尺度的情况是非常关键的。基于地面的数据使我们可以直接将67P与其他彗星进行比较，因为我们对这些目标有类似的观测。这样，它可以帮助我们使用‘罗塞塔’号的结果来更一般地解释我们在观测彗星时所看到的东西。”

从地球上看67P正在远离、消失，但“罗塞塔”号将在2016年9月之前保持对该彗星的观测。它将收集更多的数据，并在未来几个月进入更接近彗星的轨道，生成更详细的表面图像。对项目科学家马特·泰勒来说，显然还有更多值得兴奋的事情来临。

他说：“基本上，我们已经完成了上半场。我们喝了茶，吃了几片橙子，现在我们已经准备好下半场，它将充满意外。”

2014年8月6日
到达67P
“罗塞塔”号终于到达了67P。航天器进入彗星轨道，调整路径随彗星进入内太阳系。

2014年11月13日
“菲莱”在彗星着陆
“菲莱”号着陆器成功地触及了67P，在耗完电并进入休眠状态之前，用了60个小时，将大量数据发回地球。此后它与地球还有些零星的交流。

2015年8月13日
67P在近日点
这颗彗星到达近日点（也就是它离太阳最近的一个点），距离为1.86亿千米（1.16亿英里）。

2016年9月
任务结束？
“罗塞塔”号的任务时限已经从最初的2015年12月延长至秋季。人们希望能以航天器与彗星的“受控撞击”作为它的“谢幕演出”。

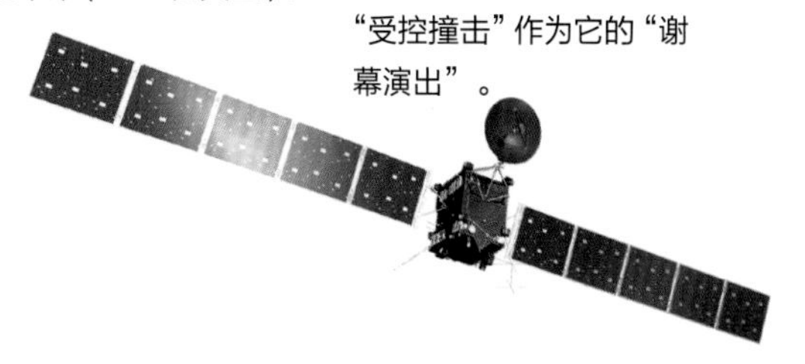

卫星上有生命吗？

我们倾向于在其他的行星寻找生命迹象。但是，斯图尔特•克拉克建议，专注于特定的卫星，可能会发现既适合居住又有过居住史的世界。

Is There Life on Moons?

We tend to look at other planets for signs of life.But,as Stuart Clark suggest,focusing on particular moons might uncover worlds that are both habitable and habitated.

最近有很多关于寻找外星生命的话题。找到了火星上的生命，或者发现了围绕其他恒星的可居住的世界，这样的故事铺天盖地。但是，这可能会使我们变得盲目，从而忽略寻找生命的正确地方吗?

外太阳系的冰卫星越来越受到行星科学家的关注。几十年的研究表明，外面的卫星里有很多被锁定的液态水。如果说我们从地球中学到了什么，那就是我们知道在任何找得到水的地方，都能找到生命。那么，在其他的卫星上也是这样吗?

“就潜在的栖息地而言，我认为大多数天文学家相当肯定，在这些卫星的许多地方，如果把适当的生物体放在那里，它们就能生存。所以我们有栖息地。我们只是不知道是否有生物居住在那儿。”开放大学的行星科学家大卫·罗瑟里这样说。他调研了太阳系内的卫星，记述在他的著作——《卫星：牛津通识读本》里。

寻找地球之外的生命，不是纯粹为了满足好奇心，它会告诉我们一些地球生命起源的信息。目前，没有人知道具备什么条件可以把纯粹的化学反应切换到生物活动。这个过程是容易发生呢，还是一连串不太可能发生的事件的结果?在别处寻找生命将帮助我们回答这个问题。

罗瑟里说：“如果我们能够在太阳系中找到一些地方，那里的生命独立于地球生命开始，那么——哇!这是非常令人信服的证据，表明如果生命能够开

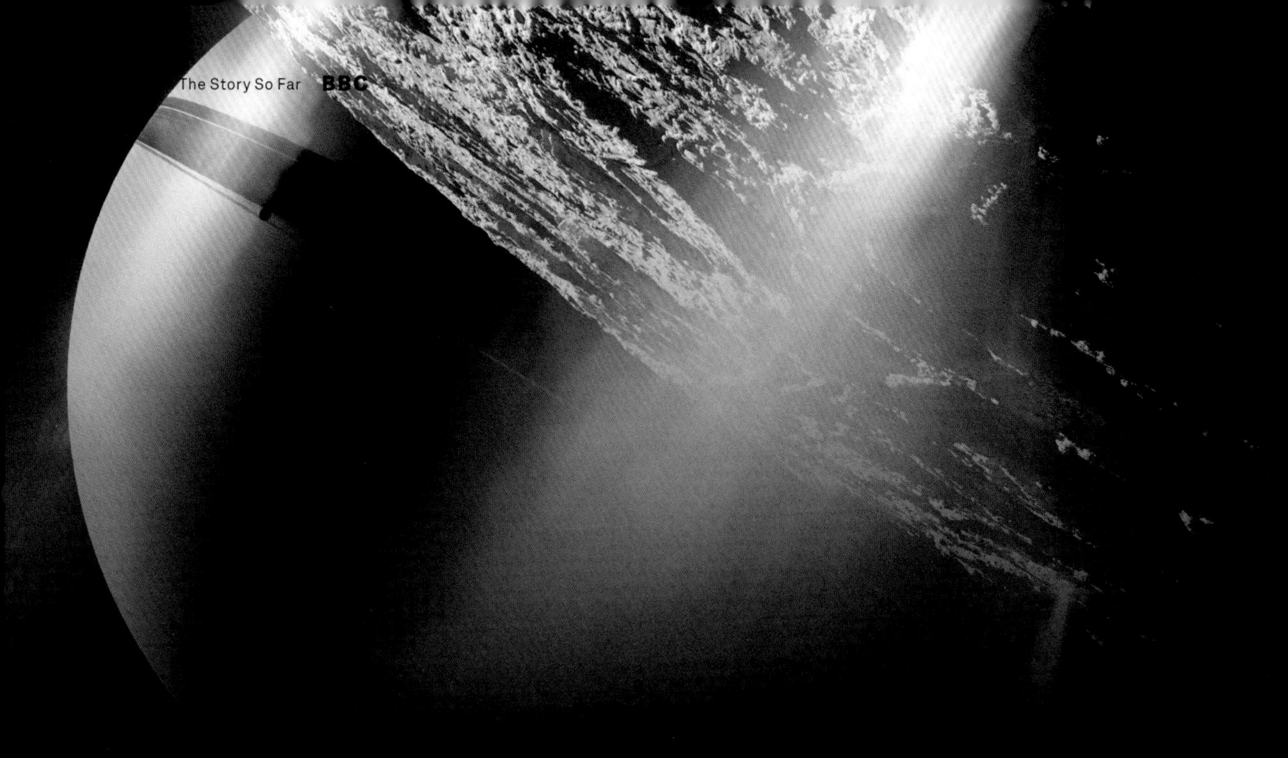

始，它就会开始。”生命需要能量来源，我们曾经认为太阳是唯一合适的来源，这意味着生命必须存在于行星表面。因此，人们对火星感兴趣，因为似乎它在太阳系所有其他行星中最像地球。

然而，1977年在太平洋底的发现却改变了这一切。加利福尼亚州斯克里普斯海洋研究所的研究人员在探索人称东太平洋海隆的火山脊时，发现有天然的烟囱向海洋输入黑烟。他们戏称这是黑烟囱。黑烟囱更正式的名称为海底热泉，是热水通过海洋基岩渗透，溶解矿物，然后再喷射回寒冷的海水中的过程。温度的突然变化导致矿物质沉淀，产生“烟雾”。令人惊讶的是，通风口周围溶解的矿物质使生物群落蒸蒸日上。这不是靠太阳的能量，而是靠加热水的地热能量来维持的。

在太阳系的某些其他卫星（如木星的欧罗巴和土星的土卫二）上发现了海洋，这立即提高了在那些遥远的卫星上存在黑烟囱的可能性。也许最有趣的是，现已证明，在黑烟囱周围发现的一些微生物从基因上看是地球上最原始的生物体。这提高了它们可能是生命开始的地方的预期。如果这是真的，为什么在外太阳系生命不会是从海洋底部开始的呢?

在接下来几页，我们介绍三颗可能潜伏着生命的卫星。

欧罗巴

母行星：木星

轨道周期：3.551天

半径：约0.245地球半径

质量：约0.008地球质量

行星宜居指数：0.49

这是一颗让我们看到外太阳系可能存在着海洋的卫星。怀疑始于20世纪70年代末，当时NASA的“旅行者”1号和2号航天器经过欧罗巴。图像显示了一个基本光滑的冰表面，几乎没有陨石坑。由于撞击疤痕随着时间的推移而积累，既然欧罗巴没有陨石坑，说明它可以使表面复原。但它是怎么做到的呢？

表面上的裂缝给出了答案。在20世纪90年代，NASA的“伽利略”号航天器探测了欧罗巴，发现裂缝周围的黑暗物质是咸的，好像来自海洋。磁性读数也暗示欧罗巴内有一个移动的水体，拼图的最后一块来自表面的图像，它们清楚地显示了浮冰。

据计算，保持这种海洋液体的热量来自木星的引力。有一种称作潮汐力的东西，挤压这颗卫星，产生摩擦，融化它地下的冰，甚至可能激发“黑烟囱”。但是，下去看它们很难。据估计，组成欧罗巴表面的冰盖厚度在1至10千米之间。

大卫·罗瑟里说：“去欧罗巴钻冰，把潜水器送到海底的黑烟囱里，这些都很难。但是你可以在其中的一条裂缝处着陆，然后采集通过裂缝挤压出来的泥浆样品。”

这使我们可以用特别设计的设备寻找生物学上重要的分子。这些设备必须专门设计，用以在非常高的辐射水平下工作。每天，欧罗巴的表面沐浴着比地球表面多数千倍的有害辐射。一名站在欧罗巴上的宇航员将在24小时内收到致命的剂量。在海底的生命是幸运的，辐射不会穿透冰层。

NASA目前正在开展一个在轨研究这颗卫星的任务，称为“欧罗巴快帆”任务。现在他们正在设计的仪器，将用来评估欧罗巴的可居住性。该飞船计划于2022年发射，可搭载由欧洲空间局制造的着陆器。

欧洲空间局本身有一个任务叫作木星冰卫探测器（JUICE）。虽然不是专注于欧罗巴，还是会飞过它上空几次。在这期间，它将使用能穿透冰层的雷达来测量冰壳的厚度。

欧罗巴表面下的海洋是开创性的新发现，但是关于这颗卫星仍然有很多不为人知之处，因为水大部分被锁在冰下。然而，在土卫二，大自然为我们提供了一种通过飞越其上空来分析海洋的方式。这是因为有喷泉从海洋喷射到太空。

NASA的“卡西尼”号航天器一直瞄准这些羽流，并飞过它们上空，使其机载仪器可以分析它们。这种方式已经发现了各种各样的尘粒和化学物质，包括盐这位“告密者”。纽约州康奈尔大学的乔纳森·卢宁说：“这证明我们正在采样海洋本身。”

受到发现土卫二的水柱的启发，航天器操作员设计了一系列的飞掠，使得“卡西尼”号越来越靠近羽流。“我们现在有一张有机分子的清单，”卢宁解释说，“这不是一份完整的列表，但是足够使我们能说‘是的，土卫二里面有含碳的分子’。”这可能是至关重要的，因为在地球上，赋予生命的DNA是由含碳分子组建的。

2015年10月28日，“卡西尼”号骤降到距离冰面48千米的地方，并希望在最密集的间歇泉里穿梭。行星科学家正在急切地分析结果。他们希望找到氢分子，因为如果这种气体存在于水喷流中，理论认为它必须来自热水与海底岩石反应的地方。

发现这种分子意味着有生命存在。大卫·罗瑟里说：“氢气可以帮助有机化学反应。微生物可以将氢结合到碳上，并从中获得能量。”一种被称为产甲烷菌的微生物就是这样在地球上生存的。当然，找到这样的化学成分并不能保证微生物在那里。尽管如此，这些丰富的新信息使得行星科学家认为土卫二比欧罗巴更有可能有生命存在。

大卫·罗瑟里宣称：“我现在倾向于把土卫二提高到比欧罗巴更高的水平，几乎肯定的是它适宜居住，只是不知道是否有生物居住。”

目前，还没有计划将任何东西再次送到土星土卫二系统。然而，一旦“卡西尼”号任务结束，行星科学家开始真正消化这些新信息，后续的以天体生物学为导向的任务将有可能开始获得支持。

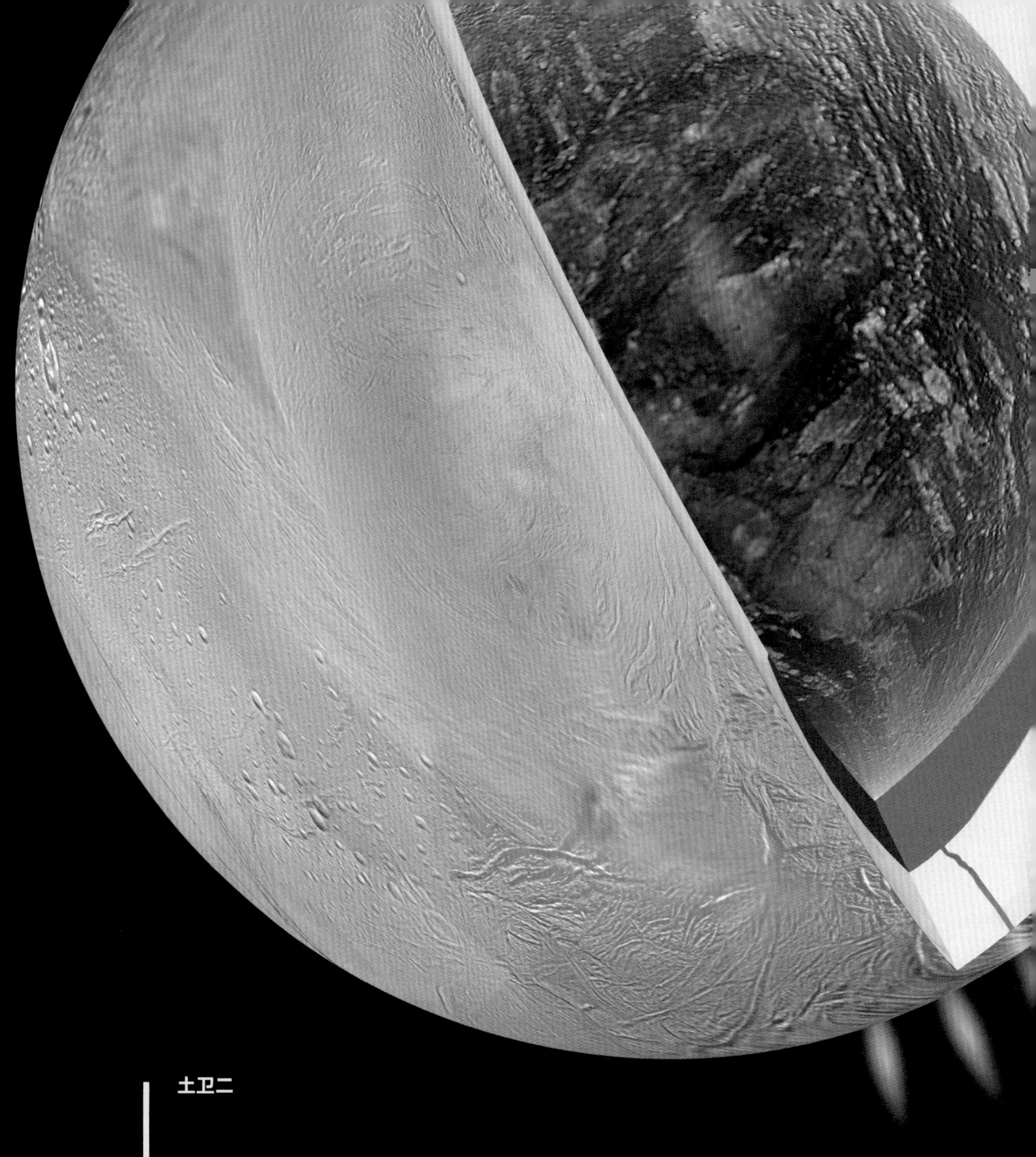

土卫二

母行星：土星

轨道周期：0.395天

半径：约0.0395地球半径

质量：约0.000018地球质量

行星可居住指数：0.35

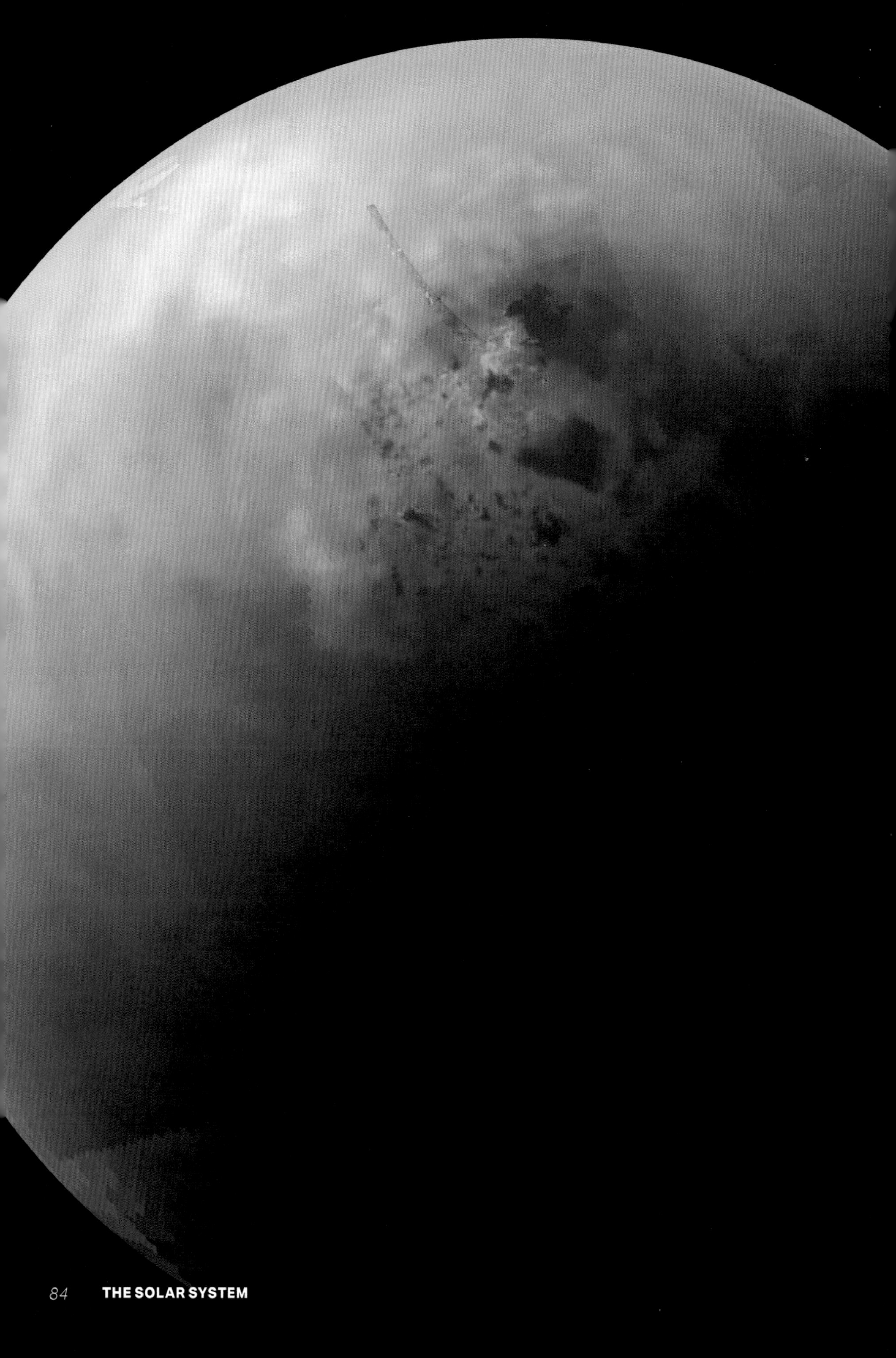

土卫六

母行星：土星

轨道周期：15.945天

半径：0.404地球半径

质量：0.0225地球质量

行星可居住指数：0.64

土星的这颗卫星是一个更加陌生的地方。它被掩盖在富含有机分子的云层里。直到2005年，欧洲空间局的“惠更斯”号着陆器降落在它的表面，才揭开了这颗卫星的面纱。

在下降过程中，航天器做了电气测量，数据相当吸引人。结合测到的不同地点处引力场变化的形式，可以推断，土卫六表面下很有可能有海洋。

土卫六的表面和大气层都有有机分子，因此海洋里也有这些分子的概率就更大了，这也许会增加生命存在的概率。但是，我们可以从海洋采取样品来检验这个假设吗？乔纳森·卢宁说：“这只能想想而已。土卫六表面没有什么东西从海洋里喷涌而出。”

但也许我们不需要进入这个特殊的卫星深处探索生命。土卫六表面虽然有液体，但不是水。它实际上是甲烷和乙烷，在土卫六极地地区的湖泊和海洋中汇聚。这些水域里最大的有地球的里海那么大。它的发现引出了一个明显的问题：生命可以基于甲烷而不是水吗？

卢宁认为这是可能的。他和一些化学工程学的同事一起，发现了一种可以用于甲烷的理论生物化学。但是检验它会非常困难。

他指出：“（在实验室中）‘闭门造’生物化学是非常困难的。去实地看看可能更容易些。登陆土卫六的一个海域，看看那里正在发生什么，这将是非常有趣的。”

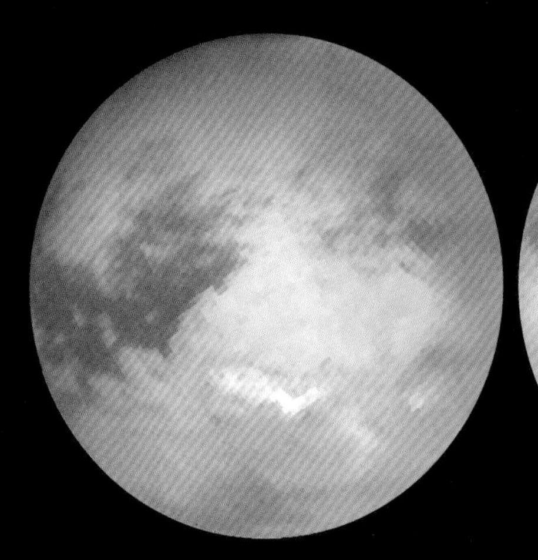

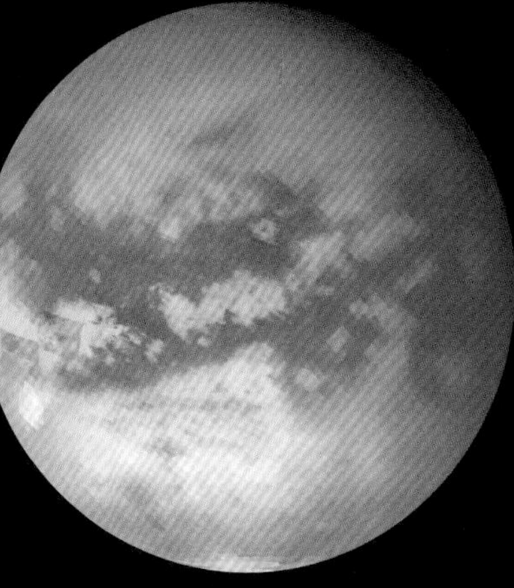

from Mars to Saturn

从彗星67P到奥尔特云

学习了这么多知识点，

我们在太阳系的旅程接近其最远端

67P丘留莫夫-格拉西缅科彗星

与太阳的距离：186，000，000千米（最近），849，700，000千米（最远）

直径：4千米

成分：分析显示了16种化合物，其中包括四种从未在彗星上见过的。该彗星还含有“重水”，大量的氧气分子包围着它

发现：克利姆·伊万诺维奇·丘留莫夫在1969年发现了这颗彗星

访问：欧洲空间局“罗塞塔”号任务于2004年启动，目的是对该彗星进行观测和分析。10年后它到达了67P

事实：该彗星在太阳周围绕行了将近六年半的时间。它的椭圆轨道意味着它与太阳的距离变化很大

天王星

与太阳的距离：28.8亿千米

大气：82.5%的氢气、15.2%氦气、2.3%的甲烷

直径：50，724千米

发现：1781年，威廉·赫歇尔发现天王星，使其成为第一颗使用望远镜发现的行星

访问：“旅行者”2号在1986年飞掠天王星一次，确认了10颗新的卫星。我们现在知道总共有27个

事实：天王星似乎在躺着旋转。人们认为，一次与地球大小的物体相撞使得它偏离了轨道

海王星

与太阳的距离：约45亿千米

大气：80%的氢气、19%的氦气、少量的甲烷

直径：约49，244千米

发现：于尔班 · 勒威耶和约翰 · 库奇 · 亚当斯于1846年共同发现了海王星

访问：1989年，“旅行者”2号在海王星上空经过，在那里发现了这个星球上的大暗斑

事实：海王星有14颗卫星。在该行星被发现的17天后，它最大的卫星海卫一就被发现了

冥王星

与太阳的距离：44亿千米（最近），73.8亿千米（最远）

大气：90%的氮、10%的其他分子，包括甲烷

直径：2，372千米

发现：冥王星于1930年被克莱德 · 汤博发现。后来被重新归类为矮行星

访问：“新视野”号于2015年7月14日与冥王星最接近。这个航天器正在飞往海王星轨道外的柯伊伯带

事实：冥王星的五颗卫星中最大的是冥卫一。它绕着与冥王星共同的引力中心转，可能有一天也会被视为矮行星

请注意：图中行星的大小和距离不是按比例缩放的

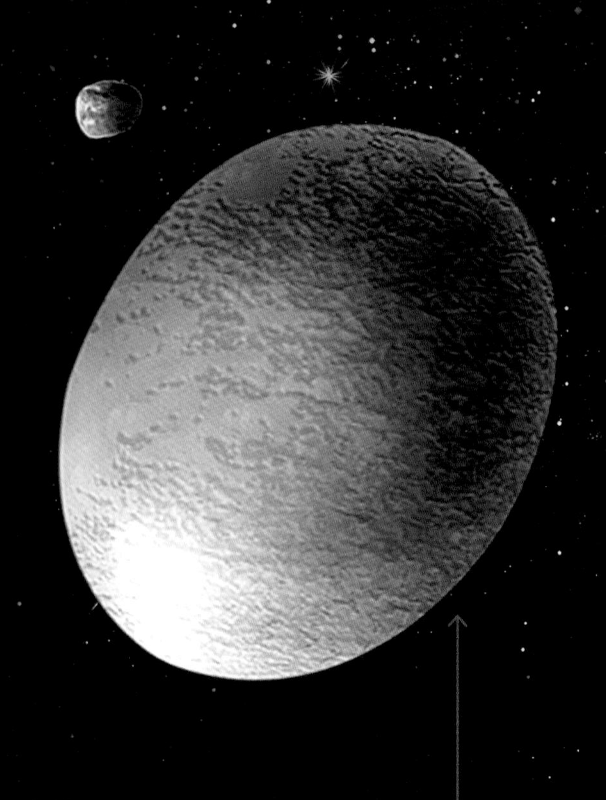

妊神星

与太阳的距离：65亿千米

大气：甲烷、乙烷和潜在的氮冰

直径：1960千米

发现：2004年12月，这颗矮行星被加州理工学院的麦克·布朗领导的一个小组发现。但他们可能不是第一个发现的；一个西班牙的团队声称在2003年拍摄的照片上看见了妊神星

访问：关于妊神星及其卫星妊卫一和妊卫二，没有具体的访问计划。但航天器“新视野”号可能会经过这些柯伊伯带的矮行星中的一颗

事实：这颗矮行星的形状像橄榄球。它完成旋转只需不到4小时，因而成为太阳系中自转速度最快的物体之一

鸟神星

与太阳的距离：68亿千米

大气：这颗矮行星没有大气层，但它的表面似乎含有甲烷

直径：1，434千米

发现：加州理工学院的麦克·布朗率领的一个团队在2005年3月首先发现了鸟神星。它最初被称为“复活节兔”

访问：没有计划的任务去研究鸟神星，但是如果发射一个航天器，需要16年才能到达这颗矮行星

事实：鸟神星的大小大约是冥王星的三分之二。但是因为没有卫星，研究起来特别困难

阋神星

与太阳的距离：57亿千米（最近），140亿千米（最远）

大气：由于与太阳的距离远，阋神星的大气是冻结的。大约250年后，这颗矮行星将会与太阳足够接近，使得它的冰变成气体

直径：2，326千米

发现：由迈克·布朗领导的加州理工学院的一个团队在2005年发现了这颗矮行星

访问：没有计划访问阋神星，或者它的卫星阋卫

事实：阋神星比冥王星更重，国际天文联合会将阋神星和冥王星分类为矮行星要归功于它的发现

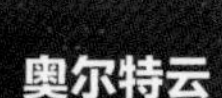

奥尔特云

与太阳的距离：1.6光年

结构：奥尔特云包含数以万亿计的物体，主要是由甲烷、乙烷水、一氧化碳和氰化氢组成的冰

发现：奥尔特云的理论是天文学家扬·奥尔特和恩斯特·奥皮克在20世纪中叶提出的。起源于奥尔特云的海尔-波普彗星于1997年最接近地球时获得了世界的关注

访问："旅行者"1号到达奥尔特云将需要300年的时间，但是它将在2025年耗尽能量。至今，还没有具体的访问计划

事实：奥尔特云标志着太阳系的外边界，它的外部只受太阳的微弱影响

请注意：图中行星的大小和距离不是按比例缩放的。

美国国家航空航天局的“新视野”号航天器目前正在探索柯伊伯带，这里是冥王星等矮行星的所在地。发现了柯伊伯带的天文学家大卫•朱维特指导我们穿越这个遥远的地区。

最后的边界

NASA’s New Horizons spacecraft is currently exploring the Kuiper Belt,home to dwarf planets like Pluto.Dave Jrwitt,the astronomer who discovered the belt,guides us through this distant region.

The Final Frontier

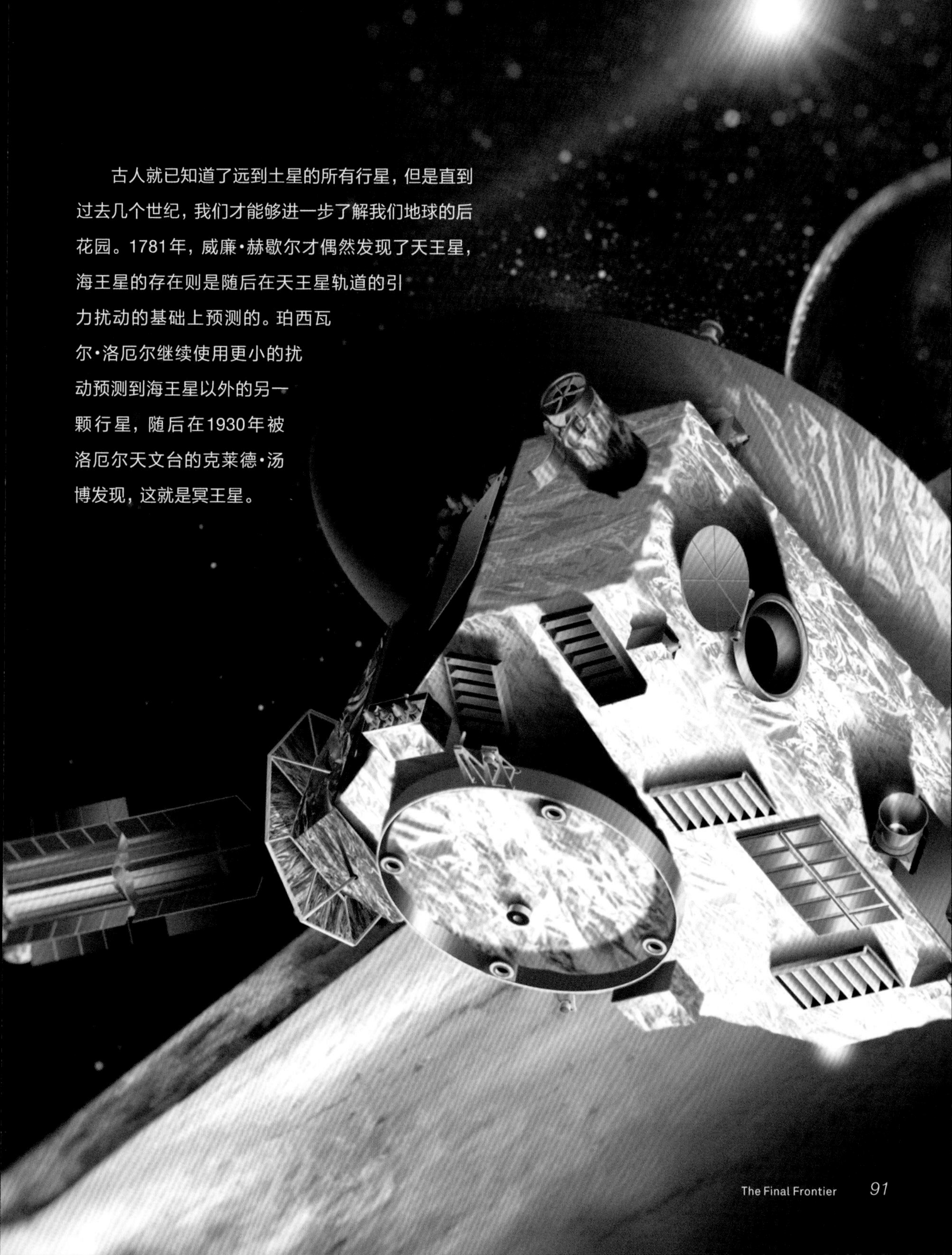

古人就已知道了远到土星的所有行星，但是直到过去几个世纪，我们才能够进一步了解我们地球的后花园。1781年，威廉·赫歇尔才偶然发现了天王星，海王星的存在则是随后在天王星轨道的引力扰动的基础上预测的。珀西瓦尔·洛厄尔继续使用更小的扰动预测到海王星以外的另一颗行星，随后在1930年被洛厄尔天文台的克莱德·汤博发现，这就是冥王星。

这颗“新行星”在当时立即引起了全世界的注意。从当前的“新视野”任务的反应来看，人们仍在关注它。但是，从科学的角度看，发现不久，人们就开始明白冥王星的真相。不像巨大的天王星和海王星（每一颗都大约是地球质量的16倍），冥王星的质量小得不起眼，只有0.002个地球的质量，是月球质量的六分之一。

小小的冥王星如此微不足道，不可能扰动冰巨行星。更奇怪的是，洛厄尔预测冥王星时用的摄动，其实仅是天王星的位置测量误差，这使得他的预测失去根基。所有关于外太阳系存在未被观测到的大质量天体的证据都消失了，仅仅留下小小的冥王星，被贴上了最小、最奇怪的“行星”的标签，这使得它受到额外的重视。

1951年，包括杰拉德·柯伊伯在内的几个科学家推测，冥王星可能并不孤独。当然，柯伊伯走得太远了。实际上，他预测的后来被发现并命名为柯伊伯带的那个区域在形成伊始有许多天体，但是冥王星的扰动使它们不稳定，所以现在那里是空的。这些论断，就像诺查丹玛斯预言一样，刚提出时几乎没什么影响力，因为它们太模糊以致不能用观测来检验。直到1980年，乌拉圭天文学家胡里奥·费尔南德斯更加令人信服地论证说，短周期彗星可能来自冥王星之外的盘状区域，而不是像以前提出的那样，来自更远的奥尔特星云。然而这一观点也没有引起轰动，或许是因为珀西瓦尔·洛厄尔及其他后面的人曾经做出的空洞预测的历史，如洛厄尔虚构出的对火星表面运河的观测。

简单的事实就是，即使对天文学家，“眼不见心不烦”同样适用。为什么要对可能不存在的东西思考太多呢？最后，柯伊伯带被发现了，并

▼“新视野”号探测器正在一个干净的房间被组装起来，将由阿特拉斯“V”型火箭发射

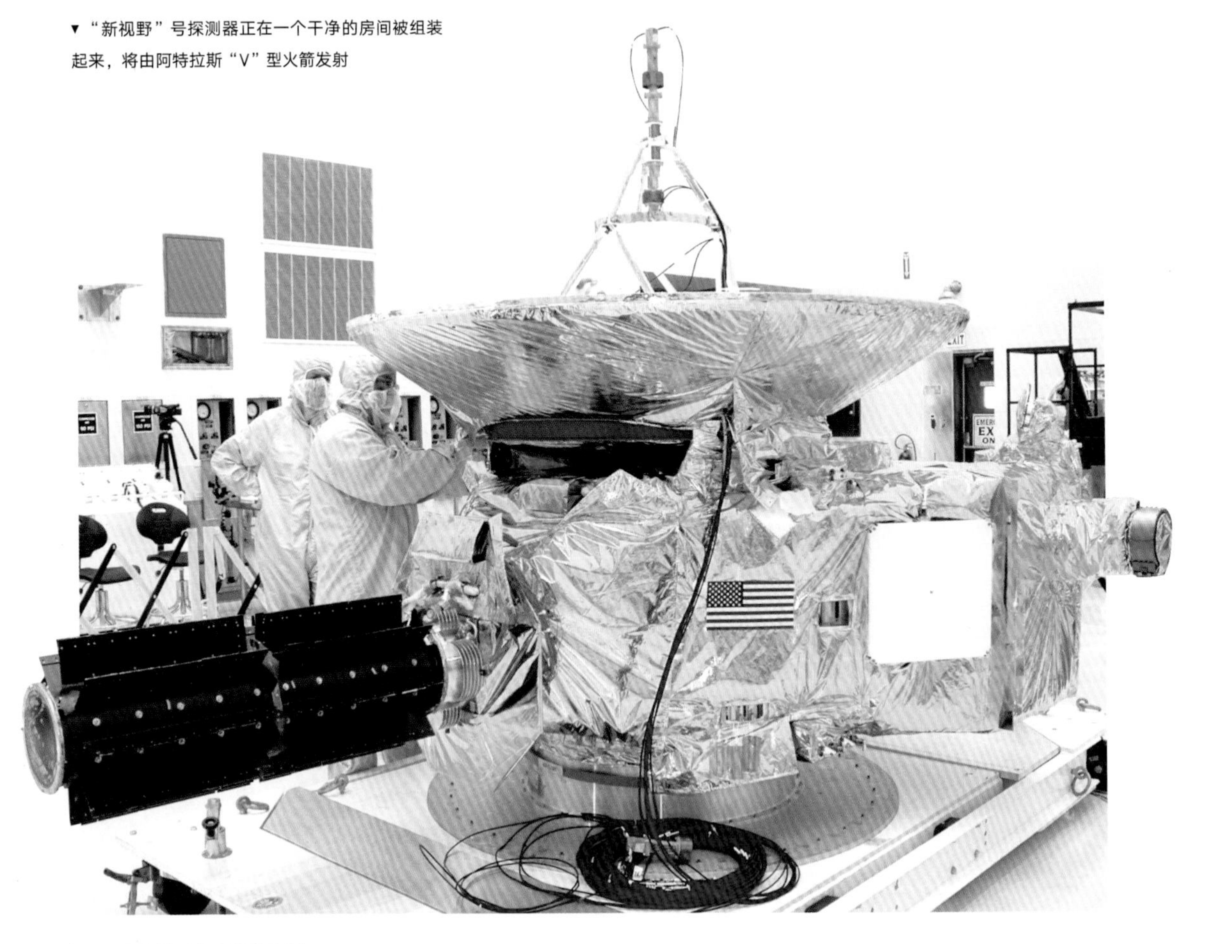

▸克莱德・汤博在 1930 年发现了冥王星

不是受益于预测，而是因为我们（比如汤博）在寻找。1986年，研究生刘丽杏和我开始研究，我们并不是要搜索海王星之外的柯伊伯带，实际上我们是要寻找土星之外的所有天体。

我们一直没有什么进展，直到1992年，我们发现了1992 QB1，也就是史上发现的第二个柯伊伯带天体。

六个月后，我们发现了另外一个天体；接下来的几年，闸门打开了。到现在，我们知道了大约1600个柯伊伯带天体，分布在一个比以前了解的行星系统大得多的区域。

洪水过后

那么我们从那以后学到了什么呢？首先，冥王星是个大号的柯伊伯带天体，这点是清楚的。它那奇怪地倾斜着的、椭圆形的轨道突然好理解了，因为无数其他的柯伊伯带天体都是这样。其次，柯伊伯带是个巨大的、深度冷冻的仓库，存储了太阳系最原初的材料。其温度只高于绝对零度几十华氏度。即使那些在太阳附近无法存在的冰块，像一氧化碳这样非常易挥发的干冰，在柯伊伯带也能被冻结成固体。冰状物体离开柯伊伯带后，被太阳系内的巨型行星来回拍击，其中一些被弹射往星际介质去，消失不见了，而其他的被木星捕获。在太阳附近偏转的柯伊伯带的冰块，因为蒸发形成彗星，拖着人们熟悉的尾巴。

第三，我们发现虽然柯伊伯带天体很多，但它们的总质量只相当于0.1个地球质量。这太小了。即使自太阳系存在以来，这些观察到的物体一直在吸积，它们也难以聚集成型。答案似乎是柯伊伯带开始时比现在重得多，可能包含20或30个地球质量而不是0.1个，但是之后几乎全部流失了。那么，质量到哪里去了呢？

20世纪90年代的另外两个观测发现可能可以给出回答。我们发现，柯伊伯带是一个厚盘，更像是甜甜圈而不是一张纸，这表明柯伊伯带自形成以来就在意外地“膨胀”。我们又惊奇地发现，柯伊伯带的轨道分为几个明显不同的组。

其中一组称为“共振柯伊伯带天体”，轨道周期是海王星164.8年轨道周期的简单变化。例如，冥王星的每两个轨道周期（每个247.9年）对应于海王星的三个。海王星和冥王星的这种关系叫作“3∶2共振”。数以千计的其他物体也满足这一关系，许多其他共振（2∶1，4∶3，1∶1等）也被占用了。但是，什么使得柯伊伯带如此松散，又为什么会有这么多的共振柯伊伯带天体？

一切都联系起来了

亚利桑那大学的动力学家雷努·马霍特拉给了我们答案。共振轨道阻止其他影响稳定的天体和海王星靠近，这使得只有共振柯伊伯带天体坚持在轨道上，因为它们从来没有和“大个子”纠缠。由于海王星的轨道缓慢扩大，从开始的15个或20个天文单位到现在的30个天文单位，马霍特拉发现共振的柯伊伯带天体因此被困住了。当行星向外移动时，它将一些超越它的微行星拉入共振轨道。但行星通过引力相互牵引，所以如果海王星的轨道改变了，其他行星的都会改变。

这种行星的“径向迁移”彻底改变了我们对太阳系的思考，代替了旧式而又无聊的发条式的太阳系。在旧系统中，行星保持轨道并可预测地运行了数十亿年。我们现在认识到的是一个更混乱、更难以追踪的历史。例如，模拟显示，如果径向迁移导致两个主要行星陷入它们自己的共鸣之中，这将导致太阳系整个架构的灾难性混乱。如果这在过去发生过，那么最初大质量的柯伊伯带可能已经被破坏，使得太阳系经受了残骸的淋浴，带来一系列巨大的影响。而所有剩下的可能就是我们今天看到的松散的柯伊伯带残余物。

因为这些，“新视野”号在2015年7月和冥王星相遇的意义已经与80年代发射它时设想的大不相同。我们发现，它访问的并不是最后一颗最奇异的行星，而是访问了一个巨大的但平平无奇的柯伊伯带天体。

在此之前，我们已经对冥王星很了解，包括它的质量、直径和密度，其表面冰的组成，其大气层的性质及其卫星系统的性质。但“新视野”号的邂逅将冥王星从天体转变为了地质学对象，了解到了从地球无法探测的丰富的表面细节。希望在几年内，“新视野”号在访问一个小得多的称为2014 MU69的柯伊伯天体时，能够再次访问冥王星。

冥王星：过去和现在

1930年2月18日
美国天文学家克莱德·汤博在亚利桑那弗拉格斯塔夫的洛厄尔天文台拍摄的底片上发现了冥王星。

1930年3月24日
遵循来自牛津的11岁的威妮夏·伯尼的建议，冥王星以一个罗马神的名字命名。

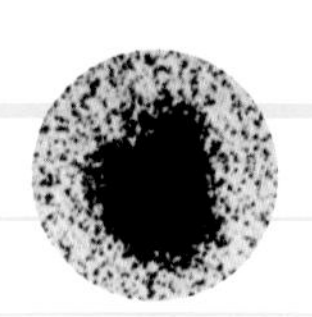

1978年6月22日
美国海军天文台的詹姆斯·克里斯蒂发现冥王星的大卫星冥卫一。它每6.4天绕这颗矮行星转一圈。

1989年5月
12名行星科学家组成的团队首次提出太空观测冥王星项目，他们被称为冥王星地下党。

“新视野”号航天器

PEPSSI
冥王星高能粒子谱仪科学搜寻仪。它密切观察刚离开冥王星的粒子。

SWAP
SWAP 设备跟踪在冥王星周围的太阳风。它监控风如何与从矮行星大气层逃逸的粒子发生反应（每秒约逃逸 75 千克）。

LORRI
远程侦察成像仪其实是一台数码相机，上面附有一个大号的远距照相望远镜。这使我们能够密切注视冥王星。LORRI 提供了最好的冥王星和柯伊伯带的图像，同时也在寻找环形山和间歇泉。

SDC
威妮夏·伯尼学生尘埃计数器是 NASA 行星任务中第一个由学生设计、建造和操作的科学仪器。随着“新视野”号飞越太阳系，它测量了各处的尘埃颗粒的浓度。

REX
这是一个无线电科学仪器。通过冥王星和冥卫一时，它在“新视野”号和地球之间创建一个“交流通道”。通过监测这两个物体对这个无线电连接的干扰，REX 可以告诉我们冥王星和冥卫一和其他柯伊伯带天体的质量。该装置还应能够测量这些天体的温度。

RALPH
“新视野”号的“眼睛”位于这里。这些包括一组传感器，旨在以每像素 250 米的分辨率对冥王星的表面成像。它还搜寻冷冻氮、水和一氧化碳等。

ALICE
这种紫外成像光谱仪提供了冥王星大气层的第一张完整图像，能够告诉我们什么气体黏附到冥王星上，以及它们的丰度。

2005年1月5日
加州理工学院的迈克·布朗发现了阋神星，和冥王星一样大。它引发了关于“行星”定义的争论。

2006年1月19日
NASA 使用阿特拉斯“V”型火箭从位于佛罗里达州的卡纳维拉尔角空军基地发射“新视野”号。

2006年8月24日
国际天文学联合会在布拉格投票将冥王星重新分类为矮行星。

2011—2012年
冥王星的另外两颗小卫星——冥卫五和冥卫四——在哈勃太空望远镜拍摄的照片上被发现。

2015年7月14日
大约在协调世界时 11：50 UTC，“新视野”号飞越冥王星，当时与冥王星距离约 13，700 千米，相对速度为 13.8 千米每秒。

"水手"2号与金星初遇半个世纪之后，霍弗特 · 席林

带你去科学家们很想去探索的五个目的地看看。

目的地：太阳系

Destination: Solar System

Half a century after Mariner 2 first encountered Venus, Govert Schiling takes you on a tour to five destinations scientists would love to explore.

1962年8月27日，随着NASA发射“水手”2号（这是第一个前往另一颗行星的空间探测器），对太阳系的探索开始了。在它的行星际旅程中，这个小小的航天器发现了太阳风（从太阳发出的带电粒子的连续流动）。当它在1962年12月中旬飞过金星时，揭示了这颗行星上难以置信的表面温度——460℃。人类历史上第一次碰触到了一个外星世界。

今天，太空探索已经不再稀奇。太阳系中的八颗行星中每一颗都被靠近的航天器研究过。“登陆者”系列探测过金星、火星和土星最大的卫星——土卫六。我们已经采样过彗星、小行星和木星的大气层。从诸如“信使”号（环绕水星）和“卡西尼”号这样的空间探测器获得了几乎处理不完的海量图像和数据，后者从2004年起就已经开始访问土星及其卫星了。

但是我们还没有去过哪里呢？又为什么要去那里？在下面几页，我们将参观太阳系中五个未探索的地方，从距离太阳最近的水星神秘的表面到太阳系边缘的冰状物体。对后面几页中提到的这些奇异地点的探索，不仅能拓展我们对这些地方的了解，而且会促进我们对地球大气层和地质的认识。我们的探索之旅才刚刚开始。

七姐妹

是什么：地下洞穴

位置：火星的阿尔西亚山

火星火山一侧的地下洞穴可能包含外星生命，也可能适合未来的宇航员居住

▲来自 NASA 的火星侦察轨道器的这张照片显示了阳光照射到火星洞穴的东壁。这是盾形火山阿尔西亚山斜坡上的一个坑

你走在火星上的一座巨型盾形火山——阿尔西亚山的山坡上。强风吹着细小的灰尘掠过光秃秃的风景，落在你的面盔上。一缕缕卷云飘过黑暗的靛青色的天空。地面上一个圆形孔展现在你面前，直径大约有200米，没有人知道里面有什么。你敢进去吗?

好吧，科学家们也许会喜欢，但是可能首先要把机器人漫游器送进去。毕竟，他们对火星神秘洞穴的深度并不了解。这些洞可能是较浅且部分塌陷的熔岩管。但是，同样地，这些黑色的洞也可以是进入广阔的地下洞穴网络的天窗。

2007年，美国地质调查局的格伦•库欣发现了第一个火星洞穴。七姐妹洞穴被授予了昵称：阿比、安妮、克洛艾、德娜、让娜、尼基和温迪。白天，它们比周围寒冷；在晚上，它们更温暖，正像你期望的地下洞穴那样。

接下来几年，又发现了更多的洞穴，其中一个是一群加利福尼亚中学生发现的。据NASA的艾姆斯研究中心的纳塔莉•卡布罗尔介绍，火星洞或许是极好的探索地。为什么?因为它们的内部免受火星表面的恶劣条件破坏，包括太阳光中的紫外线和宇宙线。

七姐妹可能藏有外星微生物，或至少为未来的人类探险者提供一个天然的栖息地。

洛基火山口是太阳系中最大的熔岩湖，它位于木卫一埃欧上。木卫一是木星的四颗伽利略卫星中轨道最靠内侧的那颗。洛基火山口几乎有北爱尔兰那么大，通常被熔岩壳覆盖。不过，每过大约两年，会有新鲜的滚烫岩浆取而代之，温度高达700 ℃。

设想自己站在洛基火山口的边缘，放眼展望一片延伸到天际的熔岩。它炽热，还冒着泡。四周温度高得难以忍受，一切都是硫黄的味道。与此同时，巨大的气态行星木星低垂天上，看上去有40个满月那么大。何等景象！但是如果你计划参观这里，记得小心涌出地表的熔岩。科罗拉多州西南研究院的约翰·斯宾塞博士说："登陆是极为危险的，除非你能精确地在表面更替的间隔做到这件事。"他是一位研究埃欧的专家。

科学家们知道木卫一非比寻常的火山活动的能量源头是木星的潮汐能。巨大的木星通过潮汐作用挤压木卫一的岩石核心。但洛基火山口依然保有许多秘密。"我们希望能够测量熔岩的组成，还希望能待上更长的时间，以便观察熔岩壳的更替，测量地震活动，最终了解木卫一的内部。"斯宾塞说。他补充道，尤为意义重大的是，研究洛基火山口可以让科学家们知道，当地球早期像埃欧一样，热流比现在更强时，火山是怎样活动的。

▼科学发现的温床：洛基火山口的黑色熔岩壳

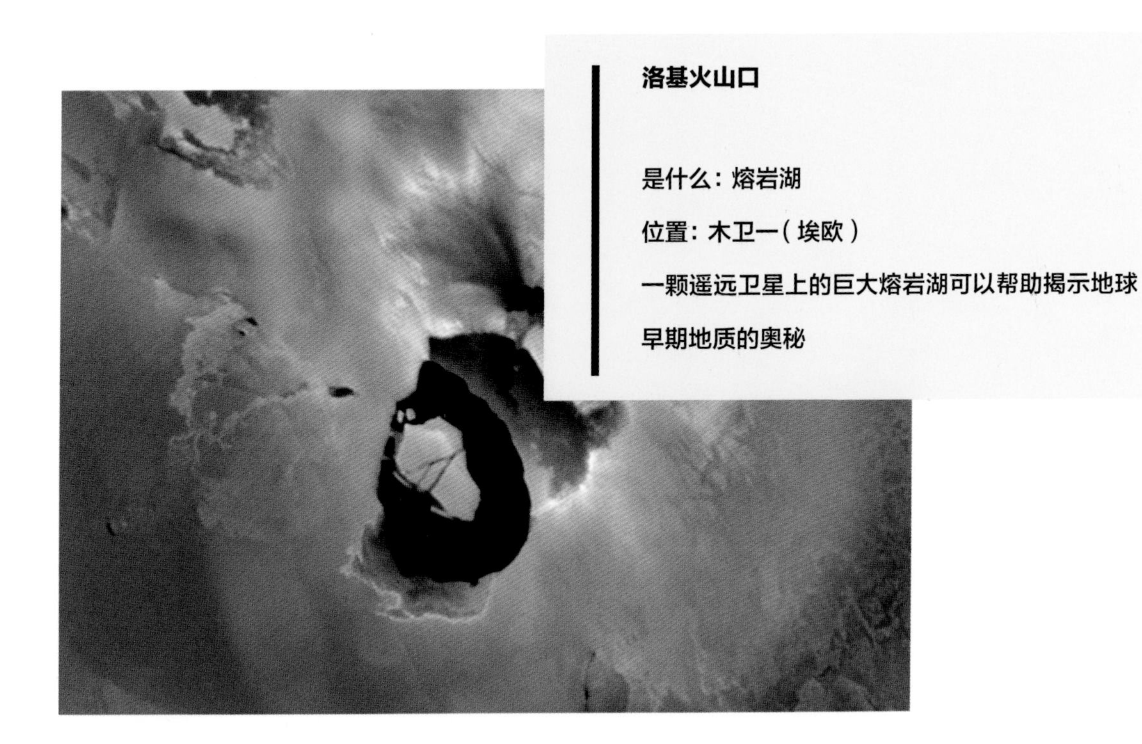

洛基火山口

是什么：熔岩湖

位置：木卫一（埃欧）

一颗遥远卫星上的巨大熔岩湖可以帮助揭示地球早期地质的奥秘

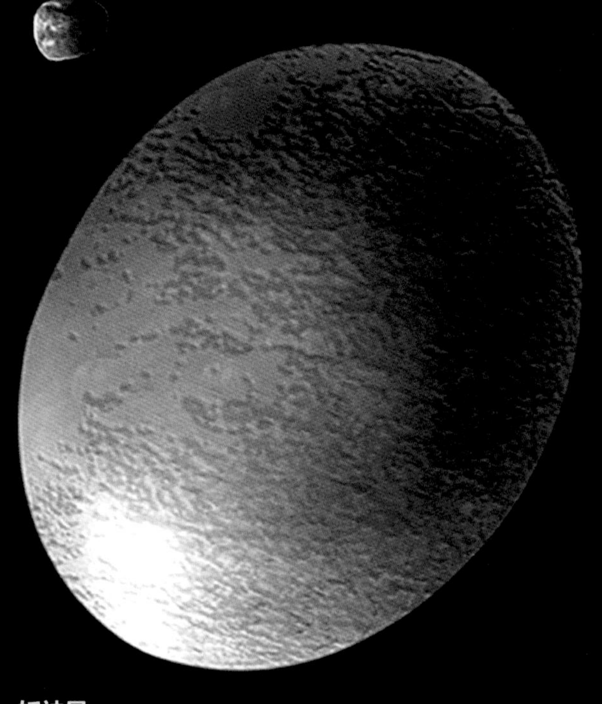

妊神星

是什么：矮行星

位置：柯伊伯带

在海王星轨道外有一颗长条状、形态极不规则的矮行星

妊神星的温度低至-220 ℃，它是整个太阳系中温度最低的天体之一。妊神星是个椭球状的岩石，长是宽的两倍。这颗星球上的一天还不到地球的4小时。据测量，妊神星最长处有1960千米，和冥王星直径差不多。在柯伊伯带这一海王星外的区域中，它是最大的成员之一。柯伊伯带由小行星状的天体构成，其中多数的组分都是甲烷、氨和水形成的“冰”。但妊神星与众不同，其主体是致密的岩石，外部有冰质的薄壳，表面上还有一大块发红的富含矿物质的区域。

科学家们相信，妊神星在久远的过去比现在要大得多，但因为在外太阳系中遭遇巨大的撞击而几乎把冰质地幔层丢失殆尽。事实上，由加州理工学院的迈克·布朗领导的一个小组已经发现了一族小型柯伊伯带天体，它们的物理和轨道性质都与妊神星相似，很可能就是撞击的残骸。

妊神星甚至还有两颗卫星：两块分别称作妊卫一和妊卫二的残骸围绕这颗矮行星转动。想要了解太阳系动荡的少年时代，拜访妊神星一定会大有收获。

土卫八的托莱多山脉比喜马拉雅更高，有1300千米长。它占据了赤道的三分之一，并且使土卫八具有胡桃一样褶皱不平的外观。一些科学家认为，这条山脊是构造地貌，源于土卫八在遥远的过去的快速自转。但伊利诺伊大学芝加哥分校的安德鲁·多姆巴德博士相信，曾有一颗土卫八的子卫星被撕裂，其冰残骸散落在土卫八表面，使山脉形成。

拜访土卫八可以探明托莱多山脉的化学组成、年龄和孔隙度。也许山脊和这颗卫星的其他地带的化学组成有很大的不同。多姆巴德博士说："山脊的起源从哪个角度看都还是个不解之谜。"

考虑到土卫八的表面重力仅仅是地球的四十分之一，攀登山脉的最高峰也一定轻而易举。而土星和土星环的壮丽景色会使旅途更加怡人。

托莱多山脉

是什么：山脉

位置：土卫八（伊阿珀托斯）

土卫八上面的这条庞大的山脊的成因，迄今无人知晓

▾土卫八的独特山岭，托莱多山脉

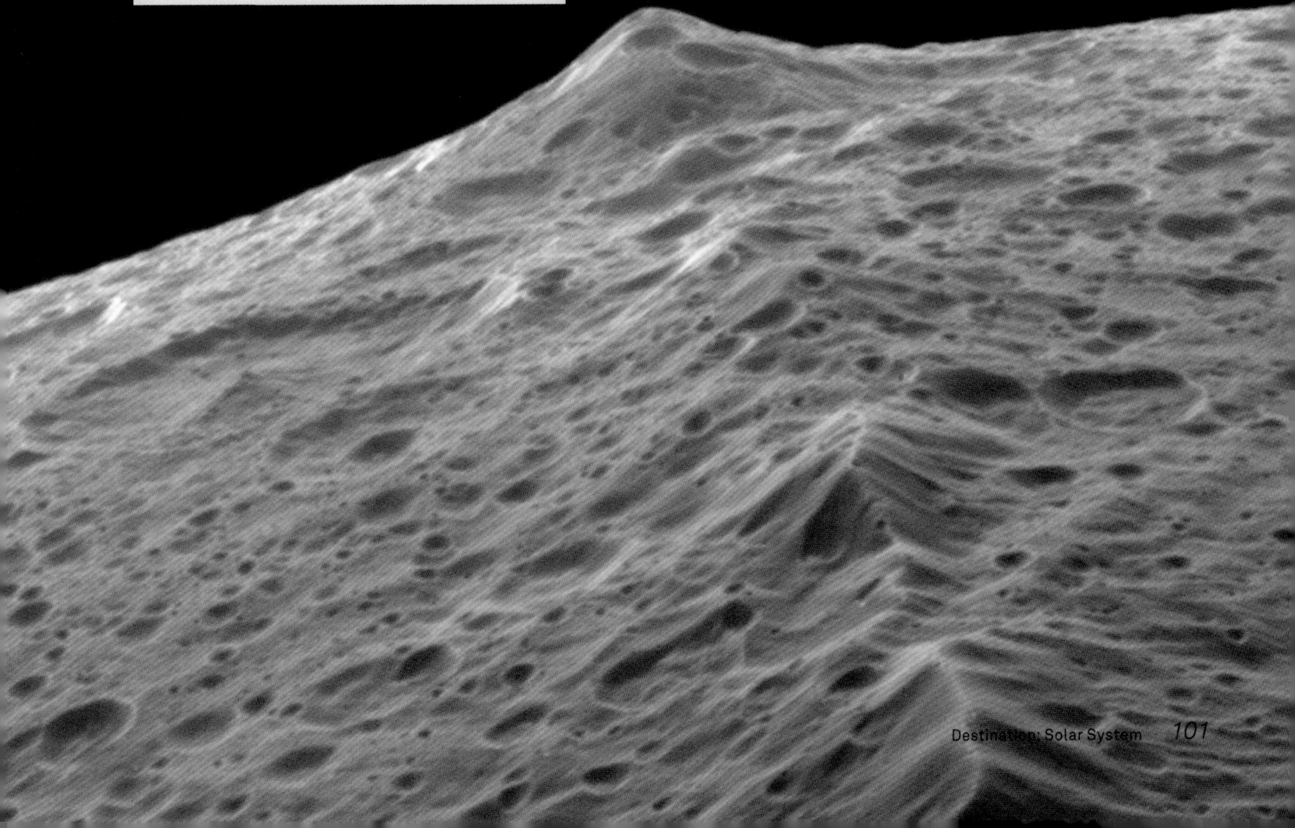

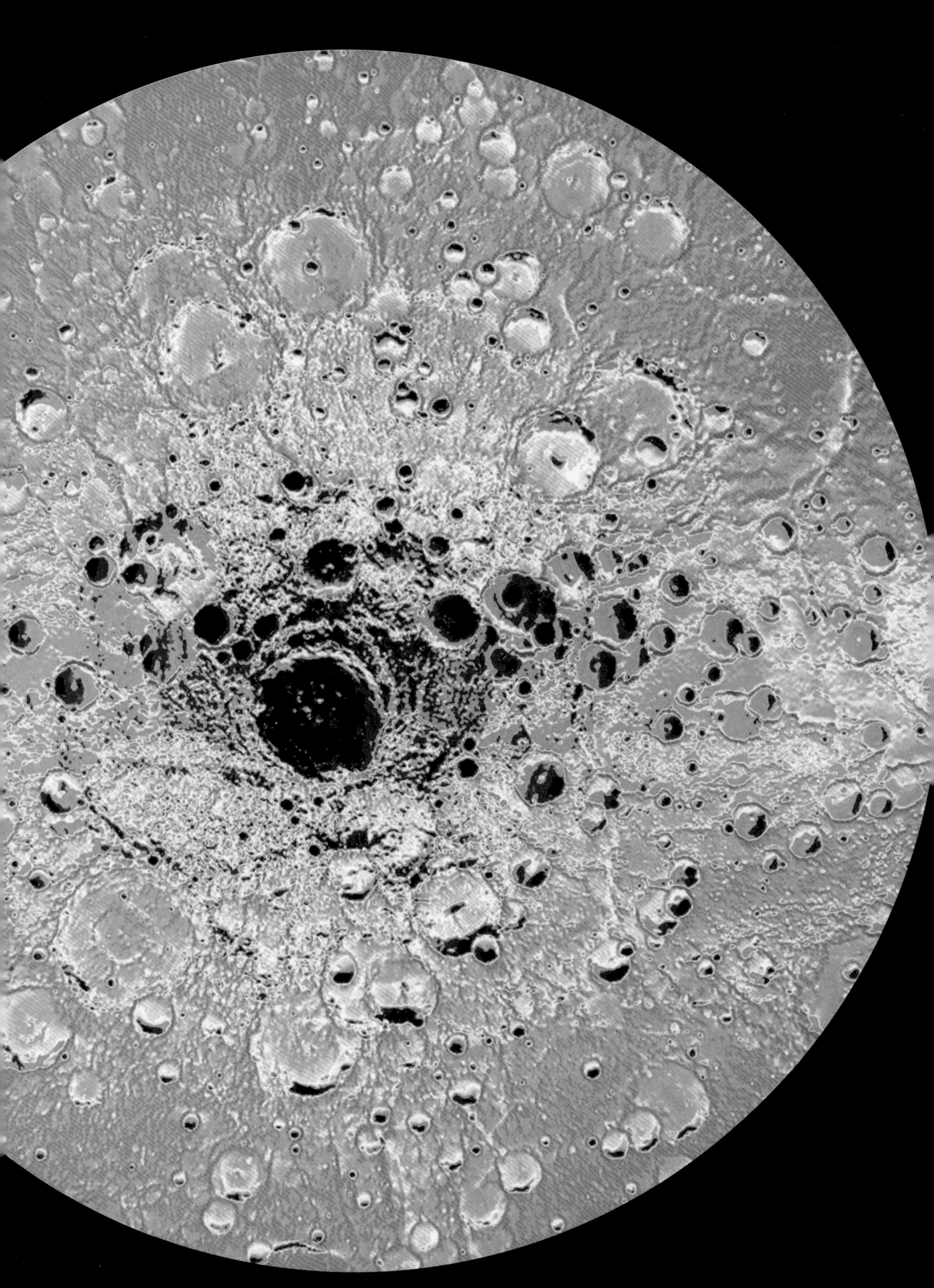

赵孟頫环形山

是什么：环形山

位置：水星的南极地带

一座庞大的环形山位于水星的南极附近，它总是黑暗的坑底很可能被冰覆盖

如果你认为水星上不可能有冰，这无可厚非。不管怎么说，水星是太阳系里最靠里的行星，它的表面被太阳烘烤到几百摄氏度高温。但是，在两极地区，事情就完全是另一个样子了。在两极，太阳总是在地平线附近，而有一些环形山足够深，内部可以存在寒冷、始终处在遮蔽下的坑底。雷达观测显示，在这些行星冷阱里有冰的存在。

赵孟頫环形山得名于一位13世纪的中国画家、书法家。这座环形山有167千米宽，进入其中将会是一段危险的旅程。水星没有可以散射阳光的大气，环形山坑底的光线只能来自其边缘散射的光。但是这种光非常强烈，来自看不见的、高度极低的太阳。最终，环形山边缘狭长而亮得刺眼的岩石仿佛镶嵌在空中，上面是星光闪烁的暗夜，下面是同样黑暗但没有一点星光的虚空。

马里兰州约翰·霍普金斯大学应用物理实验室的南希·查沃特博士说，环形山坑底是诱人的探测目标。“我们的热力学模型预测，赵孟頫环形山够冷，可以容纳大面积暴露的冰野。那里甚至有可能可以溜冰呢。”

通行的假设是，这些冰来自亘古以来撞击水星的彗星。水星表面大部分都相当热，彗星带来的冰会立即蒸发。但如果冰进入极地黑暗的环形山坑底，它们就会保持冷冻的状态。

◂ “信使”号探测器传来的雷达图像中，黑色中心区域是巨大的赵孟

BEYOND THE SOLAR SYSTEM

太阳系之外

自从伽利略从横亘我们天际的银河光带中看到第一颗恒星开始，天文学家一直在试图描述和定义我们的银河系。斯图尔特•克拉克为您讲述银河的故事。

银河的形状

The Shape of the Milky Way

Ever since Galibeo first spotted individual stars in the mist of light that stretches along the night sky, astronomers have been endeavouring to describe and define our Galaxy. Stuart Clark tells the story.

在一个黑暗而晴朗无云的夜晚，你很容易就能看到银河。一年中的大部分时候，它像一条清澈的光带横跨天际，引人遐想联翩。对于古印度人，它就是天河，是天上的恒河；对于毛利人，它是一位迷途的旅人留下的闪光的石头，为后人指明道路；对于古希腊和古罗马人，它是女神天后赫拉或者奥普斯溅落的乳汁。

在这丰富的想象力之外，故事的真正开始，源于1610年，当伽利略把他的望远镜指向了天空中的那条光带。在那个年代，没有街灯来掩盖银河的光芒，它成了一个自然而然的观测目标。尽管伽利略的望远镜视野很小，但已经足以把银河分辨出令人目眩的恒星海洋。

简而言之

如何研究一个你身在其中的物体的形状和大小？这是那些试图搞明白我们身处的银河以及更广大的宇宙何处的天文学家几百年来面临的难题。

时间线

人们通过几个世纪对星空的观测，才得到了现在银河系结构的知识。

1755

康德认为银河是被引力束缚在一起的一个旋转的恒星系统。直到1927年，这一假设才被扬·奥尔特证实无疑。

1610

伽利略把他的望远镜指向了天空，发现我们所熟知的被称为银河的那条光带，是无数恒星的聚集。

当然，这并不是全然的意外。早在古希腊时代，哲学家阿纳克萨哥拉和德谟克利特都曾猜测银河是遥远的恒星的汇集。伊斯兰天文学家也提出了类似的理论，但伽利略的观测给出了首个直接的证据。他的记录标志着对银河及更广阔宇宙的科学研究的发轫。

当时，这一发现引发了深刻的神学问题，如为什么上帝创造的人类感官不能完整地感受上帝所有的创造？对这一问题的探索成了早期自然研究的动力。借助于望远镜和显微镜的发明，人类的感官得以延伸，人们可以更好地了解上帝创造的这个世界。

当科学进一步发展，渐渐地它不再是为了上帝的荣耀，而代之以知识的积累。从一开始，关于银河有一点是极其清楚的：恒星并不是随机分布在天空中的，这条光带暗示着大部分恒星集中在一个碟状的区域。

这一思考促使哲学家康德在1755年得出了一个大胆的结论。基于牛顿的引力理论，以及太阳系内行星分布成带状的观测，他推测银河是被引力束缚在一起的无数公转着的恒星。那么一个自然的问题就是，太阳以及它的行星们在这个巨大旋转系统中的位置。

而这，正是赫歇尔的工作所揭示的。威廉·赫歇尔和他的妹妹卡罗琳生活在一起，两人的共同爱好就是天文学。当他于1781年3月13日发现了天王星后，他的生活完完全全地改变了。4年之后，他开始一系列的计数恒星的研究。他假设

1785

威廉·赫歇尔和他的妹妹卡罗琳开始计数夜空中不同方向星星的数量，希望借此研究银河的形状。

1927

扬·奥尔特继续他的导师雅各布·卡普坦对恒星运动的研究。他的研究显示恒星运动遵循一个系统的规律，证明了银河系在旋转。

1920

哈罗·沙普利研究了球状星团在夜空中的分布，发现大部分在南方星空中。这表明太阳远离银河系的中心。

1951

威廉·摩根展示了他对银河中最明亮恒星的研究，显示它们在夜空中的分布是银河旋臂存在的有力证据。

恒星在银河系星盘中的分布多少是均匀的，这样通过计数各个不同方向的恒星数量，就可以推算出我们和中心的位置关系。

这项研究并没有取得完全的成功，因为那时还没有人知道，我们的银河系中充满了尘埃，会吸收远处的星光使之变得不可见。这使得看起来似乎每一个方向的恒星数目都是相同的。赫歇尔从而得出结论，银河系的形状像一个砂轮，一个以太阳为中心的恒星组成的扁平的盘子。

尽管这个结论是错误的，但是这个思路一直延续到20世纪，直到荷兰天文学家雅各布·卡普坦用现代望远镜尝试了同样的方法。他的一生都断断续续地致力于这一项目，终于于1922年发表了他一生的巨著:《关于恒星分布及运行理论的首个尝试》。他得出结论认为银河的直径大约为4万光年，但是同样的尘埃问题使他把我们的太阳放在了很接近银河中心的位置。

实际上，这时候，太阳系的正确位置已经被一位来自密苏里州纳什维尔的天文学家哈罗·沙普利计算得出。他后来成了马萨诸塞的哈佛天文台的台长，那年是1920年。不同的是，他计数的不是恒星，而是球状星团。

球状星团是夜空中可见的球状的恒星集合。沙普利推理它们应该围绕着银河系中心的轨道公转，因此，如果我们的太阳系在银河系的中心，那么这些球状星团就应该也均匀地分布在我们的周围。

然而恰恰相反，他发现绝大部分球状星团分布在南方天空人马座的附近。银河在那里形成了一个明显的凸起。沙普利得出结论认为那里应该是银河的中心方向，并进一步开始利用星团中的变星为标准烛光计算星团离我们的距离。

他的结论是，太阳位于从银河中心到边缘距离五分之三的地方。这个比例大致是正确的，但是沙普利严重高估了实际的距离，因为他犯了和前人一样的错误，没有把星际尘埃的消光作用计算在内。他错误地把尘埃的遮光计算成了距离的因素，从而得出了太阳距离银河中心9万光年的数值。我们现在知道，正确的距离是大约27，000光年。

太空中的旋臂

下一个关于银河系形状的重要发现是它的旋涡状结构。在沙普利从事研究的时候，已经有越来越多的证据表明银河的盘面上的恒星有旋涡状的旋臂结构。

早在19世纪中叶，威廉·帕森斯，第三世罗斯伯爵，就已经建成了利维坦（海怪的名字）望远镜。这个庞然大物有1.8米的直径，比一栋房子还高。这个巨型望远镜建在爱尔兰奥法利郡的比尔城堡。通过这台望远镜，罗斯爵士可以看到天空中散布的一些星云的旋涡状结构。银河系会不会也是同样的呢?

在沙普利的时代，天文学家们对于这些旋涡

状星云是遥远的星系，还是附近的气体星云，存在着争议。这个问题在1925年由美国天文学家爱德文·哈勃通过测量这些旋涡状星云中的变星的距离得以解决。计算表明它们的距离远远超出了沙普利所测量的银河系的范围。那些旋涡状的星云是和银河系一样充满了恒星的星系。

基于此，天文学家开始强烈怀疑银河系自身也是一个旋涡状星系。但是如何去证明这一点呢？对天文学家来说，突然魔术般地把他们自身发射到银河盘面的上方向下观测是绝无可能的——距离太过遥远了。

荷兰天文学家们，为他们的前辈卡普坦所激励，再次尝试对恒星计数的方式。他们推测如果银河系有旋臂结构，那么旋臂附近恒星的密度会上升。他们一次又一次地尝试计数恒星，但什么结果也没有得到。事实上，实践这一方法的其中一位天文学家，变得如此之神经质，以至于他在1930年代宣称，银河系结构的问题在他的有生之年都不可能得到解决。

天文学家需要换个思路来解决这个问题。在美国，天文学家摩根专注于那些最明亮的恒星。这是那些被称为蓝巨星的恒星，远比那些暗淡而发着黄光或红光的主序星要稀少得多。摩根在全天追踪这些巨星，证明它们的分布意味着银河系有三只旋臂。他分别命名这些旋臂为英仙臂、猎户臂和人马臂。遗憾的是，还没有来得及推广这些发现，他就因病而住院了，而来自荷兰莱顿大学的扬·奥尔特利用射电望远镜夺得了发现的桂冠。

◂威斯康星州叶凯士天文台的一米望远镜，威廉·摩根用它分辨出了银河系的旋臂结构（上页）

术语解析

通过这些关键名词了解银河系

1.星系

星系是百万甚至亿万恒星的集合。星系的本质是爱德文·哈勃在20世纪20年代所揭示的。他把这些星系根据形状进行分类，发现很多星系都是旋涡状的。

2.银河

传统上这是对于横亘我们头顶的这条光带的称呼。现在我们知道，这是我们银河系的盘面，同时这名字也可以指代我们的银河系以及它包含的2000亿颗恒星。

3.星云

来自拉丁语，意为“云”，星云专指在太空中的尘埃和气体形成的云团。曾经也用于指代星系，但是在哈勃发现了星系实际上遥远之后，这个名称变得越来越不合时宜了。

银河系电波

和可见光不同，无线电波不受星际尘埃的遮挡，因此在银河系中长距离传播后仍然可以为我们所探测到。射电望远镜可以被调制到单一频率，因而可以用来探测来自特定分子或者原子的无线电波。具体到奥尔特和他的同事们，目标集中在21厘米波，这一氢原子自发发射的频率。

他们为分布在银河系中的巨大分子云团测距，进而得到银河系的结构图——它显示了银河系有旋臂结构。不同的是，摩根只能看到离我们较近距离的结构，而奥尔特和他的同事们几乎能看到绝大部分银河系。他们对数据进行了解读，认为有四只恒星的旋臂围绕着银河系的中心。这些旋臂被命名为矩尺臂、盾牌-半人马臂、英仙臂和人马臂。在这个图景中，摩根的猎户旋臂仅仅是在英仙臂和人马臂之间的一只支臂，而不是独立的一只完整的旋臂。

近些年来，这个四旋臂结构的模型受到了强烈的挑战。有些天文学家相信只有两个主旋臂，其余的部分是由恒星组成的支臂和星弧。由很多只旋臂构成的旋涡状星系被称为絮状星系，而那些只有几只旋臂并且结构清晰的，被称为宏观图像。

欧洲空间局的巡天太空飞船盖亚，将会为这一论战增添新数据。发射于2013年12月，此时它正忙于对银河系10亿颗恒星进行巡天观测。它将记录这些恒星精密的位置、距离以及运动的信息，这将为银河系的构造给出更多的细节。

地面的射电望远镜也被用来从另一个角度解决这个问题。它们被对准银河系中特殊的气体星云，这些星云如同激光的工作原理一样发射出微波。这些自然出现的微波激光被称为分子脉泽，它们的距离可以被极其精确地测量。

在一段时间内跟踪它们的运动可以显示我们太阳系的运动，进而更加精密地计算到旋臂的距离。这进一步的精度提高可以使我们能够更容易地解读银河系的结构。

尽管旋臂的数量仍然存疑，有一点现在似乎已经很清楚了，那就是银河的中心是一个由古老的恒星组成的凸起，位于人马座的方向。这个中心凸起被拉长成一个由恒星组成的大约3000到16，000光年长度的棒状结构，然后从棒状结构上生长出旋臂（尽管旋臂的具体数量仍然存疑）。

银河系的中心则盘踞着一个有着大约400万倍太阳质量的超大质量黑洞。这个黑洞是在我们银河系100亿年的历史中逐渐成长的，并且今天它还在继续长大。

最后的花絮发生在2010年，当时NASA的费米太空望远镜通过探测它们发射的伽马射线发现了两个巨大的粒子气泡。一个在银河中心盘面的上方，一个在下方。它们可能是由于银河系中的恒星形成过程产生的，但是现在谁也说不清楚。

银河系始终是一个奇妙的神秘所在。尽管我们肯定比以前知道了更多有关它的形状的知识，但很多细节仍然是个谜。

▼欧洲空间局的盖亚太空飞船是去年从法属圭亚那发射的，用于对构成银河系的 10 亿颗恒星的位置和运动进行巡天观测，以便构造出我们银河系的三维图像

有一点是很清楚的：银河系的中心是一个由古老恒星组成的凸起，位于人马座的方向。

它们是什么？它们由什么组成？它们生存的寿命多久？

布莱恩·克莱格为初学者解读这些宏大的恒星。

10分钟了解恒星的生命周期

Understand the Life Cycle of a Star in 10 Minutes

What are they? What are they made from? And how long do they live? Brian Clegg offers the beginners' guide to the not-so-humble star.

到底恒星是什么？

一颗巨大的等离子体球。等离子体是我们所熟知的物质在固态、液态和气态之上的第四态。类似于恒星中的那种等离子体，是将气体加热到极高的温度的结果，这种情况下气体原子失去了电子，从而得到了带正电荷的离子和自由电子组成的混合物。恒星中的物质总量是惊人的。比如说太阳，离我们最近的恒星，包含了太阳系中超过99%的总质量。它是地球质量的30多万倍。

恒星是怎么诞生的？

仰望夜空，似乎绝大部分空间是虚空，但实际上星际太空含有气体分子，绝大部分是最轻的元素——氢。这些气体分子可以在太空中永远漂流下去，但是一些区域的密度可能大于另一些区域。当这些分子云密度足够高的时候，就会有足够强的引力作用把气体分子聚集成为一个团块。这可能只是一个随机的过程，但更多时候是被邻近的事件所激发的——比如，有时候作为恒星生命演化"最后喘息"的爆炸所产生的激波，可以把气体分子推挤在一起，从而使得一颗恒星的死亡种下另一颗恒星新生的种子。

当气体分子被重力作用压缩得越来越致密时，它们的温度开始升高，就好比当你给自行车轮胎打气时，里面气体变得更温暖了。但是在一颗恒星内部，这种压缩的比例是如此之巨大，以至于它能把一个等离子体球转变为一个核反应堆，放射出巨大的能量。

恒星的能量从何而来？

当形成恒星的气体逐渐靠近，它们的温度上升形成了等离子体，并开始发光——尽管这个时候发的光和一颗真正的恒星发射的巨量能量相比还微不足道。当物质进一步被压缩——这一过程需要几十万年的时间——温度和压力变得越来越高。在一颗像太阳一样的恒星的中心，温度可以轻易地达到1000万摄氏度之高。在这样的条件下，被称为核聚变的反应开始发生。

在核聚变反应中，轻的元素聚合成更重的元素。通常的恒星内部的核聚变用氢原子核（氢原子失去电子后剩下的离子）为原料合成更加复杂的原子核，形成下一个更重的元素——氦。当原子核非常接近时，一种被称为强力的作用力可以开始发挥作用，克服它们之间正电荷相互的排斥，把它们拉向彼此。即便如此，在恒星内核的高温高压下，原子核之间的距离仍然没有被挤压到强力能够发生作用的范围。恒星实际上也是依靠另一个被称为量子隧穿效应的奇异现象，即量子性粒子如离子等，可以穿过一个排斥的势垒，宛如势垒根本就不存在，而靠近形成聚变反应。这个机制在核聚变反应中产生源源不断的能量——产生氢弹的毁灭性效果的能量源自同样的机制。

这些能量一部分转换成热能，一部分成了光能，因此光子开始了它们飞出恒星这个巨大球体的旅程。但是光子很容易被其余部分的等离子体吸收，然后再次发射出来——所以实际上，在恒星内核产生的光需要几百万年才能出现在表面。由于恒星是巨大的，它的能量输出也是惊人的。比如说，我们的太阳，输出功率达到了4万亿兆瓦，其中的大约890亿兆瓦到达了地球。尽管这只是太阳输出能量微不足道的一部分，却是目前人类使用能量总和的数千倍。

关于恒星我们还有什么不知道的？

帮助你了解宇宙的一些关键知识。

什么条件使得恒星的形成成为可能？

最初，宇宙太炽热了，没有条件形成恒星。当宇宙逐渐膨胀并冷却，气体才有可能在引力的作用下聚集成团。欧洲空间局普朗克卫星的观测显示，可能最早在大爆炸之后的50万年内就具备了恒星形成的条件，但这么早的阶段仍然还有很大的不确定性。未来太空望远镜和微波背景辐射探测器都将会帮助我们发现更多关于早期宇宙的秘密。

超新星爆发的机制

尽管关于超新星的机制有很多理论，目前没有足够的证据表明这些理论是正确的。比如，超新星爆发形成的中子星常常高速飞离爆发的位置，但是谁也不知道为什么爆发只朝着某一个方向。很多最有用的超新星观测数据来自X射线和伽马射线太空望远镜，如钱德拉望远镜和NuSTAR，它们还在持续地搜集数据，帮助我们最终了解这些巨型的星际爆炸。

存在星族III的恒星吗？

恒星被分类成星族I（富金属）或者星族II（贫金属）两类。古老的星族II恒星包含更少的重元素，因为年轻的星族I恒星中的重元素来自超新星爆发的产物。但是，宇宙学模型指出应该存在着巨型的、古老的星族III恒星，它们几乎全部是由氢和氦组成，是在大爆炸之后不久形成的。这些恒星还没有被观测到，不过预计于2018年发射的詹姆斯·韦伯空间望远镜将有可能改变这一点。

当太阳把氢气消耗完之后会发生什么？

当一颗如太阳一样的恒星把氢转换成氦，自身温度会变得更高。这是因为氦占用的空间更少，允许太阳的内核进一步收缩从而产生更多的热量。这一过程使太阳在主序带中的位置不断上升。太阳已经存在了大约45亿年，在此期间它的亮度大约增长了30%，它会在主序带中生存大约100亿年。人类大概还有20亿到30亿年的时间，在那之后太阳就会变得太炽热了，以至于地球将不再适合生存。当内核的绝大部

太阳是一颗普通的恒星吗？

太阳看起来和那些夜空中一点点星光的恒星有很大不同，但那仅仅是距离的作用。太阳之外离我们最近的恒星——比邻星，大约是太阳距离的25万倍。尽管所有肉眼可见的恒星看起来似乎都差不多，实际上它们在颜色和亮度上有很大差别——实际的差别范围比我们见到的要大得多，因为我们所看到的恒星的距离也是有着巨大差别的。在天文学家令人困惑的专业术语中，我们的太阳是一颗黄矮星。其实它既不是黄色的，也没有那么矮小。太阳实际上是白色的，它之所以看起来是黄色，是因为蓝色部分的光被大气层散射了，从而形成了我们蓝色的天空。以矮星命名是用来把我们的太阳和那些被称为巨星的巨大恒星相比较。实际上，太阳的亮度在我们银河系的恒星中是位于前10％的。

分氢被消耗完了后，恒星将无法继续留在主序带上。像其他类似的恒星一样，太阳将会变成一颗红巨星（通常是橙红色），变得比现在的体积大大约200倍。发生这个变化的原因是，内核当缺乏氢核聚变的能量来支撑引力压力时会收缩，进而产生更多的能量，推开恒星的外壳。这时的恒星还是以氢核聚变作为能源，但是能量通过一个更大的外壳发散，从而表面温度下降，变得更红了。太阳将会在红巨星阶段存在大约10亿年。

然后呢?

当绝大部分氢消耗完之后，太阳将会到达一个临界点，氦聚变开始发生。在一个快速的被称为氦闪的过程中，大约十分之一的氦会被转化成碳（虽然因为在短时间内释放出巨大的能量被称为“闪”，但是外部并不可见，因为光子不能快速地逃逸出太阳）。在之后的一亿年左右，太阳会继续燃烧剩余的氦，接着当内核再次坍缩时，会有一系列的脉冲，最终把它的外壳彻底推开。这些吹散的外壳会形成一团发光的气体云，围绕在曾经恒星残余的内核周围，称为行星状星云。毫无疑问这个名字是有误导性的——当最早在别的恒星周围观测到这样的星云时，人们以为这种星云是由行星造成的。太阳残余内核的温度将会比早期的表面温度高很多，在星云的中心形成一颗迷你白色恒星。这种恒星体积大约和地球的大小类似，称为白矮星。到了这个阶段，不再有核聚变发生，所以白矮星会在几十亿年的漫长时间中逐渐冷却暗淡。预料最后它会变成一颗黑矮星，几乎不再发光，但是还没有这样的星体存在，因为我们宇宙的寿命到目前为止还没有长到能够形成它们。

比太阳更大的恒星会怎么样？

非常明亮的O型主序星，以及质量最大的B型恒星，和太阳的演化途径完全不同。这些恒星具有10倍或更多倍太阳质量，寿命非常短，从几十万年到几千万年不等。因为它们更加巨大的引力吸引，它们内核的氢燃烧殆尽更加迅速，并膨胀成红巨星。在这些红巨星中，当内核的氢消耗完之后，氦开始核聚变，接着有更多的聚变反应。这一过程不仅仅产生碳，并且一路产生更重的元素直到铁——引力引发的核聚变道路的尽头。当中心的铁核坍缩时，结果就是被称为超新星爆发的巨大星际爆炸。

我们能在地球上观测到超新星爆发吗？

超新星产生巨量的光的爆发。这意味着一颗通常因为太远而不可见的恒星会突然变得肉眼可见。这就好像一颗新的星星出现在夜空中——这就是最初被称为新星的原因，这一专名来自拉丁语的“新星”的简写（命名系统后来有所改变，新星指一类特殊的星体爆发，即白矮星吸收来自伴星的物质并爆发；原来的新星则改称为超新星）。超新星是如此之明亮，以至于短时间之内它们在白昼也肉眼可见。当超新星爆发平息下来，留下的就是一个巨大的发光星际残骸，称为星云。这种星云中最著名的可能就是蟹状星云，这是一颗在1054年在地球上被观测到的超新星爆发后形成的遗迹（译者注：这颗超新星爆发由宋代中国官员杨惟德观测到并向皇帝奏报）。借助于现代望远镜，我们现在能观测到遥远的河外星系中的超新星爆发。因为某些特殊类别的超新星爆发具有相似的亮度，它们被用来作为标准烛光测量到这些星系之间的距离。

术语解析

内核

恒星的中心。在极高的温度和压力下，这里发生着绝大部分的核聚变反应。

离子

失去或得到了电子的原子，带有电荷。恒星是由离子组成的。

星云

太空中的无规则天体，来自拉丁语，意思为“云”。最初指任何弥散状的天体，包括星系，现在仅用于指气体云或者尘埃云。

量子隧穿

组成物质的粒子和光表现得和我们熟悉的物体非常不同。这些粒子没有一个特定的位置，使得它们可能出现在壁垒的另一边，却不需要穿越壁垒。这就是量子隧穿效应。

标准烛光

具有已知亮度的恒星或者超新星，常常被用来测量太空中的距离，因为离得越远，它们显得越暗淡。

强力

自然界四种基本力的一种，强力负责把核子吸引在一起。强力是一种超短距作用力——粒子之间必须非常接近才能感受到强力的作用。

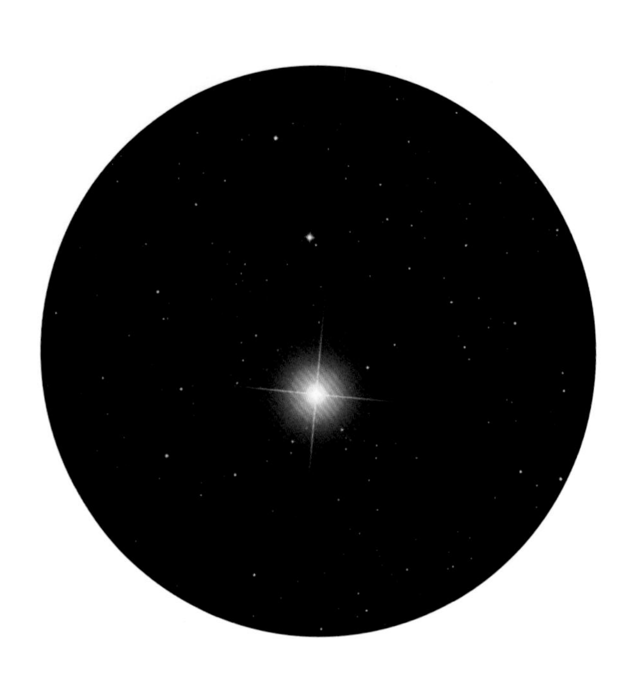

我们能在夜空中看到所有处于不同生命周期阶段的恒星吗？

绝大部分类型的恒星都可以被观测到，除了黑矮星。各种类型的矮星是目前银河系中最普遍的，但也有红巨星，如位于金牛座的毕宿五，还有超巨星，如猎户座右下角的参宿七。

中子星和黑洞无法被直接观测到，但是我们可以观测它们的其他效应。比如，中子星通常高速自转，并发射出如灯塔般的光柱，于是我们能观测到闪烁的光源，称为脉冲星。而黑洞的存在，可以从它们对周边物质的作用来推断——当周边物质落入坍缩的恒星中心时，会发出辐射。最难被观测到的是棕矮星，介于恒星和气态巨行星如木星之间的天体。它们的质量不足以大到能引发氢聚变，所以它们只能在因引力收缩而发热时发出暗淡的光。换言之，它们是失败的恒星。

超新星爆发之后会发生什么?

超新星爆发期间，恒星的外层被压力波所炸开，爆炸之强烈，以至于能形成比铁更重的元素如铜和金。内部残留的星体继续坍缩，最后取决于质量大小将形成中子星——极度致密的单一由中子构成的星体。或者形成一个黑洞。在后一种情况下，没有任何东西能阻止坍缩，超新星最后将变成一个没有维度的几何点，而引力的作用将强到连光都不能从它内部逃逸。

现在你可以向朋友解释了

恒星的诞生

恒星是气体云团在引力作用下聚集成团所形成的。当气体粒子被压缩得越来越紧密时，它们的温度开始上升。最终它们被压缩得如此之致密以至于它们开始了核聚变反应，释放出巨大的能量：星云变成了恒星。

恒星是不安分的

不是所有的恒星都是一模一样的：它们的体积、亮度和颜色都有区别。更重要的是，它们自身随时间演化。大部分恒星随着生命周期的演化会变得更加明亮，直到它们的内核耗尽了燃料，那时它们通常会膨胀成一个大型的巨星。

万物都有终结

巨星阶段不会持续太久。一个中等大小的恒星变成巨星时，很可能会吹掉它的外壳成为气体云，只留下一个小小的白矮星。更大的超巨星会经历灾难性的大爆炸过程，称为超新星爆发，在此过程中产生重元素，并且最后留下一颗中子星或者黑洞。

简而言之

恒星并不永恒：它们会演化、变得更热、膨胀，最后或者抛出外壳，或者爆发成为一颗超新星。

关于会吞噬任何闯进它们轨道的行星的“暗星”的观点，早在18世纪就已经出现了。但是，正如布莱恩·克莱格所解释的，直到1964年才有真正坚实的科学证据表明它们的存在。

黑洞的存在

The Existence of Black Holes

The idea of ‘dark stars’ that gobble up any planets in their path dates back to the 18th Century. But, as Brian Clegg explains, it wasn’t until 1964 that hard evidence of their existence emerged.

计算机渲染的超大质量黑洞的艺术想象图。物质喷流以和吸积盘垂直的角度高速喷射出来

简而言之

研究黑洞格外困难，因为它们不能被直接观测到。那些天才科学家们如爱因斯坦、基普·索恩、霍金等的研究成果，都有助于加深我们的理解。但是直到今天，我们对黑洞的知识仍然存在很多空白的地方。

◂奥勒·罗默计算了光传播的速度，从而终结了关于光是即时传播，还是仅仅是速度非常快的争论

今天，黑洞早已从天文物理学范畴进入了大众日常想象的领域。但是我们对于它们本质的了解，甚至于它们是否存在本身，都有巨大的认识空白。

黑洞产生于理论，而不是观测。人类从在一个晴朗夜空仰望星空的第一天，就认识了传统的恒星，但没人看到过黑洞。事实上，它们是在一个无法验证它们是否真实存在的时代被预言的。而且这个预言发生过不止一次，而是两次。

第一次关于黑色物质的思考发生在18世纪。想象出这种被他称为“暗星”的概念的人是约翰·米切尔，剑桥大学的一位科学家，他后来成了一位牧师。他正是在他牧师的住所中想出了这一概念，把当时科学界最新的两大重要原理组合了起来。

第一是逃逸速度。米切尔知道当对着天空向上开枪的时候，一旦子弹出膛，就只有两种力作用在子弹上 —— 空气阻力和重力。飞得越高，两种力都变得越弱：空气变得更加稀薄，而重力，牛顿已经很清楚地指出，地球引力依照距离的平方反比下降。这种情况下，这一距离指的就是子弹和地心之间的距离。

在米切尔的时代，一颗黑火药枪发射的普通子弹，出膛速度在大约每秒300米。尽管有这么惊人的速度，施加在其上的重力还是会使它减速直到最后落回地面。但是米切尔知道，如果子弹的速度能够再快37倍的话，它就能克服地球的引力，飞进太空里去。这就意味着它达到了逃逸速度。他还知道，丹麦天文学家罗默在1670年代研究木星卫星时发现，木星卫星出现时间的变化是由于光到达地球的时间变化造成的，即光速是有限的。米切尔就把逃逸速度的概念和罗默的发现结合了起来。

光的对话

从远古时代开始，就有关于光到底是即时传播，还是只是极其快速的争论。罗默发现了光可测量的证据，即木星和地球之间变动的相互位置，导致了光从木星到达地球的时间变化。他计算出光速大约为每秒22万千米。在此后的100年中，这一速度不断被更加精确地测量，所以米切尔使用的光速和我们现在使用的每秒30万千米

关键实验

黑洞是很难研究的，因为即使是最近的黑洞也离我们有很多光年的距离。但是科学家可以通过它们发射的X射线来寻找潜在的黑洞候选者。

以黑洞为实验对象可不是研究生的初级课程，因为即使是我们探测到的最近的候选对象也在大约3000光年以外。即使是天鹅座X-1这第一个发现的重要黑洞候选对象，也是经过了很多年才得到了最后的确认的，因为任何一个单项的观测都不足以完全支持这一重要的发现。

1964年，从新墨西哥州白沙滩发射的一枚火箭在天鹅座发现了一个强X射线源。同一年，两个亚轨道火箭绘制了全天的X射线源，具体确认了天鹅座X-1射线源的方位。

1971年，乌呼鲁X射线卫星望远镜的观测发现，天鹅座X-1的发射源在高速振荡，这表明这是一个比太阳更小的致密的天体。同一年，射电望远镜的观测把X射线源和恒星HDE 226868联系在了一起。这个蓝色的超巨星自身是不可能发射这样的X射线的，这意味着它一定还有个伴星。同样在1971年，在皇家格林尼治天文台以及多伦多大卫 · 邓拉普天文台的天文学家们对HDE 226868做了进一步的观测。随后，在1972年，多伦多的查尔斯•博尔顿第一个明确表述这个物体是一个黑洞。这一观点在1973年得到了广泛的认可。

天鹅座 X-1（位置以红色方框标识）。在这张图片中，它的蓝超巨星伴星在它的右侧清晰可见

已经非常接近了。但是其实具体的速度值没有关系，重要的是，光速是有限的。

结合这两个概念，即逃逸速度以及光速有限，米切尔想象如果一个恒星的质量是如此之大，它的逃逸速度甚至比光速还高，这时候会发生什么?质量越大，逃逸速度越高。因此，原则上是有可能有恒星质量大到连光都无法逃逸。

这样一颗暗星的体积将会是惊人的巨大。例如，即使是太阳表面的逃逸速度，也仅仅是每秒600千米，仍然远远低于光的速度。

米切尔的理论基于一个错误的前提——光是由普通的微粒组成的，并且可以像其他的物体一样被引力所减速。他的这一神秘暗星的概念在历史的长河中慢慢地湮没无闻了。

历史快进到20世纪，卡尔·史瓦西在第一次世界大战的腥风血雨之中复兴了这一理论。当时正是1915年，41岁的德国科学家自愿加入了德军。也许是为了在严酷的环境中找到慰藉，他在战场上居然找到时间思考爱因斯坦全新的广义相对论以及他优美的方程式。爱因斯坦的方程式太过复杂了，以至于很难找到一个统一的解，但史瓦西找到了一个不旋转球体特例下的解析解。

从数学上理解，如果一个物体所有的质量都挤在一个具有被称为史瓦西半径的球体里，那么时空的弯曲将会大到连光都不能从这个物体逃逸。任何穿过围绕那个物体的史瓦西半径球面的物体，都将一去不复返——这就是黑洞的世界。

落入洞中

这种物体最显然的来源就是一个坍缩的恒星。

人物表

五位杰出的科学家帮助我们更深刻地理解了黑洞的本质。

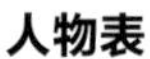

1724~1793

约翰·米切尔

米切尔出生在英国诺丁汉郡，他在剑桥大学的研究生涯集中于地质、引力、磁力以及天文学。于1764年结婚后，他余生的时间都是作为牧师度过，大部分时间在约克郡的荆棘山。在这里，从1767年直到他去世的1793年，他继续着他的科学研究。

1873~1916

卡尔·史瓦西

史瓦西是一位德国物理学家和天文学家，出生于法兰克福。他在哥廷根做了几年的教授，后于1909年成为本城天文台的负责人，随后又去到了波茨坦天文台。他在1914年志愿加入了德军，并与1916年死于皮肤感染。

在正常情况下，恒星的核聚变反应会抵抗引力的压力。但是一旦这些核反应开始减弱，恒星中的物质就会开始坍缩。这种坍缩，理论上认为会被一种被称为泡利不相容原理的量子效应所阻挡，最后形成一个极度致密的中子星。如果恒星质量更大，超出太阳质量的3倍，则引力坍缩就能够克服不相容原理的阻挡，坍缩将会不可阻挡。原则上，黑洞中的所有物质会一直坍缩成一个没有维度的几何点——一个具有无限密度和靠近时具有无限引力的奇点。实际上，我们仍然不知道到底会发生什么，因为奇点的存在意味着我们现在的物理学在那里失效了。在史瓦西提出这个理论的很长一段时间内，黑洞仅仅是理论上的一种猜测。

或者说，坍缩的恒星还是一种理论猜测，因为那个时候，它们还没有这么一个有趣的绰号（指黑洞）。黑洞这个词通常被认为是美国物理学家约翰·惠勒的创造，但它的真正来源仍然是个谜。这个名词第一次出现在1964年1月的美国科学促进会的一次会议中。不清楚究竟是谁首先用了它，但是惠勒使它很快变得流行起来。看起来寻找黑洞似乎是在浪费时间。你怎么才能看到一个不发光的物体？然而，当黑洞的物理学逐渐发展时，科学家们意识到，有间接的方法可以帮助我们。

因为天文学家不能直接看到黑洞，他们需要寻找它的其他附带的效应。当物质落入一个旋转的黑洞——几乎宇宙中所有的东西都旋转——它们会形成一个吸积盘，并因为摩擦效应而发红发光，并且从两极产生独特的喷流。除此之外，还有引力效应。我们可能看到黑洞周围的物体受

1879～1955

阿尔伯特·爱因斯坦

出生于德国的爱因斯坦最为人所熟知的是他的狭义相对论和广义相对论。他也是量子理论的初代探索者。1933年，他借道比利时和英国来到美国，逃离了纳粹德国，并在普林斯顿的高等研究院从事研究工作。

1940～

基普·索恩

索恩是一位美国天体物理学家，他对广义相对论的研究给出了对黑洞、虫洞以及时间旅行等一系列问题的预测。索恩是至今为止对黑洞最佳影像表现——2014年电影《星际穿越》的顾问。

1942～2018

斯蒂芬·霍金

任职于剑桥的霍金可能是所有在世的物理学家中最著名的，并因为他的畅销作品《时间简史》以及和运动神经元病的顽强斗争并坚持工作到70多岁而成为大众偶像。他的工作主要在广义相对论和宇宙学两方面。

到黑洞引力的影响。这可是一个久经考验值得尊敬的方法，在过去曾经预言了海王星的存在——天文学家们通过研究被海王星引力影响的其他行星的轨道发现了海王星。

最后，还有霍金辐射。霍金在1974年发现黑洞不可能是完完全全黑色的时候，连他自己都很吃惊。这一发现来自他对量子理论——支配微观世界的科学理论——尤其是其中的“测不准原理”的研究。测不准原理告诉我们，局部的能量会在一个非常短的时间内有巨大的涨落，并在真空中出现一对虚拟的量子粒子，然后在被我们观测到之前迅速湮灭。如果这一现象发生在黑洞的视界附近，这对虚粒子中的一个可能被吸引进黑洞，另一个则飞离黑洞。这些飞离的粒子就组成了霍金辐射。这种辐射很难在远处被探测到。

在史瓦西解之后，对3倍于太阳质量的恒星来说，黑洞似乎成了它们自然的归属。但是这一大小并非黑洞自身的上限或者下限，这仅仅是一个形成机理。理论上，黑洞可以从微观形态到百万倍太阳质量的大小。黑洞大致有4种类型，其中两种可能已经被探测到了。

在纯假想性质的微观那一端，可能有微型黑洞和量子黑洞。例如，假如地球坍缩并形成一个只有9毫米视界的黑洞，就将是一个微型黑洞——但是谢天谢地，目前没有什么机制能让这发生。

量子黑洞就更小了，大约从5000个质子大小起。理论上，它们可能在粒子加速器中被制造出来，并立即衰变。目前人类加速器的能级还制造不出这样的量子黑洞，但是如果我们的宇宙存在着额外的维度，可能会降低产生这类黑洞所需的

时间线

关于神秘黑洞的理论仅仅从18世纪才开始。

1783

1783年，约翰·米切尔的暗星论文在皇家学会宣读。他试图从光的效应中推导恒星的质量，认为一颗质量足够大的恒星会完全阻止光的逃逸。

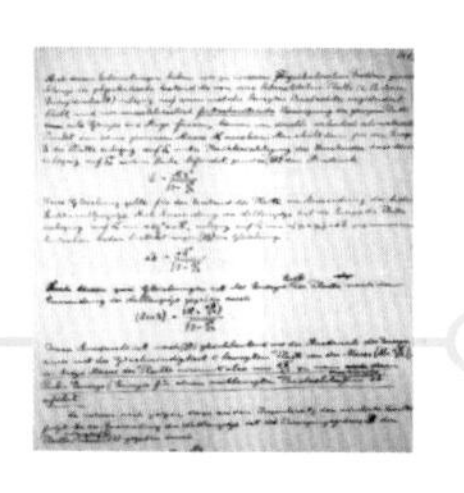

1915

1915年，爱因斯坦发表了他的场方程。广义相对论最中心的一组10个方程式描述了引力即是时空的弯曲。

1916

1916年，在爱因斯坦发表了广义相对论之后不久，史瓦西发表了他得到的第一个非平凡解的论文。这是他一年前推导的关于非自转球体的解。

基本知识

和黑洞有关的术语名单

1.吸积盘

旋转的物质被一颗恒星吸引进一个盘状的结构（太阳系形成过程的一部分）。在黑洞的情况下，邻近的物质被引力强烈地加速，发出光和辐射。

2.喷流

物质流被加速到接近光速，以和吸积盘垂直的角度被发射出来。喷流产生的原因仍然未知，很可能是复杂的磁场作用的结果。

3.泡利不相容原理

这一原理描述了两个费米子（一种亚原子类型）不可能处于同一个量子态的量子原理。这导致了“交换相互作用”，一种类似于保持费米子分开的短距力——只有在极端的条件下，比如黑洞形成时，它才失效。

4.奇点

在天体物理学中，奇点指的是数学上预测的一种状态，此时时空在引力的作用下变得如此之扭曲，以至于引力趋向于无穷大，而现有的物理理论都不再有效了。

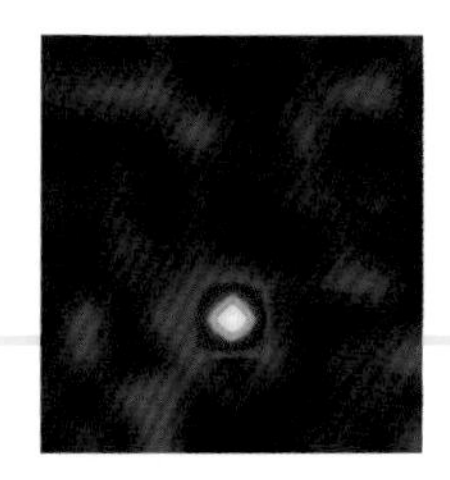

1971

1971 年，第一个黑洞的候选者被发现。天鹅座 X-1 是一个最早于 1964 年被探测到的 X 射线源，被认为是一个双星系统，其中一颗伴星的物质被加速吸入黑洞中。

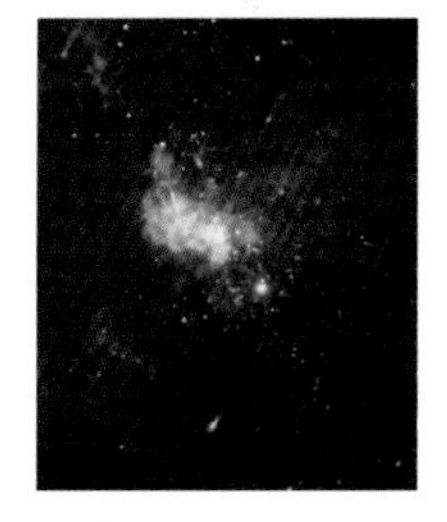

1995

1995 年，S2 星被马克斯·普朗克研究所和加州大学洛杉矶分校观测到。它的轨道围绕着一个显然是超大质量的黑洞，人马座 A*，位于我们银河系的中心。

2012

2012 年，夏威夷的 Pan-STARRS 望远镜观测到一颗恒星被超大质量黑洞撕裂的证据，堪称迄今最佳。约翰斯·霍普金斯大学的一个团队分析了数据。

能量阈值。

我们所拥有的与典型黑洞相关的最好证据——即恒星坍缩所形成的黑洞——来自相关X射线双星系统。在这些系统中，从一颗普通恒星的物质被加速落入一颗看不见的伴星，辐射出X射线。这可能是一颗中子星。但是如果那颗饕餮般吞食的伴星超过三个太阳质量，在理论上它就只能是黑洞。

第一个被广泛承认的这样包含有一个黑洞的X射线双星系统是天鹅座X-1。1964年，一个强烈的X射线源被发现，随后于1971年被确认为黑洞候选者。双星系统中的一个蓝超巨星的物质被X射线源所吸引并吞噬，而这个X射线源的质量在9到15个太阳质量之间。基普和霍金在1975年对这究竟是不是一个黑洞打过赌。霍金押注它不是黑洞，但当更多的观测数据支持它是黑洞时，他于1990年支付了赌注。

重回黑暗

从1990年以来，关于天鹅座X-1是黑洞的论断又变得不确定了。这是因为它的伴星太过巨大，使得人们很难确认另一个致密天体的质量。从那以后，很多其他的黑洞候选者被发现。但所有的证据仍然是间接的，即基于中子星具有质量上限的理论假设——这在实际中可能并不成立。

超大质量黑洞被认为普遍存在于大部分星系的中心，很可能由星系早期致密气体的坍塌所形成。这种黑洞很可能对星系的形成起到了重要的作用，相当于星系凝聚的中心枢纽。从很多星系中心都发现了这样的候选者，主要因为从这些区域发出的不寻常强烈的电磁辐射，以及附近恒星的奇异轨道。

一颗被称为S2的恒星以大约4倍于海王星轨道的半径围绕着银河系的中心公转。从它的轨道推算，它围绕的似乎是一个大约为430万倍太阳质量的物体。这个物体的位置和一个被称为人马座A*的强射电源符合，而除了超大质量黑洞外，目前没有别的其他解释。在其他地方，恒星毁灭也能给出线索。在遥远星系的不寻常的强光源被认为是恒星被超大质量黑洞撕裂的证据。

当然，所有这些都不是确定无疑的。一个2014年的研究认为黑洞根本不可能形成。作者相信当恒星坍缩时，霍金辐射会显著地减少恒星的质量，以至于它们永远不能真正成为黑洞。如果那样的话，将会有一个超级致密的天体替代黑洞，但是没有奇点和视界。这篇论文并没有被普遍接受，但是从一个侧面反映了我们对黑洞的了解更多地来源于理论。无论事实最后是怎样的，我们肯定会发现更多的惊奇。

▸ 甚大阵望远镜拍摄的位于银河系中心的人马座 A 的假彩色照片。一个明亮的无线电射电源，人马座 A* 就位于这一区域，科学家们相信它是一个超大质量黑洞（下页）

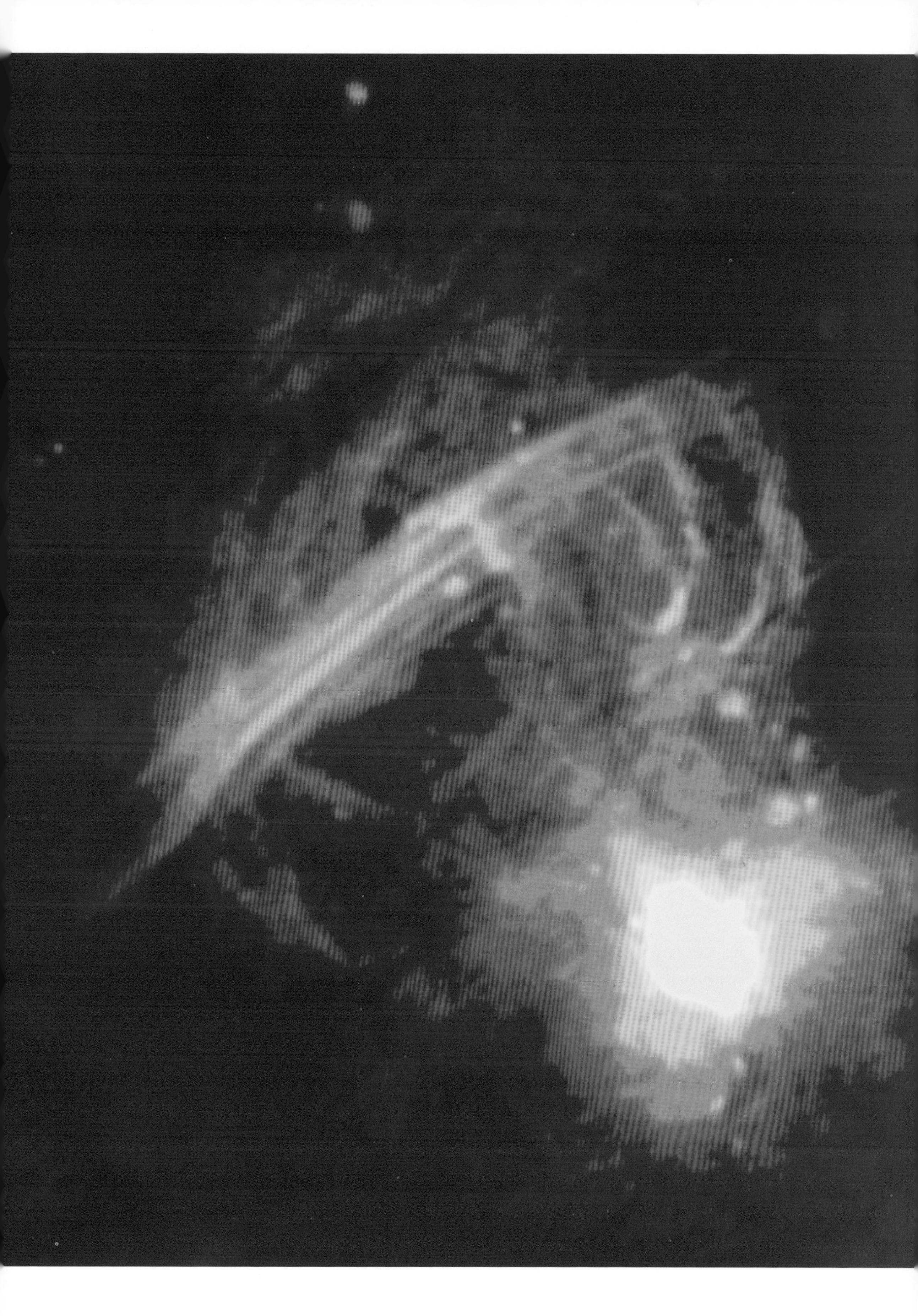

已知的行星数量正在快速增长，但我们什么时候能发现生命？斯图尔特•克拉克带领我们一探究竟。

可居住的行星在哪里？

Where are All the Habilable Planets

The number of known planels is increasing all the time, but how soon can we expect to find life? Stuart Clark takes a closer look.

2015年3月，在哥本哈根的尼尔斯·玻尔研究所的一个团队，利用一个已经有250年古老历史的方程预测了宜居行星的数量。这一方程叫作提丢斯-波德定律。这份研究指出会有亿万颗恒星拥有一到三颗处于宜居带的行星。尽管这条定律给出了一个简单的方法来预测围绕恒星的行星数量，但它并不那么准确——即使应用到我们自己的太阳系也是。

即便如此，很多研究者认为，有很多和地球相似的行星存在于宇宙中，很多甚至就在我们的银河系中。天文学家称这些和地球相似的行星为类地行星。在作者写作这篇文章的时候，已经有1211个已知的行星系统，其中482个据报告有多颗行星。目前行星的总数有1918颗。这些数字还在持续地增长，因为很多不同的研究项目在不断地做出新发现。

目前观测到的这些行星中，有些类似于地球大小，有些和地球的轨道相似，还有些围绕着和太阳类似的恒星。但是没有一颗同时满足以上三个条件。就是说，在已发现的千百颗行星中，奇怪的是，没有一颗是地球的孪生兄弟。这是否意味着类地行星很罕见？随着未来几年NASA和其他的探索计划的推进，我们是否会很快发现我们地球的兄弟姐妹？

美国加州大学伯克利分校的马尔西教授，是最早发现系外行星的科学家之一。从1995年开始直到今天，他发现了一系列除地球之外的行星。从2013年开始，他和另外两个同事开始思索离地球最近的类地双胞胎到底会多近？

于是，他们开始梳理分析开普勒望远镜从2009年发射升空以来所收集的数据——开普勒持续地跟踪了14万5000颗恒星，直到2013年的导航系统故障才结束了它的使命。马尔西教授和他的同事们分析了其中4万2000颗恒星的数据。他们所寻找的数据特征是恒星亮度的变暗。当一颗行星从它的宿主恒星前面经过时，它的遮挡会使得恒星的亮度微微减弱，而开普勒望远镜测量的正是这个轻微的亮度变化。

艺术家对一个位于仙女座大星系的外星行星系统的艺术想象图。

> 离我们最近并拥有处于宜居带类地行星且类似太阳的恒星可能只有12光年远，肉眼即可见！
> ——加州大学伯克利分校埃里克·裴提古拉教授

开普勒-186f：已确认的地球大小的位于宜居带的地外行星

▸莎拉·西格教授相信如果存在类似地球的行星，她的团队一定会找到它们

利用这个技术，他们发现了603颗地外行星。10颗是类似地球大小的，并且接收到的光能和地球也差不多。尽管这其中没有一颗是地球真正的孪生兄弟，但是根据对结果的统计分析，他们得出结论，每5颗像太阳一样的恒星中，就可能有一颗类地行星。

“当你抬头仰望夜空中的千万颗星星时，离我们最近的具有像太阳一样的恒星，并且在它的宜居带里有像地球一样行星的恒星系统，可能只有12光年之遥，连我们肉眼都可见。这简直太神奇啦。”加州大学伯克利的研究生埃里克·裴提古拉说。他领导了对开普勒数据的分析工作。

为了便于对一颗行星与地球相似的性质进行定量研究，天文学家们编造了一个地球相似指数（ESI）。这个指数根据行星的半径、密度、逃逸速度及表面温度等和地球做出比较。系外行星被赋予从0到1的相似指数，指数1意味着和地球一模一样。

应用这一指数，目前发现的和地球最相似的系外行星是KOI－1686.01。KOI为开普勒可能目标的缩写，用于对那些类地行星在确认之前的临时指代。目前这个例子中，KOI－1686.01的半径是地球的1.33倍。尽管它围绕着一颗暗淡的褐矮星运行，但是它的轨道半径足够靠近恒星，使得它接收到的热量能保持表面的液态水。当综合考虑所有的因素后，它的ESI指数被定为0.89。在我们自己的太阳系中，火星的ESI指数也仅仅为0.69。遗憾的是，后续的观测还没有再次探测到这颗行星。

水世界

确认一颗系外行星，首先必须观测到它对恒星的遮光效应，然后再通过地面望远镜对宿主恒星因行星引力引起的晃动进行观测。

因此，目前还没有发现第二颗地球。但是这并不意味着目前所发现的这些系外行星不适宜居住。只是它们更像地球的表兄弟，而不是孪生兄弟。“我认为，其中有两颗行星格外引人注意，”马尔西说，“首先是开普勒-186f。它几乎和地球一样大，但仅仅从它的恒星接收到地球从太阳得到热量的三分之一。第二颗是开普勒-62f。它是地球的1.4倍大，大约得到地球接收能量的40%。”

宜居性，首先和最重要的，在于行星要足够温暖使得液态水存在，这样很多的生物化学反应才可能进行。一颗比地球从太阳接收到的热能少得多的行星，看起来可能会太寒冷了，但是行星的大气层也会起到重要的作用。

我们都经常听到温室效应，这是指的行星的大气层保持热量的能力。因为和人类的工业废气有关，我们通常认为这是负面的，其实我们正是靠着温室效应对地球的保温作用才得以生存。

“如果没有温室效应，地球将会是一颗冰冻星球。”马尔西确认。所以他的两个候选者都需要温室效应才能补偿获得能量的不足。对开普勒-62f而言，它较大的体积产生更大的引力，从而留住了更加稠密的大气层，加强了温室效应。

新一代对宜居带行星的寻找已经开始了，其

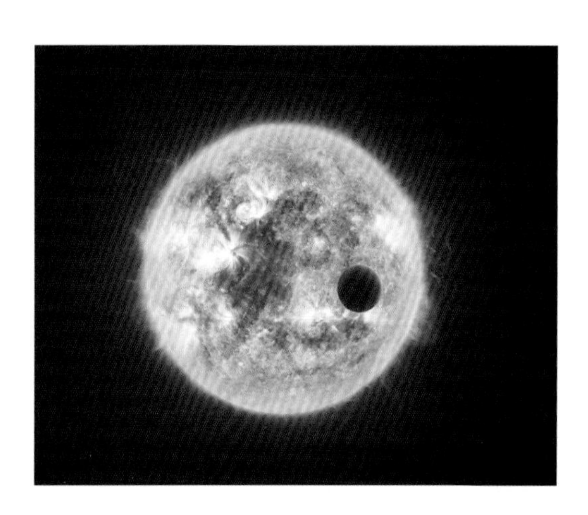

▲天文学家无法直接看到系外行星，所以他们寻找行星在它们的恒星前面经过时（凌星）造成的恒星变暗现象

中有两个太空项目沿用了开普勒的技术。它们同时在大西洋的两岸被开发出来，同时都使用了凌星的探测方法。更加灵敏的望远镜探测器使得我们可以探测到更小的行星。

欧洲空间局正在制造预计于2017年发射的CHEOPS（系外行星特性探测卫星），目的是测量已知的有系外行星的临近恒星系统中行星的半径，同时寻找那些还没有被探测到的世界。

看得更近一些

与此同时，NASA也在实施凌星系外行星勘测卫星（TESS）计划，已经在2018年4月发射。它将会用其上的4台广角望远镜普查天空中的超过50万颗恒星。项目团队估计TESS卫星将会发现1000到10，000颗系外行星。

推动TESS项目的科学家是马萨诸塞理工学院的莎拉·西格教授。她对于卫星的目标以及达成目标的能力充满信心。“只要有一颗岩质行星在一颗小型恒星的宜居带中并掩星，我们就一定能发现它。”她强调。

西格在2013年因为发明了一个公式而上了头条，利用这一公式，可以估算在未来几年中有多少系外行星会有可探测的生命迹象。

公式中包含了诸如可观测到的恒星数量，这

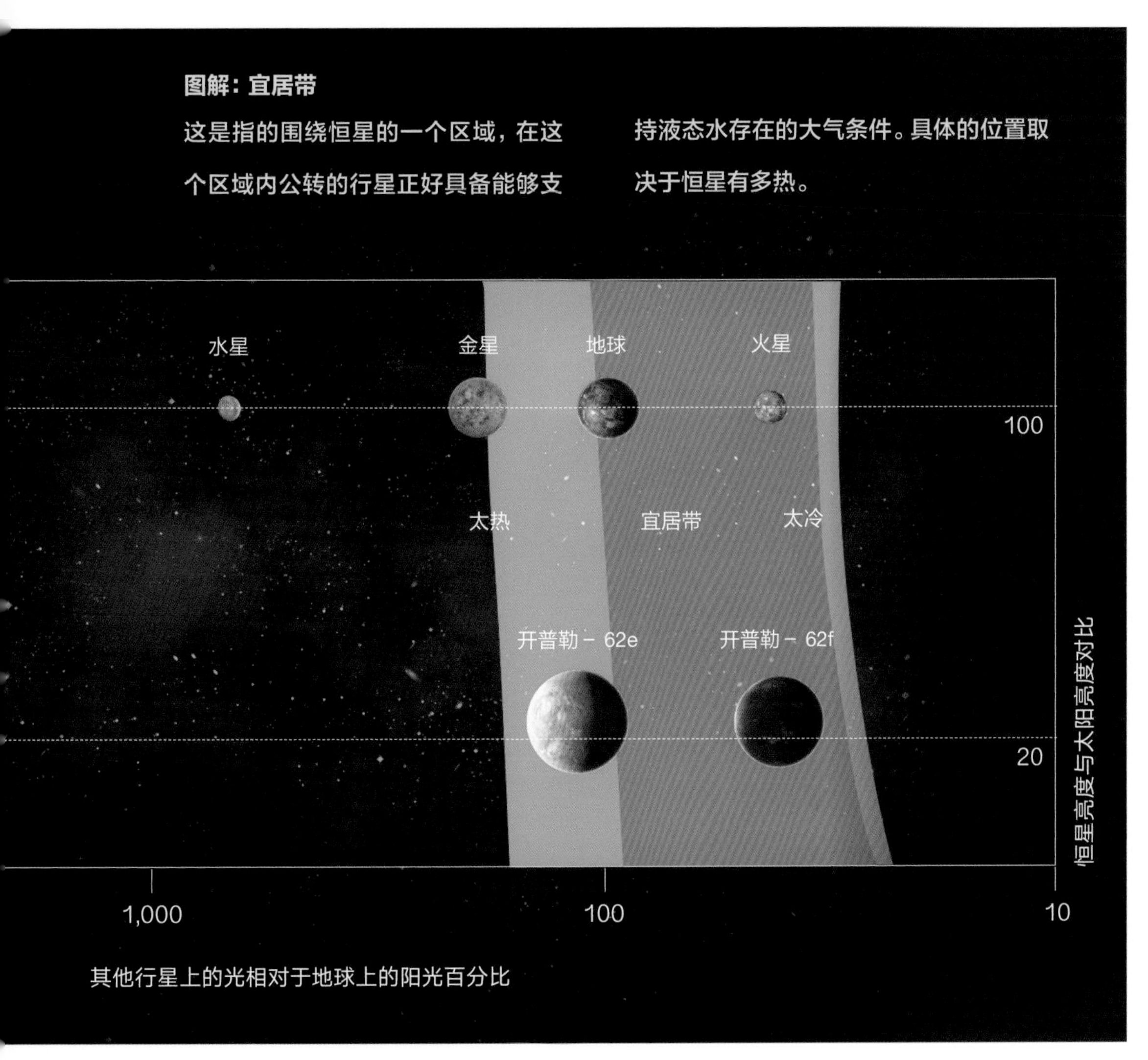

些恒星宜居带中有行星的百分比，以及有足够生命活动以产生可探测迹象的比例等多项参数。西格估计有些参数，如可观测的恒星数量，会给出一个很准确的数值。但是另外一些参数，比如有可探测生命迹象的比例，仍然完全是猜测。也正因为此，西格的公式无法给出一个确切的答案——但是她仍然坚信这是值得尝试的。“我想让全世界知道我们是真正在寻找地外生命。”她辩解道。

寻找的第一步是找到尽可能多的处于宜居带

地球2.0？

开普勒卫星是为扫描银河系中具有宜居带行星的恒星而特别设计的。下面是几个可能支持生命存在的候选名单。

开普勒-438B

这颗行星是于2015年1月6日被确认的。开普勒-438B被认为是一颗岩质行星，它的半径是地球的1.12倍。它距离地球470光年，围绕着一颗褐矮星以35.2天的周期公转。尽管它的恒星比太阳更冷，但是因为距离更近，它接收到的能量大约是地球接收到太阳能的1.38倍。

开普勒-442B

这颗行星离地球1120光年，是地球半径的1.34倍。它的宿主恒星温度比太阳略低，在它的轨道上，它接收到的能量大约为地球接收能量的66%。开普勒-442B围绕它的恒星以112天的周期公转。它和开普勒-438B的发现是同时宣布的。

的行星。天文学家已经找到了一些，但是CHEOPS和TESS将会使得搜寻工作得到极大的进展。ET（译者注：ET是电影《*ET*》中外星人的简称）——我们来了！

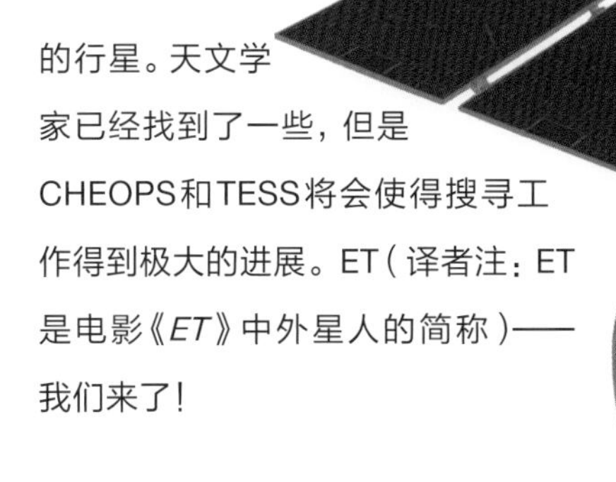

◂ TESS 望远镜将监测宜居带中的 50 万颗行星

开普勒 - 186f

开普勒 - 186f 于 2014 年 4 月宣布被发现，很可能是迄今为止和地球最相像的行星。尽管已经有人开始称它为地球 2.0 版，但它们并不是完全一样的。但它的半径是地球的 1.1 倍，但它的恒星远比太阳要暗淡，而它接收到的能量也只有地球的三分之一。它是第一颗在宜居带里被发现的地球大小的系外行星。

开普勒 - 62f

开普勒 - 62f 是开普勒 - 62 恒星五个行星系统中最外面的一颗行星。因为有着 1.4 倍的地球半径，它也被称为超级地球。它只能接收到地球太阳能 41% 的能量，但它额外的体积产生的额外的引力留住了更加稠密的大气层，提供了救命的温室效应。

开普勒 - 62e

这是开普勒 - 62f 的姐妹星球，是又一个超级地球。它位于该恒星宜居带的内侧，因而能接收到比地球更多的能量。在开普勒 - 62 的周围同时发现了两颗宜居带行星，引发了美国国会一场关于“发现系外行星：我们发现另一个地球了吗？”的听证会。

来自我们银河系之外的奇怪信号一直困惑着科学家们。它们是来自外星人吗？黑泽尔·穆尔带领你展开调查。

来自外太空的神秘信息

Mystery Messages from Space

Strange signals from outside our Galaxy baffled scientists. But are they of alien origin? Hazel Muir leads our investigation.

当科学家们重新检索分析位于新南威尔士的帕克斯射电望远镜2007年的历史观测数据时，他们注意到了不寻常的事情。他们看到一个短暂的但是极其明亮的无线电爆发，持续仅仅5毫秒。之前人们从未见过类似的信号。但是今年的4月，在地球的另一面，位于波多黎各的阿雷西博射电望远镜发现了一个类似的信号。

研究人员现在有足够的证据认为，这些快速射电暴（FRBs）不仅仅是真实存在的，而且很常见——它们来自我们银河系外的极其遥远的深空。无人知道它们的起源，但是它们有可能是外星智慧生命在试图和我们通话的证据吗?

帕克斯望远镜有一个巨大的64米直径的无线电天线，是世界上最早的大型可移动式天线之一。它于2001年记录下了一次快速射电暴，尽管直到几年后天文学家们才注意到这个奇怪的信号。从2007年开始，他们的分析表明帕克斯至少探测到了半打这样的快速射电暴，所有都只持续几毫秒。它们全都来自天空中不同的方向。

根据曼彻斯特大学的本杰明·史塔伯斯的团

1967年，一个可能是外星生命发射的信号出现在狐狸座。剑桥大学的乔斯林·贝尔（如今是乔斯林·贝尔·伯内尔女爵士）发现了一个每隔1.3秒出现的规律的无线电信号。信号看起来是人为的，因此她的团队命名这个信号源为LGM-1（小绿人，外星人的昵称）。然而，最终证明LGM-1是一颗旋转的中子星——人类发现的第一颗中子星。

◂ 乔斯林·贝尔，脉冲星的发现者。照片摄于1968年

▲位于波多黎各的阿雷西博射电望远镜，探测到了一个快速射电暴（FRB）的信号。这和帕克斯射电望远镜探测到的很相似

队分析的结果，帕克斯所有的观测数据显示快速射电暴源于极其遥远的地方。“无线电波会被星际及星系间的电子所散射，正如光通过棱镜会分成不同的颜色一样，”他说，“这使得低频的无线电波要晚于高频的无线电波到达望远镜。”

团队对散射量的测量显示这些射电源来自百万甚至几十亿光年之遥。“它们一定是银河系之外的。”史塔伯斯说。

到现在为止，这些发现仍然存在着争议，因为还没有其他的射电望远镜发现这些极短的射电暴。不能完全排除帕克斯天线接收到了一些本地的干扰信号——也许是来自卫星或者一个雷达站——

或者它的电路有什么故障。

今年早些时候，证据链变得更加确凿了。巨大的305米直径的阿雷西博射电望远镜位于波多黎各，对它的观测数据的分析表明，它也捕捉到了一个快速射电暴。它出现在2012年12月2日，和帕克斯的射电暴具有同样的特征，表明它们来自银河系之外。

加拿大蒙特利尔麦吉尔大学的维多利亚·卡斯比教授领导阿雷西博团队，探测到了这个射电暴。“我们的这一结果很重要，因为它毫无疑问地证实了这些无线电爆发确实是源自宇宙深处，”她解释说，“这个无线电信号从任何一个方面来说，都是来自银河系之外，这真是令人兴奋。”

来自德国波恩马克斯·普朗克射电天文研究所的劳拉·斯皮特勒博士，领导了对阿雷西博信号的分析工作。她补充说观测数据在现在看来非常有说服力。“这一事件的亮度和持续时间，以及推算出的事件发生的频率，都和之前被澳大利亚的帕克斯望远镜探测到的射电暴的性质一致。”她解释说。

火星上的人脸

1976年，NASA的“维京”1号太空飞船在火星表面发现了一个看似很像人脸的阴影部分。很多人立刻得出结论，认为这是一个外星人的纪念碑，也许是为了纪念火星上曾经存在过的文明而设计的。

但这份热潮来得快去得也快。随后的图像显示这只是一个火星的高地形成的阴影，看起来正好像一个人脸。

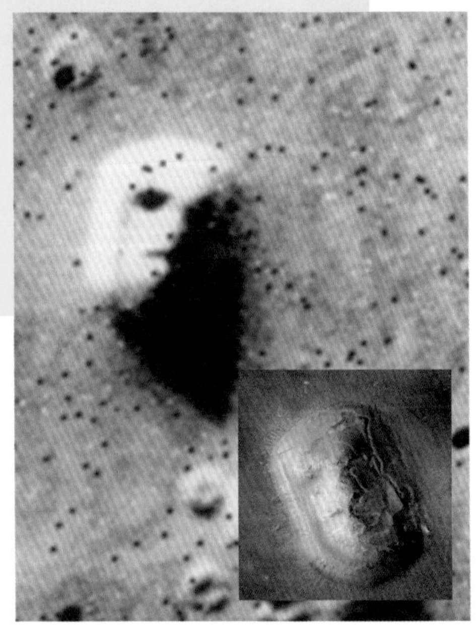

▸这个火星上的“人脸”最后被证实只是一个天然的岩石构成

外星人“猎手”

道格拉斯·瓦科赫是位于加州的SETI(搜寻外星文明)协会的星际信息编译部主任。

怎样才能让你信服某个信号可能是来自外星人的?

如果信号看起来和自然产生的不同,并且来自太空一个特定的方位,比如邻近的一颗恒星的话,我们会很兴奋。另外,信号应该是不断重复的。

你怎么来解码信号?

首先我们寻找信号中的规律,比如简单地计数。然后我们会把这些规律和现实世界联系起来。比如,我们可以用简单的计数方式,把化学元素组织成元素周期表,然后我们希望其他星球的科学家们也能认出自然界的这些规律。

信号可能会说什么呢?

来自外星人的信息不会是英语、中文或者斯瓦希里语。但是如果我们接收到来自外星人的信号,那么我们知道他们能够建无线发射天线。他们必须懂得最基本的数学和科学,比如“1 + 2 = 3”,所以这很可能是组织信息的开始。

但是如果他们仅仅告诉我们已知的知识,那还有什么意义呢?我希望他们还能告诉我们他们自己的文化,比如他们的艺术和音乐。

什么情况下你会确信已经解码了来自外星人的信息?

如果信息告诉我一些我不知道的新知识——之后我们可以用自己的科学来证实的知识,那么我会肯定这是来自外星人的。那么我们知道,我们不仅仅是把自己的希望和愿望投射到了这一信息上。

当你解译了信息之后,你会怎么处理它?你会告诉谁?

解译一个信息可能要花费几十年的时间。但在那之前,我们就会向全世界通报。那时我们将面临最严峻的问题:我们应该回答吗?如果回答,我们该说些什么?

> “这个无线电信号从任何一个方面来说，都是来自银河系之外，这真是令人兴奋。”

可能的原因

那么，是什么造成了这极其明亮的无线电爆发呢？史塔伯斯说，目前为止，它们是完完全全的谜团。可能的范围包含了一系列奇异的天体物理学物体，包括黑洞蒸发，或者双中子星的合并。中子星是大质量恒星在超新星爆发时内核向内压缩内爆时所残留的核心。

“另一个可能性，即它们是比脉冲星明亮得多的射电脉冲。”来自康奈尔大学的詹姆·科德斯教授补充说。脉冲星是快速自转的中子星，并在它们的磁极方向发射无线电波，波束像灯塔的光柱一样周期性地扫过地球，形成无线电脉冲。

但是，有没有可能这些快速射电暴是外星人试图在和我们联系的信息呢？看起来不大像。其中一个原因是，这些射电暴似乎很常见，并且来自太空中随机的方向。科学家们到目前为止只观测到了十几起，但他们相信如果有一个巨大的射电望远镜随时监视着的话，他们每天应该看到大约一万起射电暴。在宇宙不同地方的千万颗行星上的所有外星人都用同一种方式和我们联系，这听起来似乎很古怪。

射电暴看起来像是自然产生的波形也是它不是外星人信号的进一步证明。自然的天体源发射的电磁辐射通常是宽带的，并在传输过程中进一步扩散成更宽带的波长。带宽只有几个赫兹的窄带信号，则通常是从人为建造的天线发射的。这和射电暴不符合，因为射电暴是宽频的。

根据从事寻找地外文明的研究人员所述，另一个问题是重复。没人看到过无线射电暴在同一片天区重复出现过。当然，永远也无法排除外星人信号根本就不重复的可能性，或者信号需要很久才会重复，而未来我们会探测到重复的信号。现在，解释这些信号极其困难。正在澳大利亚和南非等地建设的射电望远镜未来有潜力探测到更多的射电暴，为解开这一奇异现象的本质带来更多的帮助。

另一个可以探测到射电暴的天文台是位于加拿大不列颠哥伦比亚省的CHIME（加拿大氢元素强度探测试验）。CHIME是一个创新的射电望远镜，它由5个圆柱状反射面组成，每个的大小如一个单板滑雪场的弯道，无线电接收器位于每一个的反射焦点上。反射面本身并不能移动，但是每天当地球自转时，它们能检测到来自半个天空的无线电波。

空欢喜一场

在波多黎各的阿雷西博射电天文台，外星人通信信号的空欢喜经常发生。碟状天线常常接收到看起来似乎不是自然成因的窄带信号。

但通常只需要几分钟就可以排除外星通信的可能性，因为当天线指向不同天区的时候，信号还依然存在。这意味着信号来自一颗卫星，或波多黎各本地很多雷达站或者电信设施中的一个——这是搜寻外星文明的研究人员最头痛的问题。

谜团持续

史塔伯斯说他个人对于快速射电暴的来源并没有猜测，但是他希望探测到更多这样的事件，它们可以帮助解决这个问题。“我们非常努力地在寻找更多的射电暴，并且试图在天空中更精确地定位它们，以便于找到发射源的位置，”他说，“它们来自河外星系吗？如果是的话，星系的什么部位？星系的中心吗？”

到那时以前，快速射电暴仍然会被归类为未解之谜，如同那个著名的“哇！信号”一样。这个强烈的窄带无线电信号持续了一分多钟，于1977年由俄亥俄州的大耳朵射电望远镜所探测到。看到这个信号的天文学家，杰里·埃赫曼，在信号输出的打印纸上，写下了：“哇！”从此这个“哇！”的名字流传了开来，但是这个信号再也没有被探测到。

▸ 快速射电暴有可能是来自一种未知的脉冲星吗？这是很多可能性中的一种

快速射电暴有很大的可能是来自某种自然现象，而不是小绿人的信号。但是究竟是什么形成了快速射电暴？这个问题肯定会继续困惑天文学家们很长一段时间。

最近探测到的来自宇宙创生时期的引力波具有重大的意义。约翰•格里宾叙述了如何用它来验证我们的宇宙是多重宇宙中一个。

▶▶

欢迎来到多重宇宙

Welcome to the Multiverse

The recent detection of gravitational waves from the dawn of time has big implications. John Gribbin reveals how it could confirm that our Universe is just one of many.

380,000 years

▸艾伦•古思研究了什么可能触发了暴胀

如果你想观测宇宙的出生，只有一个地方合适：南极。那里的温度很少能到-30℃以上，意味着空气永远是澄澈的。因此，观测我们的宇宙在大爆炸中出生时残留下来的极其微弱的能量遗迹，那里是理想的地点。正因为如此，在地球这荒无人烟的底部，坐落着多达三台以此为目标的天文望远镜，它们全天测绘天空中散射的微弱的辐射电波——即为人们所熟知的微波背景辐射（CMB）。2014年，其中的一台，宇宙星系际偏振背景成像2（BICEP2）以及它的研究团队，检测到了引力波，验证了暴胀理论。暴胀理论认为，早期宇宙暴胀形成的引力波会引起微波背景辐射

哪一种类型是正确的？

宇宙学家定义了四种类型的多重宇宙

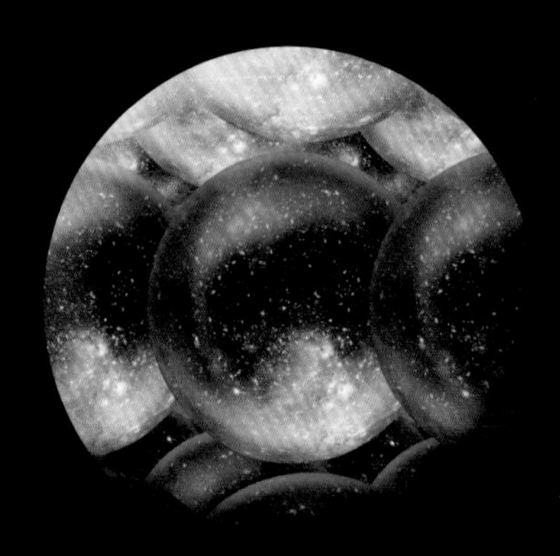

类型I

如果宇宙是无限的，那么肯定会有我们宇宙（定义为我们的视线所及的直到宇宙以光速膨胀的地方）的多个拷贝版本，相互被遥远的距离所分开。这是因为，在一个宇宙中，所有的粒子只能以有限的方式来排列，正如在国际象棋的棋盘上，只能以有限的方式来排列棋子。同时，也会有很多变异的拷贝，它们与我们的宇宙存在或多或少的差异。《红矮星号》（译者注：英国电视节目）的粉丝们应该对此很熟悉。

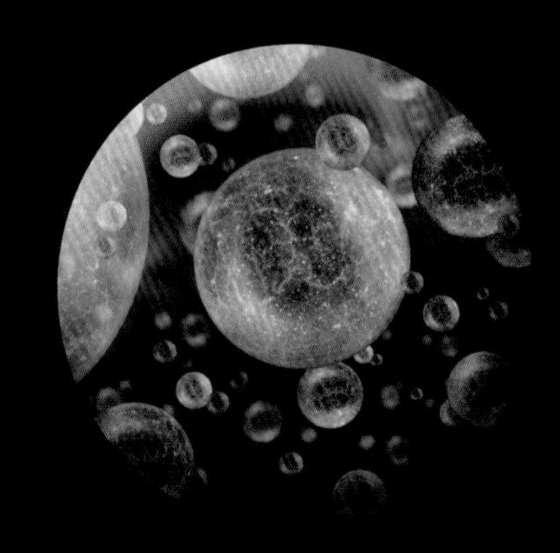

类型II

这是得到BICEP2结果支持的一种类型。我们的宇宙可能只是在膨胀着的浩瀚空间的海洋中的一个气泡。没有理由认为这是唯一的一个气泡，因此如果这个理论是正确的话，就应该存在着其他很多的气泡宇宙。但是即使在这个多重宇宙中的一个气泡本身，就有可能是类型I中的多重宇宙。

◂沐浴在透过南极洲清澈空气的曙光中的 BICEP2

的偏振，从而可以被探测到。BICEP2团队宣称所探测到的正是这种特殊的偏振模式。但是，这一结果随后受到了广泛的质疑。2015年1月30日，仍然是这支美国科学家团队和欧洲空间局（ESA）普朗克卫星的科学家正式确认，2014年3月18日的发现乃是一个错误，其结果最后被确认为是星际尘埃的作用。

暴胀理论解释了我们的宇宙是如何开始启动的，但是它也认为其他的宇宙也可以以相同的机制开始。因此，关于暴胀的证据，恰恰也是多重宇宙的证据。而这正是BICEP2的科学家们所宣称找到的。

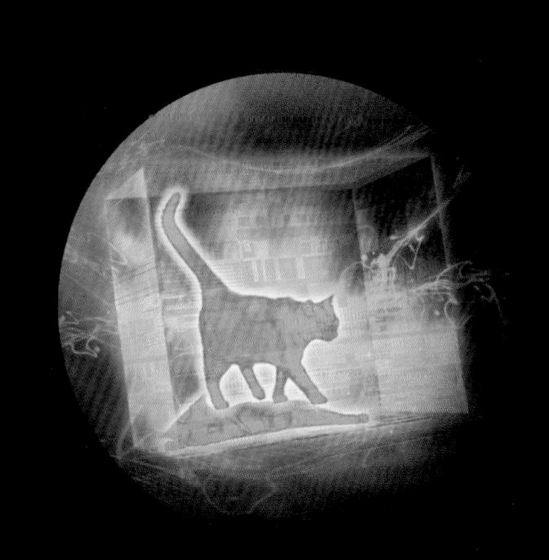

类型 III

这一类型对于那些曾经因为薛定谔的猫这一佯谬而困惑过的人应该不陌生。这个佯谬讲了一只“关在盒子里的猫”，其生存被一个邪恶的量子装置所威胁。它的生死可以通过假设存在两个宇宙来解决，一个宇宙中猫死了，而另一个宇宙中猫还活着。把同样的原理应用于任何一个可能的量子事件的任何一个可能的结果，你就会得到类型 III 的多重宇宙，或者也被称为多世界。在这里，宇宙之间不是被遥远的空间所隔开，而是被维度所分割，在某种意义上相互“平行”。这一版本的多重宇宙在电视剧《神秘博士》中出现过。

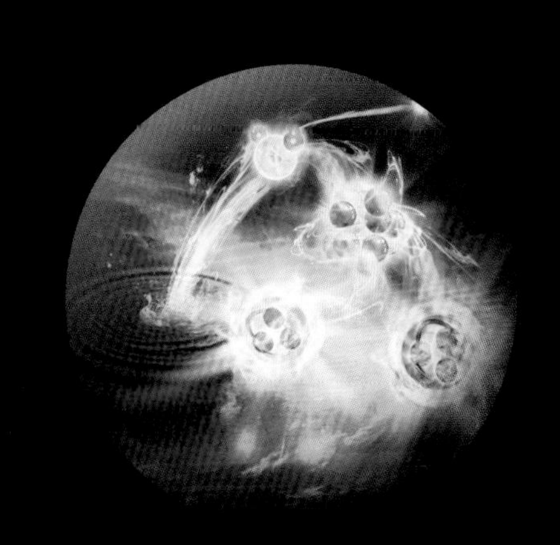

类型 IV

这一类型的多重宇宙包含有被称为“宇宙景观”中的部分宇宙。这是基于在不同宇宙中的物理定律本身可能就不同的假设。所谓“景观”就是一个高低起伏的平原，平原上不同的地方代表着不同的物理规律，其中平原是比山峰更加稳定的组合。比如，在我们的宇宙中，有一种电子，和三种夸克，处于同样的基本粒子的层级。在另一个宇宙中，可能有三种不同的电子和一种夸克。数学家们似乎更加喜欢这个理论，但大多数物理学家们对此心怀戒惧。在他们看来，薛定谔的猫和这比起来似乎要更加简单。

无中生有

大爆炸理论是科学界最坚实的理论之一。它解释了我们的宇宙是如何从一个炽热而致密的状态（大约是原子核的密度）膨胀并形成了今天我们所看到的恒星和星系的分布。这一极度炽热致密的状态就是大爆炸，这一理论在1980年代初期稳稳地站住了脚。但是宇宙最开始是如何形成这一炽热致密的状态仍然是一个巨大的谜。大爆炸之前发生了什么？

美国宇宙学家艾伦·古思意识到，一种被称为对称破缺的过程，在最初的不到一秒的时间内释放了巨大的能量，这类似于蒸汽凝聚成水同时释放潜热的相变过程。这一过程可能推动宇宙经历了一个快速膨胀的阶段，被称为暴胀，从而产生了大爆炸（人们通常会错误地使用大爆炸这一名词，认为它包含了暴胀，但是真正关键的问题是暴胀是在大爆炸之前）。在暴胀阶段，宇宙的体积以指数增长，每百分之万亿分之万亿分之万亿分之一秒的时间体积翻倍。这一理论由俄罗斯出生的美国科学家安德烈·林德及其他科学家们进一步地发展，来解释像我们这样的宇宙是如何从空无一物中创生出来的。

这一切都是基于量子涨落，以及引力场具有负能的奇异事实。量子理论认为粒子可以从虚空中被创造出来，只是它们在极短的瞬间又消失了。比如，一对电子-反电子可以通过从真空中借得能量而凭空出现，然后瞬间（远短于一秒的时间）又消失了，把能量还回真空。这些被称为“虚”粒子的粒子对，尽管你无法直接看见它们，但是虚粒子的效应可以通过实粒子互相之间的作用而被探测到。关键点是，在此涨落过程中存在的质量越大，能存在的时间就越短。所以一个质子-反质子对就不能存在得和电子-反电子对一样长，以此类推。

思考负能量

引入引力能为负的观念是方便的。想象一下把所有组成太阳的原子分散到无限远的距离，它们会具有零引力能，因为两颗粒子之间的引力是和它们之间距离的平方成反比的。

但是如果所有的粒子聚集起来形成一颗恒星，它们之间就会开始互相碰撞，开始发热，引力能会被释放出来成为动能（这正是像太阳这样的恒星形成的过程）。引力场能量在开始时为零，所以它现在的能量为负能量。

一个简单的计算表明，如果所有的物质坍缩成一个点，释放出来的总引力能正好完全等于恒

BICEP 2的结果是怎样验证了暴胀理论的？

在大爆炸之前的一瞬间，宇宙膨胀的速度是如此之快，以至于人们认为暴胀在空间的结构本身造成了类似水波似的涟漪——引力波。这种空间结构的异常直到今天仍然存在，被随后的宇宙膨胀所拉伸。自然地，这一扭曲必然会影响光的传播，在今天我们看到的微波背景辐射上留下一个被称为“B－模式”的独具特征的偏振效应。这就是BICEP 2探测器所发现的模式，验证了暴胀理论。

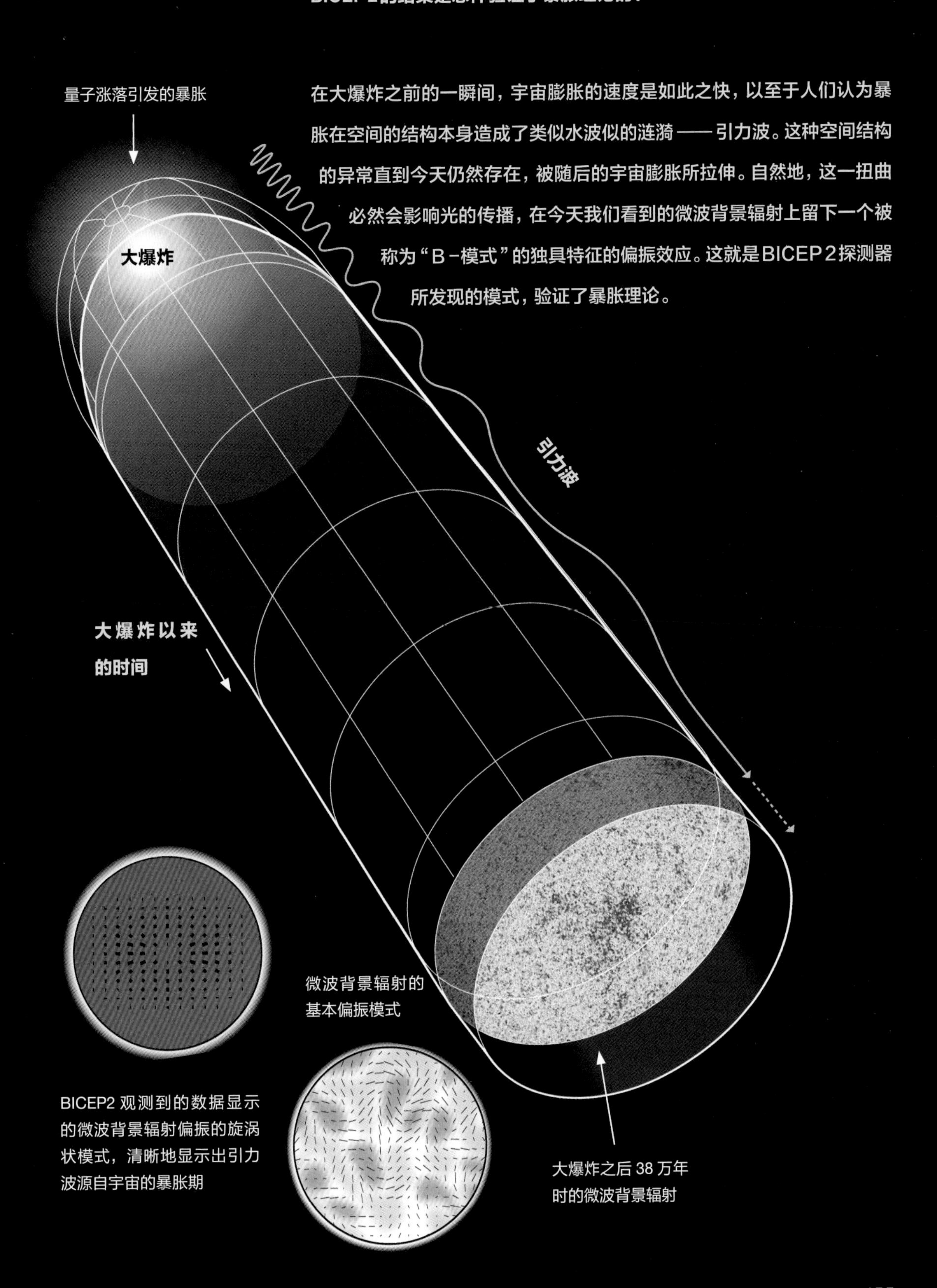

星的质能，即爱因斯坦著名的质能方程所计算的一样。这意味着，在那个点上，物质的质能正好被物质的引力负能量所抵消。你会有一小团恒星质量的物质，但是总能量为零。就是说，在某种意义上，当那一个点上的致密物质膨胀后，你可以从空无一物中创造出一颗恒星。

如果这让你感到不可思议，没关系，你不是唯一这么觉得的。当有一天物理学家乔治·伽莫夫对爱因斯坦提到这一想法的时候，“爱因斯坦猛地停下了脚步。因为我们正好在穿过街道，好几辆车都被迫刹车以免撞到我们”。

这一理论，适用于一颗恒星，也适用于整个宇宙。量子物理学告诉我们，量子涨落的极小但是包含着整个宇宙物质和能量的超级致密的种子，可以从绝对的虚无出现。如果这个涨落过程“产生”了能量，如电子-正电子对那样，那么涨落过程会很快消失，把“借来”的能量还回到真空中。但是因为质能会正好被负的引力能所平衡，这种涨落的时间没有量子极限。你可能认为强大的引力场本身会收缩压碎整个婴儿宇宙，使之根本不能长久存在。但这正是暴胀所解决的问题。

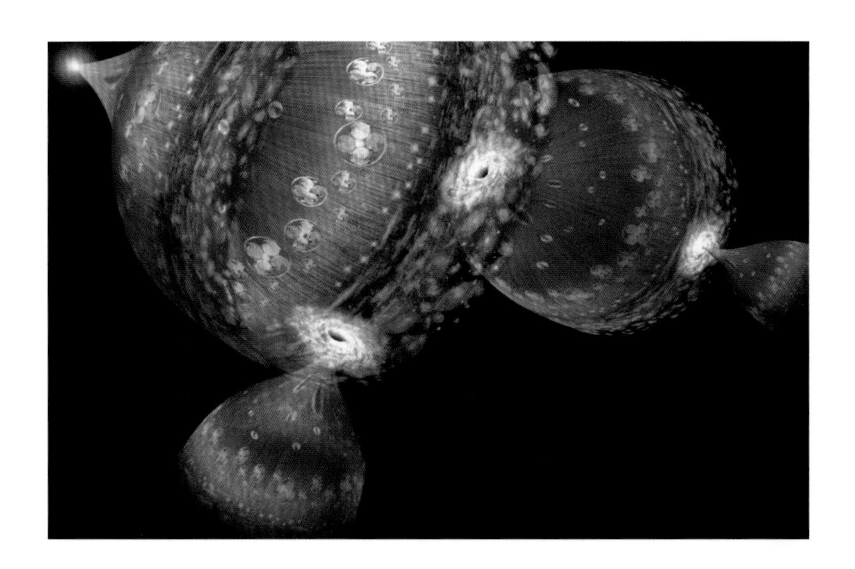

▲ 多个宇宙一个接一个地不断创生出来——看起来越来越可能的一种情况。

◂ 暗区实验室，位于距离南极点大约 1 千米之处，其中就有探索宇宙的 BICEP2 探测器。

古思所设想的对称破缺，将会把这一宇宙种子迅速扩大到大爆炸状态，然后进入一个持续几十亿年的更加缓和的膨胀，在此过程中宇宙逐渐冷却并形成了恒星和星系。粗略地来说，今天可观测宇宙中的一切，都是从一个比质子还小很多的区域（实际上，比质子的十亿分之一的体积还小）在10的负30次方秒时间内暴胀成一个篮球大小。随后，大爆炸才开始了。“宇宙才是真正免费的午餐。”古思说。

气泡宇宙

但是，为什么只考虑一个宇宙呢？如果量子涨落可以导致我们宇宙的诞生，那么我们宇宙中的量子涨落也能导致其他婴儿宇宙的诞生——这是就职于加拿大圆周理论物理研究所的李·斯莫林探索的设想。不过不用担心，这样的新宇宙不会在我们的宇宙中突然爆炸开来，摧毁它所途经的一切。它会在它自身的一组维度中膨胀开来，仅仅通过一个小小的虫洞和我们相连。如果这个理论是正确的，那么甚至有可能用一个比大型强子对撞机（LHC）更高能的对撞机制造出一个小型黑洞，进而创造出这么一个婴儿宇宙。

毫无疑问，这些理论还是处于猜测阶段。但是林德还提出了一个更加简单更少猜测的暴胀模型。

对广义相对论方程的一个小小的微调，即可得出一个空间的数学解，在此解中空间永远处于指数膨胀中——林德所谓的“永恒暴胀”。这是我们所处宇宙的背景，而在这个永恒暴胀的超级世界里，偶尔会有一片区域平静下来，暴胀停止了，形成了暴胀海洋中的一个气泡。我们的宇宙就是这样一个气泡，并且意味着还有很多这样的气泡，彼此在暴胀的海洋中远离，好比一瓶气泡酒被打开时形成的众多泡沫。

正如所有优秀的科学理论一样，这一理论也做出了自己的科学预测。从1980年开始，科学家们提出了很多个或多或少有些奇异的暴胀理论的变种，但是这个最简单的版本做出了一个清楚的预测。在暴胀持续的极短瞬间中宇宙体积的不断翻倍是如此之暴烈，以至于在空间结构上形成了波纹。这种波纹，即引力波，会被随后的宇宙膨胀所进一步拉伸，直到变成几乎达10亿光年之长。宇宙中如此巨大的结构特征不可能有别的产生机制。空间的扭曲会自然地影响其中通过的光，而今天我们看到的通过这些空间涟漪的宇宙原初之光正是微波背景辐射。暴胀理论预言，膨胀引力波所造成的扭曲，会在背景辐射的偏振中显现出来。确切地说，它会影响被称为“B-模式”的偏振，即圆形偏振的一种度量。该效应会在绘制出的全天偏振图上显示出旋涡的模式。而这正是BICEP2试验所得到的结果。显现的模式非常简单清晰。

▲微波背景辐射显示出暴胀的特征模式。

恰好适合生命生存

观测结果和基础版的暴胀理论吻合——对宇宙学家来说，这是好消息，因为基础版恰恰也是最简单的版本。结果也排除了在早期没有暴胀阶段的宇宙模型。艾伦·古思对于这一结果很欣慰。“BICEP2的结果是惊人的。他们发现的引力波信号比预期的还要强。假设这一结果可以被确认——很可能会被确认——它开启了一个全新的研究暴胀物理学的方法。”

如果其他的气泡宇宙存在于多重宇宙之中，很有可能很久以前，一个或者多个曾经与我们的宇宙碰撞过，犹如两个肥皂泡碰到又互相弹开。这样的碰撞的效应之一，就是在背景辐射的偏振中留下一个尽管微弱但特征鲜明的碟形的模式图像。这样的环状结构可能太大了，以至于BICEP2探测不到，但是宇宙学家们正在研究碰撞产生的什么样的模式可以被观测到。来自伦敦帝国理工学院的丹尼尔•莫特洛克说，他的团队正在“仔细研究气泡宇宙碰撞的特征指纹有多大可能性会出现”。

也许这个新发现最重大的意义在于，我们的宇宙不是唯一的。如果永恒暴胀是正确的——目前所有的证据都指向它——那么我们的宇宙只是很多个宇宙中的一员。这就能解释很多问题，其中之一即为什么宇宙中的一切似乎都是恰恰为了我们这样的生命形式而设置好的。如果我们的宇宙是唯一的，那么这就让人非常费解了；如果有无穷多的宇宙，有些适合生命，有些不适合生命，在那些了无生气的宇宙中，自然不会有人去注意到它们自身的存在。只有在适合生命的宇宙中，才会有我们这样的观察者。我们在这里观察到这个宇宙这一事实本身，就说明了我们生存在一个适合生命的宇宙中。

BICEP2的结果开启了一个全新的研究暴胀物理学的方法。

——美国宇宙学家和理论物理学家艾伦•古思

◂ 宇宙学家乔治•伽莫夫是大爆炸理论的创立者和倡导者

哈勃太空望远镜已经持续观测这个宇宙25年了。艾米•廷德尔带你回顾它的最激动人心的发现。

哈勃望远镜的十大发现

Hubble's Top 10 Dis-coverise

The Hubble Space Telescope has been observing the Universe for a quarter of a certury. Amy Tyndall takes a look at some of its most incredible discoveries.

25年前，人类最著名最使人惊叹的技术成就之一——哈勃太空望远镜——发射升空了。于1990年搭乘“发现者”号航天飞机升空，哈勃被投放于低地球轨道，在那里它一直在持续地观测着整个夜空。它使用光的所有波长观测宇宙，从紫外线到红外线，这给了天文学家们一个史无前例的探测宇宙的窗口。

但是天文学家们从这些令人惊叹的照片中学到了什么？为此，我们对全球100位专业天文学家们做了一个调查，结果如下：

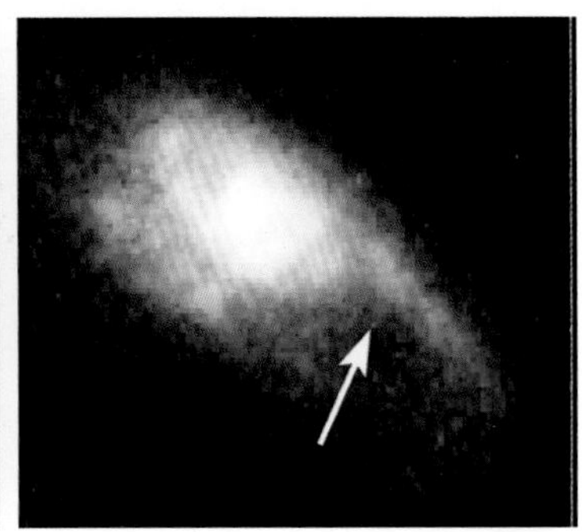

一个红外发光区域于2013年6月13日被发现，于7月3日消失了

译者注：千新星是理论预言的由两颗中子星合并的产物。2017年8月17日，LIGO和Virgo两个引力波探测器联合探测到了双中子星合并产生的引力波，与费米卫星探测到的短伽马射线暴几乎同时发生，进一步验证了短伽马射线暴的起源。同时，其他波段电磁辐射的观测继续跟进，并由位于智利的Swope望远镜率先发现了此事件伴生的千新星，再次验证了千新星产生机制的理论

10

伽马射线暴的起因

上图中模糊的星系，是宇宙中最暴烈的事件之一——伽马射线暴——的发源地。这些伽马射线的闪光是个谜，因为它们极其罕见：一个普通的星系只在几百万年中产生几次。但是它们在几秒内产生的能量，是我们的太阳100亿年所产生能量的总和。在2013年6月3日，一个持续了十分之一秒的伽马射线暴出现并被NASA的雨燕卫星所捕捉到。当哈勃望远镜在10天后指向这一位置的时候，在射线暴的位置发现了红外线的发光。但在7月3日，发光就暗淡了下去。这一消失的红外发光是另一种宇宙爆炸——千新星——的死亡余辉。科学家认为，千新星是一种极其致密的中子星合并的产物。因为这个千新星是在伽马射线暴的同一个位置发现的，这是短伽马射线暴是起因于同样机制的确凿证据。这颗千新星是由莱斯特大学的奈尔•坦维尔具体研究的，他认为哈勃望远镜起到了关键的作用。“尽管雨燕发现了这次短伽马射线暴，而地面望远镜给出了准确的位置和距离，但是只有哈勃太空望远镜才能够看到千新星的微弱发光。”

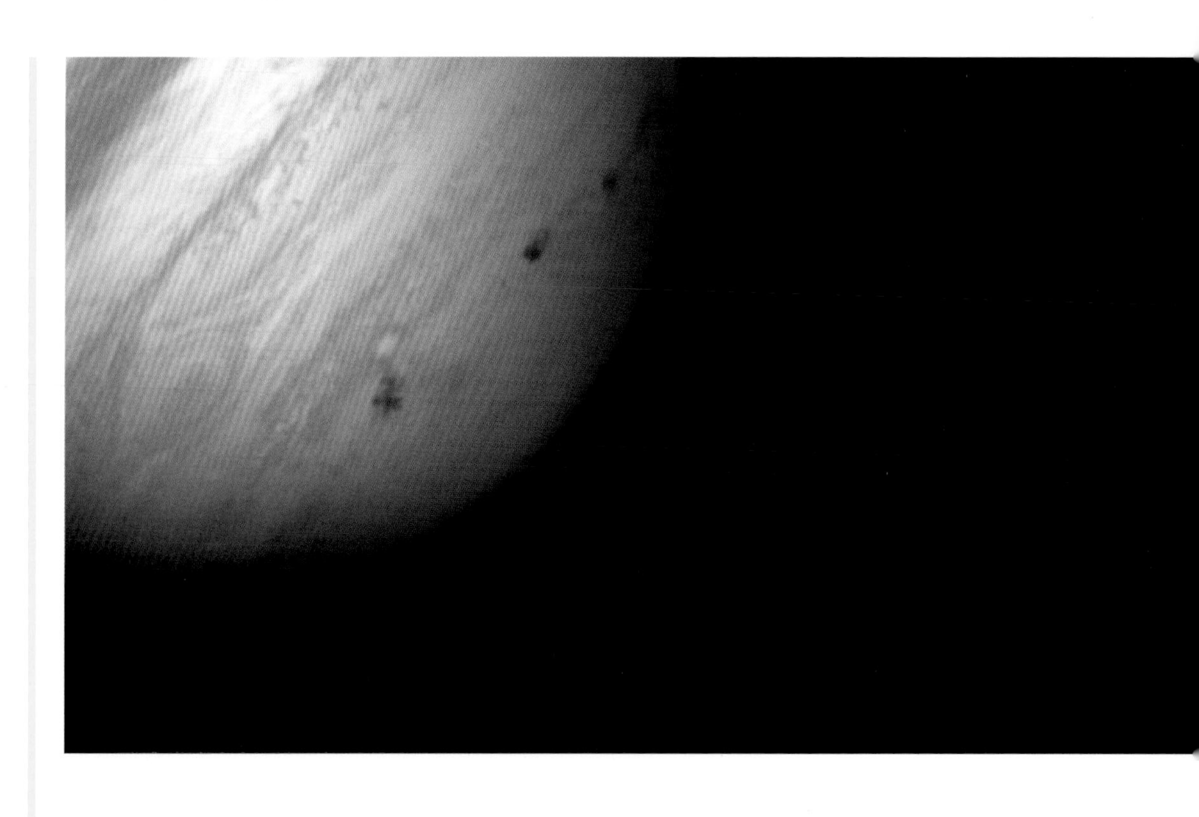

9

行星撞击是怎么发生的？

1994年7月16日，哈勃望远镜的物镜指向了木星，而此时苏梅克–列维9号彗星的首批21块碎片，正一头撞进木星。撞击激起的尘埃在木星的大气层飘荡了近一个月才逐渐消散。

哈勃望远镜的观测数据为木星大气层提供了丰富的资料。“从最大的撞击点发散出来的撞击波，就像池塘里的水波一样。据此，我们可以对深层大气以及云层下的洋面做出推断。”来自位于马里兰州的NASA戈达德宇宙飞行中心的行星大气研究资深科学家艾米 · 西蒙博士解释说。

尽管地基望远镜也加入了这次盛会，哈勃太空望远镜是唯一能够从全波长对此事件进行观测的，并且不受时间和气候的影响。对于撞击引起的尘埃及气溶胶的造像，紫外线尤其重要。“哈勃望远镜观测到，撞击引起的碎片和其他分子其后在木星的高层大气中残留了几个月，甚至几年。”西蒙博士说。

▲ 苏梅克 - 列维 9 号彗星在木星上的撞击清晰可见（黑点）

▲ 这一哈勃太空望远镜的照片显示了 4 颗恒星被原行星盘所包围

8 原行星盘

这些扁平的盘是由一颗在猎户星云里形成的恒星所留下的冰冷的尘埃和气体所组成的。这些物质的一部分会逐渐丢失，但是最终大部分会凝聚成小颗粒，并最后形成婴儿行星。这一盘状结构被称为原行星盘。“这很像我们太阳系在它的婴儿时期的样子。”拍摄这张照片的罗伯特 · 奥尼尔教授说。地面望远镜曾经观测到过这一物体，最初认为是一颗恒星。关于它们是环绕恒星的尘埃盘的假设早在公元1700年就出现了，但是直到1980年代天文学家们通过观测分子而探测到了盘的存在才得到确认。哈勃望远镜做出了突破性的进展——对猎户星云中的多个原行星盘首次直接成像。

7

宇宙的年龄

这个旋涡星系，M 81，是哈勃望远镜观测的最早一批河外星系之一，用以确定宇宙膨胀的速率，进而确定宇宙的年龄。“在哈勃太空望远镜发射之前，人们对宇宙的年龄是100亿年还是200亿年有过剧烈的争论。”芝加哥大学的温迪 · 弗里曼教授说。弗里曼从事测量造父变星的工作。造父变星是一种光度在几天到几个月的时间内会变亮变暗的天体。通过研究造父变星亮度和它的光变周期的关系，可以估算出它的距离。造父变星法是测量星系距离的最准确的方法，因而可以进一步确定宇宙膨胀的速率。

哈勃望远镜上携带的高分辨率的设备，意味着他们的团队能够发现24个邻近星系的超过800颗造父变星。哈勃望远镜的测量帮助科学家们确定了宇宙的年龄为138亿年。

▼哈勃太空望远镜能分辨出 M81 星系中的单个的恒星，包括其中的造父变星，利用它们的帮助确定了宇宙的年龄为 138 亿年

6

超大质量黑洞

黑洞是很难被发现的。它们超强的引力场使得即使光也不能逃逸，因此是“不可见的”。但是通过测量围绕黑洞运动物质的速度，我们可以利用引力定律来计算黑洞的质量。如果计算得出的质量超出了我们能看到的恒星的质量，剩下的可能是黑洞。在1990年代早期，人们就开始怀疑在很多个星系的中心存在着超大质量黑洞。“哈勃望远镜发射不久，就通过5倍于地面望远镜精度的图像，证实了最早的超大质量黑洞。”来自赫特福德大学的马克 · 萨尔奇博士解释说。哈勃太空望远镜通过对环绕气体和恒星速度的精确测量，得到了“黑洞猎人”的美誉。萨尔奇博士解释说，观测结果表明黑洞和它的宿主星系共同演化。“哈勃望远镜使得超大质量黑洞从一个理论预测的奇异天体变成了我们了解星系形成不可或缺的一个环节。”

▸ NGC2808 球状星团包含了超过三代的 100 多万颗恒星

5

恒星的形成

球状星团是由引力束缚在一起的几百颗甚至几千颗恒星的密集群体。很久以来，普遍的共识认为星团里的恒星应该是非常相似的，从同一个尘埃云中共同形成。但是2005年，哈勃望远镜测量了NGC 2808球状星团中恒星的亮度和颜色。本来以为只会发现同一代的恒星，结果却发现了三代不同的恒星。哈勃可以同时在可见光和紫外光波段观测的威力，也使得它更容易同时追踪更多的恒星以及它们的演化路径。至今它已经观测了超过60个球状星团。

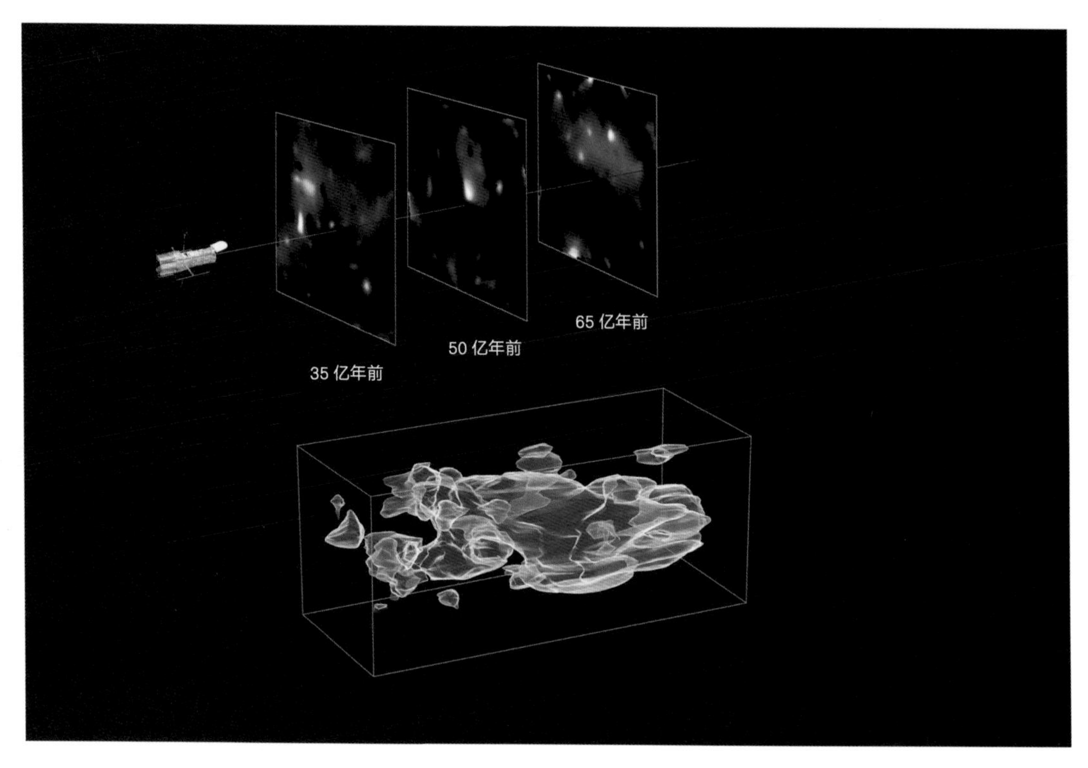

▲ 哈勃太空望远镜使科学家们能绘制出这一暗物质分布的三维图像——从左到右离地球的距离增加

4 暗物质

这张图揭示了一种我们看不到的物质："暗物质"。我们能看到的星系、恒星和行星，仅仅占了宇宙中物质总量的15%。剩余的85%就是暗物质，而它既不吸收也不辐射任何已知波长的电磁波。"利用这张图，我们第一次看到了暗物质的分布。"杜伦大学的物理学家理查德·梅西博士说。为了绘制这张图，哈勃太空望远镜和地面望远镜一起，观测了超过50万个星系。"当光在宇宙中传播，它穿过沿途所有的暗物质，一路上留下特征的痕迹。在地面上看不到这些如此遥远暗淡的星系，因为大气层使得细节变模糊了。这正是我们需要哈勃太空望远镜的原因。"梅西解释说。暗物质的引力会通过一个"引力透镜"的效应使光线弯曲，使遥远的星系看起来变形。通过观测这一效应，可以推导出暗物质的分布。暗物质的功能好比脚手架，而星系正是在脚手架上堆积起来的。"当第一批探索者到达美洲西部时，他们坐在山脊上，试图明白这片大陆是怎么形成的。今天我们作为先驱在探索着同样的事情。"

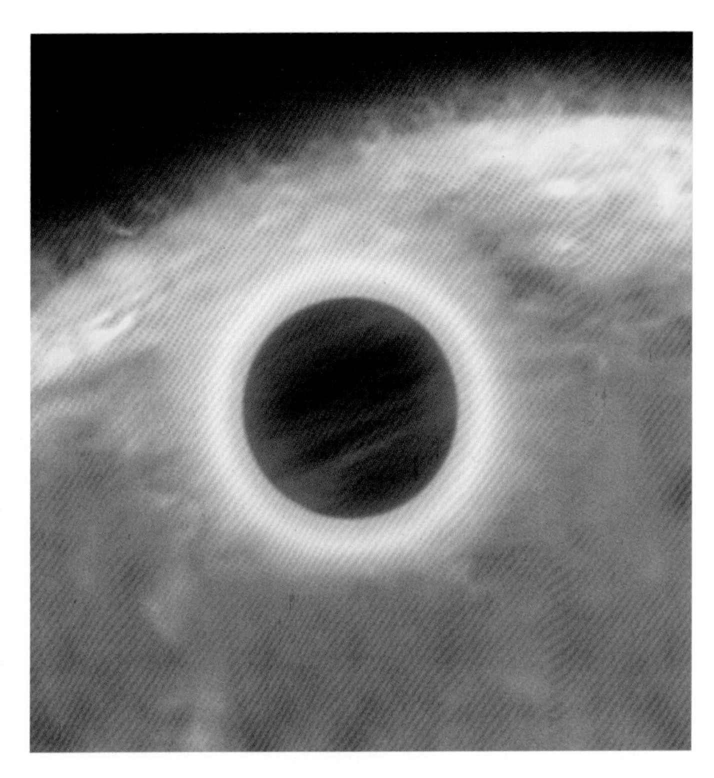

▲艺术家对离地球 150 光年的地外行星欧西里斯的想象图

3 系外行星大气层

截至2015年2月，共有1890颗围绕着太阳之外的恒星公转的行星被探测到。到目前为止，还没有能够拍到一张这些地外行星的照片，但是哈勃太空望远镜首先探测到了这些外星世界的大气层。

HD 209458-b，也被称为欧西里斯行星，是一颗距离地球150光年的地外行星。因为离它的宿主恒星只有区区640万千米，它的温度达到了炽热的1100 ℃。当行星从它的恒星前面经过时，部分光线从行星的大气层穿过。这些光被一个光谱仪所分析——这项发现背后的团队领导者，戴维 · 沙博诺教授解释说，光谱仪就是把光线分解成组成它们的不同波长的仪器。“基本思路就是当行星从恒星前面经过和离开时，收集恒星的光谱。通过对比，我们可以发现不同的特征。这需要一个极其稳定的平台，不受任何地球大气层吸收的干扰。只有哈勃可以做到这一点。”

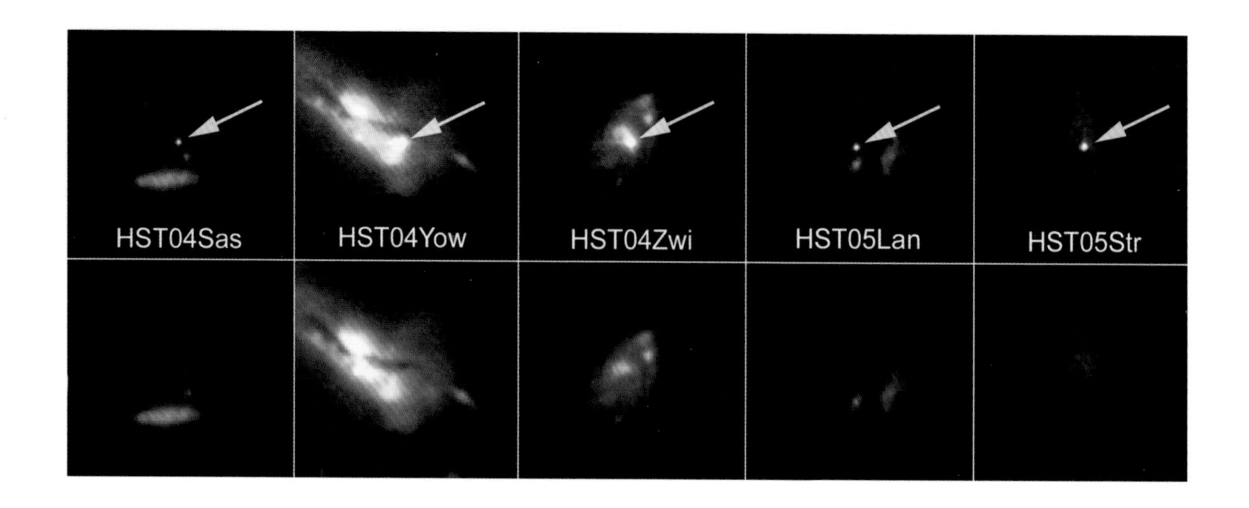

2

宇宙的加速膨胀

上图这些包含了高能超新星爆发的星系，为近几年引起最大反响的一项科学发现做出了贡献。宇宙不仅仅是在膨胀，而且被一种称为“暗能量”的东西驱使在加速膨胀。

1998年，天文学家们宣布了超新星亮度随时间变化的结果。结果发现从最远的超新星爆炸得到的光线比预期的更加暗淡，并具有更大的红移。这意味着它们比天文学家们之前计算的更加遥远——现有的理论认为引力的作用会使得宇宙的膨胀减速，但是这一结果显然不符合这一理论。膨胀的速率根本没有慢下来，相反，宇宙在加速膨胀。

哈勃望远镜在这一发现中起到了辅助的作用，因为它提供了研究团队想观测的3颗超新星的数据。同时，它发现了另外16颗千万光年之遥的超新星，并准确地测量了它们的距离。哈勃不仅确认了膨胀的加速，而且进一步确认了宇宙的早期确实如预测的一样，曾经减速过。

1

星系是如何演化的?

这张充满着令人目眩的色彩和形状的图，永远地改变了我们对于遥远宇宙的认识。作为哈勃最著名的照片之一，这张被称为哈勃深场影像（HDF）的照片，是大熊星座区域的一小片天空。它的面积仅仅是整个天空的2400万分之一，然而这一小片窗口有着将近3000个星系密集地分布着，给予了天文学家们关于宇宙遥远过去的惊鸿一瞥。

曾经有预言认为从如此遥远的距离发出的光会被拉伸得如此之厉害，以至于在黑暗背景上就是一个微小的污点。这一预言，错得不能再离谱了。这张照片，由342次单独曝光组合而成，总共花了100小时的曝光时间，见证了哈勃太空望远镜的强大威力。它对于星系结构细节的分辨纤毫毕现，在此之前，从所未见。

“有很多天文学家对于我们把哈勃望远镜随意地指向天空中的一点然后进行长曝光能得到什么充满了疑虑。”HDF团队的最早成员之一，亨利·弗格森博士说。然而，照片所展现的极其丰富的信息说服了大部分人：这是个不错的技术。

今天，天文学家们发现在宇宙的年龄仅仅为5亿年的时候就有星系的存在。正如弗格森正确并兴奋地宣称的一样：“这是一台望远镜所能做出的最重要的观测之一！”

超越哈勃望远镜

探索未知世界的其他十大望远镜

1999～

钱德拉X射线望远镜

运营：NASA

服役期：1999～？

钱德拉于1999年7月由“哥伦比亚”号航天飞机发射升空，最初的设计仅仅服役5年。但是迄今它仍然在13万9000公里的轨道上环绕地球运行，不断探测来自宇宙中特定区域的X射线——例如爆炸的恒星。

2009～2013

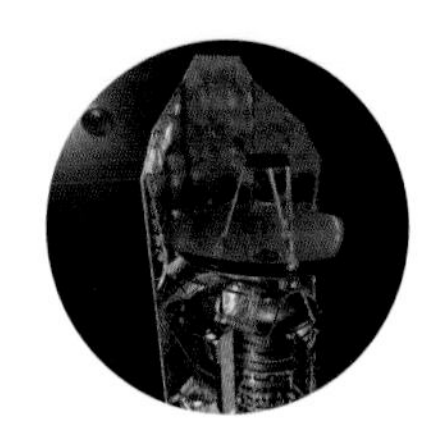

赫歇尔太空望远镜

运营：欧洲空间局

服役期：2009～2013年

以威廉·赫歇尔（发现了天王星的天文学家）和他的妹妹卡罗琳名字命名的太空望远镜，是至今为止发射升空的最大的红外望远镜。在它的服役期内，收集了大量的数据，直到最后它的冷却液用尽为止。

2009～

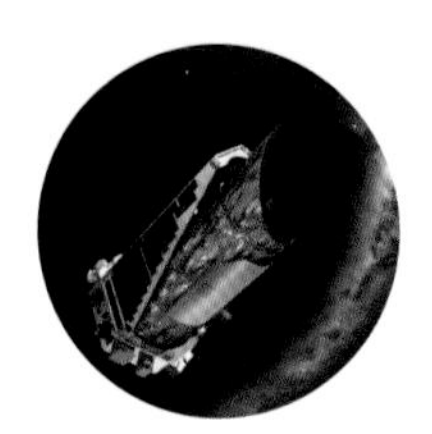

开普勒望远镜

运营：NASA

服役期：2009～？

开普勒是设计来用于发现围绕其他恒星的系外行星的。自从它发射升空以来，这一行星猎手已经发现了超过500颗潜在的新的系外行星——包括著名的开普勒-452b，它比其他任何迄今发现的系外行星都更加接近地球的性质。

2003～

斯皮策太空望远镜

运营：NASA

服役期：2003～？

斯皮策是NASA的宏伟太空望远镜系列项目的第四个也是最后一个：前三个包括哈勃太空望远镜、康普顿伽马射线望远镜，以及钱德拉望远镜。它的红外设备使得它可以观测到宇宙中本来不可见的信息，使被尘埃遮挡变模糊的恒星显露真相。

2009～2013

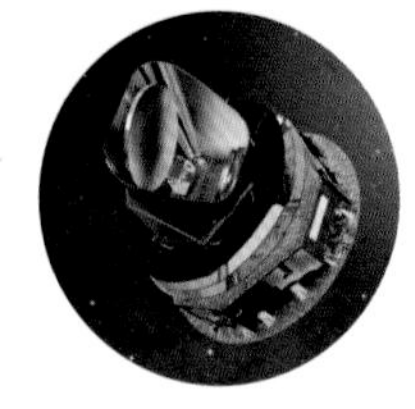

克太空望远镜

运营：欧洲空间局

服役期：2009～2013年

在它的服役期，欧洲空间局形容普朗克为宇宙的时间机器，这主要得益于它对宇宙历史的成功探索。它扫描了深空的宇宙背景辐射，那是源于大爆炸后38万年宇宙的第一缕晨光。

2004～

雨燕卫星

运营：NASA

服役期：2004～?

雨燕专注于观测伽马射线暴，那是宇宙中的巨型爆炸，通常标志着巨星的坍缩和黑洞的诞生。2015 年 11 月，雨燕发现了它的第 1000 个伽马射线暴。这么出色的成绩单让 NASA 骄傲地宣称，在服役 11 年之后，雨燕仍然处于它的“极佳状态”。

2002～

国际 γ 射线天体物理实验室

运营：欧洲空间局

服役期：2002～?

和雨燕相似，它的主要任务是观测伽马射线。原本设计为两年的服役期，但是它的燃料供应仍然很充足，所以很可能服役到 2020 年之后。

1999～

XMM 牛顿望远镜

运营：欧洲空间局

服役期：1999～?

有史以来欧洲建造的最大的卫星，于 20 世纪末所观测到的数据远超当时服役的其他 X 射线卫星。最初的设计是包括了各种不同观测方案的两年服役期，但是 XMM 牛顿望远镜在它发射升空 16 年后的今天仍在继续工作。

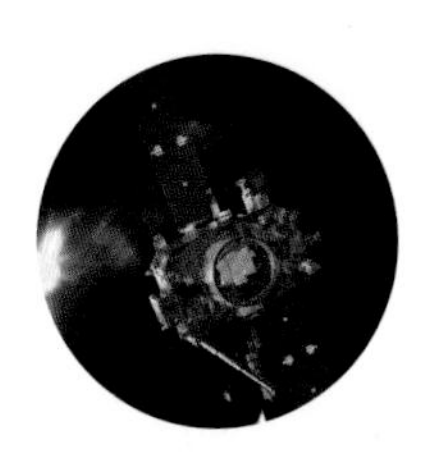

2006～

日地关系天文台

运营：NASA

服役期：2006～?

正如它的名字所暗示的，日地关系天文台有两台几乎一样的太空船。其中一台的轨道在地球之前，而另一台在地球之后。它们的主要任务是记录太阳的立体图像，尤其是从地球上看不见的部分。

2018～待定

詹姆斯韦伯太空望远镜

运营：NASA

服役期：2018～?

计划中哈勃太空望远镜的继任者。这一价值 88 亿美元的太空船将会在离地球 93 万英里的轨道绕地球运行，其上的红外仪器将会观测来自早期宇宙的光。该望远镜以著名的阿波罗计划时期美国航天局局长詹姆斯 · 韦伯命名，并计划于 2018 年 10 月发射升空。

地球的年龄

凯特·勒维利厄斯带来一段穿越时空之旅，揭示我们地球历史上的关键时刻……

138 亿年前
宇宙大爆炸

大约在 138 亿年前，一个致密且炽热的奇点爆炸后诞生了我们的宇宙。首先出现的是亚原子粒子，然后形成原子，最终是碎片中形成的恒星和行星。从那以后，宇宙继续膨胀。

▸超级致密的物质，它们从一个被称为“奇点“的微小的点爆炸而形成

45 亿 5000 万年前
地球的形成

太阳风吹走了像氢元素这类的较轻元素，在重力作用下，其余较重的岩石物质聚集在一起形成了地球（火星、金星和水星也同时形成）。随着时间的推移，密度最大的物质沉入了地球的中心，较轻的部分则上升逐渐形成了地壳。

138 亿年前 50亿年前 45亿年前

46 亿年前
太阳系的形成

巨大的氢分子云在重力作用下开始坍缩。大多数的分子都凝聚到中心形成我们的太阳，其余的则变成了一个旋转的圆盘，太阳系中行星（包括地球）、卫星和小行星在这个旋转的圆盘中逐渐形成了。

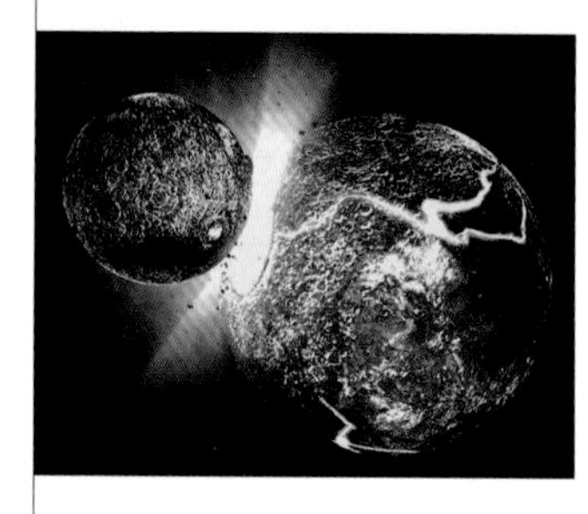

45 亿年前
月球的形成

地球被认为与另一颗叫作“忒伊亚”的行星相撞并融合在一起。大量的碎片从碰撞中被扔出，其中一部分结合在一起形成了月球。新的月球引力有助于维持地球自转的稳定，并使地球的气候有了规律性。

▸ 从澳大利亚偏远的地表岩层中提取的锆石碎片

▴叠层石，在澳大利亚西部鲨鱼湾，由蓝绿藻形成

44 亿年前
第一片大陆和海洋

地球的原始地壳现在都已不复存在，但是科学家们已经从深藏在澳大利亚西部山体内部原始的地壳中发现了一些晶体。这些被称为锆石的晶体，其化学物质揭示出，那时的地球已经形成了大陆地壳，而且对生命至关重要海洋也在那个时候由水形成。

35 亿年前
生命的起源

在澳大利亚西部发现的35亿万年前的藻丛是生命最早出现的证据，尽管有些人认为生命可能已存在长达 44 亿年。大气中并没有氧气供早期生物使用，所以这些生物很可能依赖水底通风口喷出的化学液体为生。

40亿年前　　30亿年前

40 亿年前
板块构造开始

随着地球冷却，地质学家认为地幔开始在可预测的模式下移动，最终推动形成了我们今天看到的滑动板块的拼图。这种活跃的表面有助于稳定地球的温度和再造化学元素，并且认为是使地球适宜生命生存的重要因素。

▸ 俯冲带的横截面，一个构造板块在另一个板块下滑动

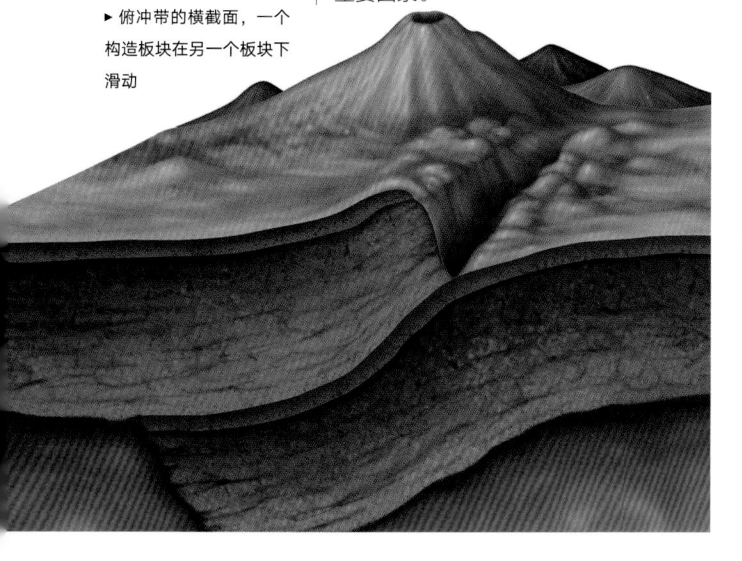

24 亿年前
大氧化事件

地球早期的大气层以火山气体——二氧化碳、甲烷和水蒸气为主。大约 28 亿年前，当光合细菌开始占据主导地位时，氧气开始在大气中聚集。利用太阳的能量将二氧化碳和水转化为食物，它们产生的氧气作为废弃物排放到空气中。氧气含量在 28 亿年前左右达到顶峰。

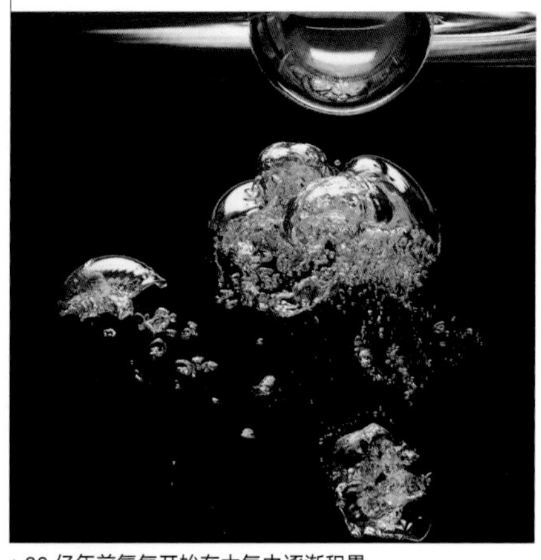

▴28 亿年前氧气开始在大气中逐渐积累

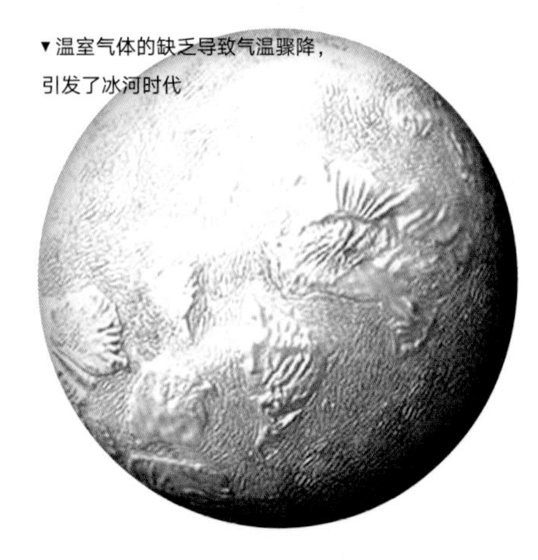
▼温室气体的缺乏导致气温骤降，引发了冰河时代

24 亿—21 亿年前
休伦冰河时期

具有讽刺意味的是，可进行光合作用的细菌的大量出现，几乎杀死了所有生命。新的富氧环境对这些非光合作用的生物体是有毒的，其中许多都被消灭了。与此同时，氧气也导致了温室气体的减少，引发了一次地球历史上最严重且漫长的冰川期。

5 亿 6000 年前
寒武纪爆发

随着地球脱离冰雪（可能是火山活动的帮助），在多细胞生物的快速进化中，生命向前跳跃。众所周知的寒武纪大爆发，这个 4000 万年的时期产生了我们今天能看到的大部分主要动物群体。在 530 万年前，第一批动物开始在陆地上奔跑。

▲三叶虫化石。现在已经灭绝的三叶虫被认为就像如今的螃蟹一样生活在海底

25 亿年前 6亿年前n 5亿年前

7 亿 1500—6 亿年前
冰雪地球

地球再一次被冰层覆盖。这一次被认为是由大陆的快速风化引起的，它将二氧化碳从大气中吸出使温度骤降。赤道温度低至 -20 ℃。大多数的生命都被消灭，只有挤在温泉周围的幸运儿们得以存活。

▼在这个冰河时期，生命忍受着 -20℃的严寒

4 亿 7000 年前
陆生植物起源

随后，绿藻的近亲，类似于如今苔藓的植物悄悄爬上了陆地。这些早期的植物没有很深的根，但它们分泌的酸溶解了它们附着的岩石。岩石风化将二氧化碳从大气中吸收，引发了另一个冰河时代，以及奥陶纪—志留纪大灭绝事件。

▼生命是它自己最大的敌人——早期植物释放出的酸最终导致了二氧化碳的消耗

▲在超级大陆盘古大陆分裂成劳亚古大陆和冈瓦纳大陆之后，后者向南移动，进而引发了大规模的灭绝事件

4 亿 4700 万—4 亿 4300 万年前
奥陶纪—志留纪大灭绝事件

这次大规模的灭绝与原始大陆的冈瓦纳大陆向南极移动有关。它和岩石风化共同导致了全球降温、冻结成冰和海平面下降。当时大部分的生物都是海洋生物，大约 85% 的生命消失了。

2.52 亿年前
二叠纪—三叠纪灭绝事件

这次灭绝事件是有史以来最严重的一次，它杀死了 90% 到 96% 的物种。这次灭绝事件的起因仍存在争议，可能是因为陨石、火山活动或者是甲烷释放导致气候迅速变化。生物的恢复历时大约 1000 万年。

这种剑齿虎，像哺乳动物一样的爬行动物，是这次灭绝事件的牺牲品之一

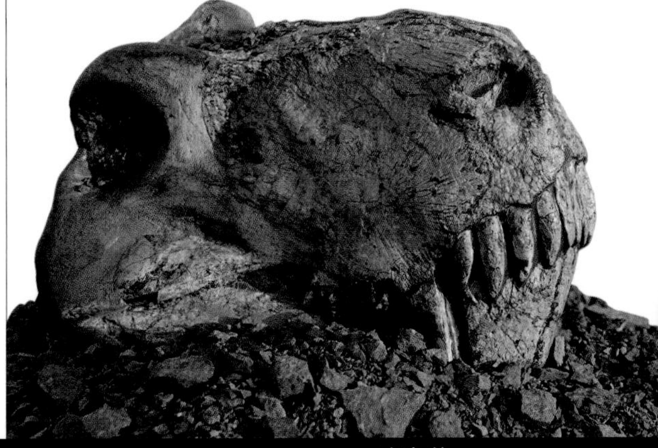

4亿年前　3亿年前　2亿年前

3.75 亿—3.6 亿年前
晚泥盆纪大灭绝事件

大约 70% 的物种死于一系列的灭绝脉冲。海洋生物受到了特别严重的打击，珊瑚礁几乎完全消失了。可能又是生物原因，这一次，植物的生长破坏岩石，进而导致大气中二氧化碳减少和温度的下降。

▼如扭心珊瑚，这类的珊瑚被这次灭绝事件毁灭了

2.01 亿年前
三叠纪—侏罗纪大灭绝事件

在三叠纪末期，地球上 70% 到 75% 的物种灭绝了，包括许多两栖动物和大型爬行动物。原因尚不清楚，但那些空洞的壁龛允许恐龙在侏罗纪繁衍。

►恐龙，比如狄龙特龙，在三叠纪—侏罗纪时期的大灭绝事件后繁荣起来

▲ 像鼩鼱一样的中华侏罗兽被认为是最早的“真正的”哺乳动物

2 亿年前
第一代哺乳动物

恐龙开始在陆地上占据统治地位，但一群类似哺乳动物的爬行动物发现了自己的生存之道。这些体型小巧的小动物往往生活在树上，他们以植物和昆虫为食，在恐龙活动较少的夜间猎食。这些胆小的动物是所有哺乳动物的祖先。

▲ 火山活动使地球升温，形成了无冰的两极

5600 万年前
古新世—始新世极热事件

鳄鱼沐浴在阿拉斯加的海滩上，棕榈树在北极地区蓬勃发展。没有冰的南北两极和地球的平均温度接近 23℃（现在地球的平均温度约 14℃）。火山被认为触发了这个温暖的插曲，随之而来的是冷却和冰河时代的循环。

2亿年前　6000万年前　5000万年前　20万年前

6500 万年前
白垩纪—第三纪大灭绝事件

可能是最著名的大灭绝，它被认为是小行星撞击，接着是大规模的火山活动，恐龙和大约 75% 的物种在这个期间被杀死。从那时起，鸟类和哺乳动物就进化成了主要的陆地物种。

▼ 一颗小行星撞击地球，紧接着是火山爆发，被认为是恐龙灭绝的原因

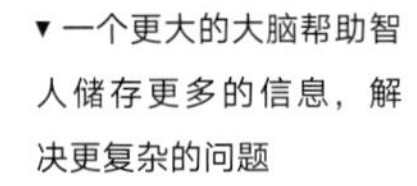

▼ 一个更大的大脑帮助智人储存更多的信息，解决更复杂的问题

20 万年前
人类进化

400 多万年前，我们最早的猿类祖先开始在非洲平原上直立行走。大约 20 万年前，我们自己的被称为“智人”的物种出现了。7 万年前，我们冒险走出非洲，很快征服了世界上除了南极洲以外的所有大陆。

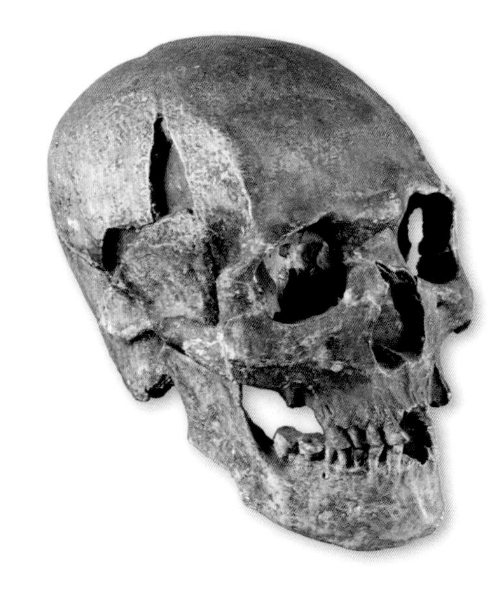

1 万年前
最后一个冰河时代的结束

在过去的 1 万年里，地球一直处于一个温暖的“间冰期”时期，人类也在蓬勃发展。一些科学家认为，大约 11000 年前，农业的出现对气候产生了强大的影响（由于“刀耕火种”释放了二氧化碳），最终延长了这个间冰期，并推迟了下一个冰河时期的到来。

▸ 氯氟烃曾广泛应用于喷雾罐，它会在紫外光下分解释放出氯原子破坏臭氧层

◂ 农业的出现也许有助于地球变暖

28 年前
《蒙特利尔议定书》签署

1985 年，科学家们发现，人造化学物质在南极上空的臭氧层上造成了一个空洞，使地球暴露于有害辐射之下。1987 年 9 月 16 日，国际条约《蒙特利尔议定书》签署，来逐步淘汰破坏臭氧的化学物质，现在臭氧层空洞正在缓慢恢复。

1万年前 250年前 28年前 1年前

250 年前
工业革命的开始

蒸汽动力的发现以及随之而来的制造业激增，开启了工业革命。在化石燃料燃烧的驱动下，这场革命使大气中的温室气体二氧化碳的浓度从 280ppm 左右达到了现在的 400ppm。

▾ 燃烧化石燃料就像 18 世纪的煤矿一样，加剧了全球变暖

1 年前
大气中的二氧化碳超过 400ppm

2015 年 3 月，大气中二氧化碳的平均浓度超过了 400ppm，打破了新的纪录，比工业时代之前的浓度高出了 120ppm。增高浓度的一半是自 1980 年以后产生的。即使我们现在停止排放，这种二氧化碳也会持续几百年。

EARTH TODAY

今日地球

尽管有世界末日预测，但是人口过多并不会导致我们的灭亡。过度消费的资源也会被别的新资源代替。正如弗雷德 · 皮尔斯所揭示的那样，我们的智慧将拯救我们。

缓解人口爆炸

Defusing the Population Bomb

Despite all the doomsday predictions, over-population will not cause our demise. Over-consumption could instead. But, as Fred Pearce reveals, our ingenuity will save us.

伦敦的呼唤

蓬勃发展的人口已超过 850 万，伦敦像全球许多首都城市一样，是一个繁忙的大都市

人口的数量是非常可怕的。世界人口飙升，到2011年全球人口总数已超过70亿，人口总数在仅仅一个世纪期间就增长到了原来的4倍，现在已经超过73亿。联合国统计学家预测21世纪末人口总数将超过110亿，相当于再养3个中国。

随着地球上每个公民对生活品质要求的提升，对地球上稀缺资源的需求也更大，科学家担心我们正在迅速接近危险的“环境安全界限”，若能超越粮食供应不足、生态系统崩溃和全球加速变暖，我们的地球文明仍可能会舒适地进入尾声。

对地球上的智人来说，赌注不会更高。然而，如果你仔细阅读那些统计数据，就会发现希望的存在。我们的命运尚未注定，其原因有两个。首先，人口爆发实际上正在被平息。到21世纪末，人口的数量可能会稳定甚至下降。其次，贪婪会致使我们要求更多的资

▾生育改革

伊朗的女人拥有的孩子越来越少。在20世纪80年代，她们平均拥有8个左右的孩子，现在平均仅拥有1.8个

女性和她们的子宫都支持拥有较少的家庭成员，她们拥有越来越少的孩子，平均拥有的孩子数量仅相当于她们祖母的一半。

源，也将产生更多污染的想法，是有缺陷的。

这种情况可能会发生，但是不是必然会发生。有趣的是，在巴黎举行的关于气候变化的谈判展示了情况是如何好转的。

有个关于人口数量的好消息。女性拥有越来越少的孩子，孩子的平均数量仅相当于她们祖母的一半。世界生育率（女人生育孩子的平均数量）从1960年初每个妇女生育4.9个孩子下降到现在的2.4个，而且仍在持续下降。

这一数字正在逐渐接近全球长期更替的水平（每个妇女生2.3个孩子），该水平值考虑了部分夭折的女孩。世界上几乎一半的国家的生育率已经低于这个水平值。这意味着如果没有外来人口向内迁移，这些国家的人口将开始下降。

现在美国的人口增长主要是因为新移民的到来，他们往往比较年轻，并且至少第一代移民比美国当地人倾向于有更多的家庭成员。因为从叙利亚、阿富汗和其他地方涌入了大量的难民，欧洲现在非常担心。但事实是，像德国和意大利等国家，如果没有一个稳定的移民流动，早就已经萎缩了。现在德国的生育率只有1.4。

在加勒比海的大部分地区，从日本到越南的远东地区，中东的大部分地区包括伊朗，每个家庭拥有的孩子平均低于两个已成常态。让很多人大吃一惊是，躲在面纱后面的伊朗女性已经把家庭规模从1980年代的平均8人左右减少到2016年的1.8人。现在生活在德黑兰的女性比她们生活在纽约或者伦敦的姐妹拥有更少的孩子。

▲养活70亿人口

国际水稻研究所 (IRRI) 旨在解决粮食短缺的问题，并因在 20 世纪 60 年代培育出的水稻品种而闻名世界，他们的科研成果提前解决了非洲的饥荒，并促成了“绿色革命”

下降的生育率

即使是最贫穷的国家，生育率也较低。孟加拉国女性平均只有2.4个孩子。在印度这个数字是2.5。在巴西，尽管天主教堂的布道反对避孕，孩子的平均数量仍低至1.8。当然，中国在过去的35年坚持执行独生子女政策。这一政策被证明非常成功，以至于中国现在开始担心人口老龄化问题，一项新的二孩政策于2015年秋天被颁布。

例外的国家主要分布在中东和非洲的一些地区，他们的生育率仍然高于4。但是这种下降的趋势在其他地区是极为普遍的，只有很少数涉及强迫人口的政策。女性和她们的子宫都支持较少的家庭成员。

最大的原因很简单。像麻疹这种对大多数孩子是致命威胁的疾病正在迅速减少。历史上首次，大多数孩子都能长大成人。在20世纪，世界人口翻了两番，很大程度上归功于健康革命。但是现在，女人正在逐渐适应少生孩子。

还有其他的原因。受过更高教育的女性，甚至是那些通过收看她们的姐妹在较富裕国家的生活方式的电视节目的女性，都想要过养育子女之外的生活。当然，现代可靠的避孕措施也起到了很大作用。

在世界的很多地方，人口持续上升。但主要是因为大多数人都还年轻，可以生育。这些都是20世纪婴儿潮的产物。随着这一代人年龄的增长，处在生育年龄的妇女将减少，人口也将稳定下来。我们较长的平均寿命将放缓，但不会停止。

主要的问题是这种情况会多快发生，关于这个问题现在存有不同意见。联合国统计学家猜测，非洲目前的高生育率会缓慢下降，而现在许多国家的极低生育率将缓慢回升。但是前联合国人口统计学家约瑟夫•查米表示，他预计非洲的生育率将迅速下降，并认为“没有令人信服的理由”显示其他地方的生育率会上升。许多人口学家都同意他的观点，他们认为，21世纪末我们将走上稳定世界人口的道路，也许会稳定在100亿以下。

消费的难题

这是否足以将地球从一些人预言的生态世界末日中拯救出来呢？人类对地球的影响是由三件事导致的：人口数量、人们的消费品，以及他们生产消费品的方式。那么，我们现在怎么样呢？

如我们所见，人口数量仍在上升。但增长正在放缓。“人口炸弹”正在被平息。所以现在最大的问题不是我们的人口数目，而更多的是我们的消费。即使在富裕国家，我们也仍在继续消费更多的东西。如果贫穷国家想要迎头赶上，还有很长的路要走。经济学家预测，到2050年，世界经济将增长400％。即使经济的增量如此巨大，但其中只有十分之一的增长是由人口增长引起的。

现在看来，我们好像面对的是“消费炸弹”。并且它并没有被拆除，因此我们需要正视影响中的第三个因素：我们生产消费品的方式。目前有个好消息，在这场危机中，人类发现了更多的东西。

20世纪70年代，生物学家保罗·埃尔利希出版了一本名为《人口炸弹》的著作。他说，世界人口将在下一代增长一倍，粮食产量却跟不上这个增长速度。许多人赞同他的预言：“人类为争夺食物的战斗已经结束。数以亿计的人将会饿死。”

世界人口翻了一番，粮食产量也翻了一番。科学提供了新的高产水稻和玉米品种，这是一场保持世界粮食供给的“绿色革命”。

我们可以在其他地方重复这个窍门吗？就像半个世纪前的粮食短缺一样，气候变化也同样成了世界末日的标题。这个故事很简单。世界正在使用越来越多的能源，在生产它的过程中，我们向大气中释放了更多的温室气体，如二氧化碳。我们似乎设定2℃之内的升温为安全温度。我们已经使全球温度上升了1℃。

同样，这也是很可怕的。但是，技术可能正在向我们伸出援助之手。借助于更高的能源效率和新形式的低碳能源，比如太阳能和风能，欧洲的排放量在过去20多年中持续下降。美国的排放量从2007年开始下降，中国排放量预计在2030年之前达到峰值。2014年，全球经济增长了3%，但排放量稳定。变得更富有不再意味着更多的排放量。

各国在巴黎气候谈判中承诺减少排放。德国波茨坦气候影响研究所的研究人员认为，这些承诺可能会使每单位发电产生的排放量减少为原来的40%。

我们在对自然资源的使用方面也有类似的趋势，从铁矿石发展到塑料。美国洛克菲勒大学的未来学家杰西·奥苏贝尔相信，世界正处在一个拐点，科技的进步可以拯救地球，而不是进一步限制我们的生育能力，或者鼓励我们过更节俭的生活。全球经济正在经历“去物质化”。

斯德哥尔摩应变中心的罗克斯特伦分析了我们如何使用地球资源的极限，他说，我们不能确定这种去物质化能否及时到来，以防止全球崩溃。例如，绿色革命导致了大量使用水和化肥造成的氮污染增加。两者现在都是不断增长的威胁。

罗克斯特伦说，但是好消息是，虽然额外的人口无疑给地球带来了额外的压力，但我们仍然有更好的选择。我们必须足够聪明找到并使用这些选择。当然，现在我们有更多的人口需要养活，但我们也有更多的人去工作和更多的大脑去思考。这些都可能拯救我们星球。

▾关注光线

印度比哈尔邦杰哈巴德的 Dharnai 村的一个太阳能微型电网。2015 年 12 月，在巴黎气候峰会上，印度总理公布了在 120 个国家之间建立全球太阳能联盟的计划

变得更富有不再意味着变得更脏。2014年，全球经济增长了3%，但排放量稳定。

雨林是抗击气候变化的典范。但草原、沙漠和湿地也需要保护。忽视它们可能导致全球生态灾难。切尼·奥斯曼透露，科学家们已经有了解决的办法。

无名英雄

Rainforests are the poster children in the battle against climate change. But grasslands, deserts and wetlands also need protecting, ignoring them could spell global ecological disaster. Jheni Osman reveals how scientists already have solutions.

Unsung Heroes

北极荒野

泥炭沼泽，比如挪威斯瓦尔巴群岛的泥炭沼泽，它们是吸收碳的重要生态系统。

草原

草原是重要的资源，是昆虫和其他动物的财富。

砍伐雨林就像侵入地球的肺部。我们都知道我们需要保护树木，种植更多的树木。但专家表示，目标不明确的植树可能会破坏古老的草原和热带稀树草原。

来自美国爱荷华州立大学的植物生态学家约瑟夫·维德曼博士说："全球重新造林应该将进行植树造林的区域限制在被砍伐的土地上。""碳信用不应该用于在草地生物群落进行植树造林或进行森林扩张。只要树木的碳储存价值高于其他生态系统服务，草地生物群落的保护价值仍将受到威胁。"

北方高纬度地区发现的北方森林是地球上最大的碳储存地，温带草原则排在第三。

▾盛开
在爱荷华州的海登草原保护区的草丛中，黄色的松花丛自豪地站立着

全球重新造林应该将进行植树造林的区域限制在被砍伐的土地上。

兰开斯特环境中心的高级研究员苏珊·沃德说："草原不仅仅是伟大的碳储存场所，它们对生物多样性和食品保护也至关重要。"

我们食用的肉类和牛奶来自自由放养的奶牛，它们生活在草原上，我们的许多昆虫传粉者也是如此。如果你厌倦了听人们唠叨蜜蜂正在消失的可怕，那么值得一提的是，昆虫为欧洲80％的植物物种授粉，这一项价值数百万的服务就非常值得去了解一番。

在欧洲人来美国"玉米带"的爱荷华州定居前，这里有125，000平方千米的高草草原。如今，爱荷华州的原始草原只剩下不到原来的0.1％。二战结束后，农业蓬勃发展，人们在耕种过程中大量地使用化肥。因为农业的发展，植物的多样性降低，同时促使大气中的氮气含量升高。高氮水平的连锁效应使草原生长速度加快。这听起来像是一件好事，但实际上使减少了物种的丰富性，改变了物种构成，威胁着生物多样性。

如果失去蟋蟀的鸣叫并不困扰你，请记住，战胜超级细菌的终极抗生素可能不是在亚马孙的野兽或植物中，而是潜伏在坎布里亚的一个安静角落的长草中。

沙漠

空旷、无垠、毫无生气。但沙漠存在着比我们所见更多的东西。

并不是所有的沙漠都是热、干燥、尘土飞扬的。南极洲被认为是沙漠，是因为它每年不到200毫米的降水。但气候变化正在引发问题。不断上升的气温正在创造湿润的环境，改变土壤，改变二氧化碳水平。

达特茅斯学院的迪基中心北极研究中心主任罗斯·维吉尼亚教授说："温度的小幅升高会使生态系统从冰冻到融化。""这使得土壤成为一个非常不同的生物栖息地，它可以改变碳的循环和二氧化碳的释放。"

沙漠被认为是伟大的碳储存容器，最近的研究表明，隐藏的巨大的含水层可能会储存碳。多年来，科学家们对所谓的“碳汇缺失”感到困惑。但最近，中国科学院的研究人员发现，中国塔里木盆地下的一个大湖的储水量比北美五大湖高出10倍。

来自中国科学院的生物地球化学家李彦说：“大气中的碳正被作物吸收，被释放到土壤中，并被运送到地下。”碳元素被沙漠下的盐碱含水层变成碳酸盐岩或盐矿，永远不会回到大气中，这基本上是一次单程旅行。令人高兴的是，人类活动增强了碳汇，灌溉农业加速了二氧化碳的吸收。

虽然沙尘暴对阿拉伯的劳伦斯来说是一种痛苦，但沙漠尘埃对许多生态系统和整个地球来说都是至关重要的。众所周知，撒哈拉的尘土穿越大西洋到加勒比海，在海平面低的时候支持着植物的营养。与此同时，来自蒙古和中国北方沙漠的灰尘被吹向了太平洋，那里的浮游植物依靠着富含铁的尘埃来生存。

这些藻类所固定的碳被更大的食藻生物体吸收。在食物链的上游，碳被“包装”成更大的像粪便球一样的颗粒沉入深海。因此浮游植物生长对调节地球气候很重要。

“很难预测，但如果土地利用发生变化，沙漠面积增大，浮游植物增多，灰尘可能通过降低大气二氧化碳的浓度对气候产生积极影响。”麻省理工学院地球大气与行星科学(EAPS)的克里斯·海耶斯说。

所有这些都表明，认为沙漠只不过是空旷的大草原或冰冻的荒原，是人类的幻想。沙漠可能看起来没有生命，但实际上它们对生命至关重要。

▾金色的沙漠

在利比亚沙漠中，太阳的最后一缕阳光照射到了沙丘的顶部

湿地

湿地并不是臭烘烘的沼泽，它们是真正的宝藏。

如果“湿地”这个词让人想起了在沼泽地里跋涉的画面，你可能好奇为什么我们要去关心这些泥泞甚至有些刺鼻的地方。除了成为许多鸟类、两栖动物和益虫的重要栖息地之外，湿地的破坏会使我们丧失控制全球变暖的机会。

以泥炭沼泽为例。在数百万年的时间里，苔藓、木头和枯死的植物形成了这些沼泽。这些沼泽规模巨大，2014年在刚果发现了一块巨大的湿地，其面积相当于整个美国亚拉巴马州。

由于分解者无法在这些潮湿、缺氧的条件下生存，有机物没有被分解，所以植物中的碳被锁在泥炭中。每平方米的泥炭蕴含数百磅[①]未分解的有机物质。研究表明，北半球一半的泥炭是由碳组成的，而在世界各地的泥炭沼中有高达4500亿吨的碳被封存起来，这相当于将目前化石燃料燃烧65年的碳排放总量藏于地下。

令人担忧的是，当泥炭沼泽干涸时，9倍的碳将被释放到大气中。在接下来的几个世纪里，40％的碳会从较浅的泥炭沼泽中流失，深沼泽中流失的碳则高达86％。

全球变暖不仅会使泥炭沼泽干涸，还会导致冻土融化。在北极苔原之下，埋藏着1000多亿吨碳，是工业革命以来人类排放总量的两倍。人为造成的气候变化使得北极气温上升速度是地球其他地方的两倍，而冻土温度自1980年代以来已经上升了5.5 ℃。美国地质调查局最近的研究发现，永久冻土层融化可能会导致甲烷和二氧化碳爆发性大量释放，这可能是一个渐进的过程，但人们担心其影响将是巨大的。

所谓的“气候反馈回路”正是科学家们担心的真正原因。如果

①英美制质量或重量单位。

永久冻土层大幅度变暖，一些微生物将开始分解有机物，释放更多的温室气体，这将进一步促使地球变暖，永久冻土层温度会变得更高。工程师们担心“全球变暖失控”的未来，他们提出了激进的解决方案。但这可能太迟了，永久冻土层正在解冻。到目前为止，我们看到的可能只是泥炭沼泽的表层。

在较温暖的气候条件下，红树林是保卫沿海栖息地的无名英雄，其碳储存是其他热带雨林的4倍。秘密在于它的根部密密麻麻地扎在水里。当潮水冲击到红树林的根部时，速度减慢，从而减少对海岸的侵蚀，同时也会遗留下有机物。微生物因为低氧含量不会分解这些物质。砍伐这些珍贵树木将带来每年约0.2亿到1.2亿吨的碳排放量，这相当于全球因森林砍伐造成的碳排放的10%。

红树林也有很多其他的好处。研究表明，它们不仅能保护敏感的珊瑚免受气温上升和海水酸化的威胁，而且还能过滤重金属，也是抗生素的潜在来源。

在过去的50年里，因为森林砍伐，红树林减少了一半。遗憾的是，保护树懒或红树林杜鹃的栖息地在开发商眼中不值一提，因为他们可以通过开发黄金海岸的房地产取得巨大利益。

如果树懒的死活可以牵动他们的心弦，希望海岸侵蚀的威胁和天然鱼苗的流失，加之为实现碳排放目标而付出的代价，可以说服当地官员阻止这些新的开发。

当意识到这些生态系统的客观事实，比如干涸的湿地会释放出与工业排放一样多的温室气体，一些政府已经看到了保护湿地的必要性。多年来，瑞典一直致力于将传统农田改造成湿地。湿地通过防止多余的养分流入湖泊和海洋来保护濒危的青蛙和鸟类物种。哈尔姆斯塔德大学的一项研究表明，小鹡鸰和小环颈鸻已经不再被列在世界自然保护联盟濒危物种红色名录上，湿地在一定的程度上起到了积极的影响。

总而言之，湿地既是巨大的碳汇，也是奇妙的过滤器和药物宝库，对当地野生动物和区域群落也至关重要。

Climate Change
the Facts

气候变化：真相

燃烧化石燃料释放出人为的温室气体，这些气体会吸收太阳的热量并使地球变暖。海利 · 伯奇（Hayley Birch）通过气候数据来揭示关键的统计数据……

5550亿吨

5550亿吨碳因为人类活动释放出来，使大气的浓度在1750年至2011年间增加了40%。

9%—26%

将温室效应归因于二氧化碳已经是普遍常识，另外4%—9%是由于甲烷，3%—7%的臭氧，36%—70%由于水蒸气。

18岁

18岁或以上的人都经历了有史以来最温暖的10年。

1.5—4.5°C

由于大气中的二氧化碳水平翻倍，预计到2100年，气温将上升1.5 ℃至4.5 ℃。

15米

是过去的5年里中央山谷的含水层水位下降的高度，由于加州干旱期间地下水过度抽取。

60厘米

是如果整个格陵兰岛冰原融化，海平面将上升的高度。

1/3

2014年，美国发电三分之一通过太阳能，三分之二来自煤炭和天然气。

更多的干旱、更多的洪水、海平面上升……这是我们可以走的一条路。另一条是利用人类的聪明才智，对现有情况采取些措施。

——奥巴马总统（2015）

> **我们只需要适应一个更热的新世界，这并不一定是一个更糟糕的世界。**
>
> **——詹姆斯·洛夫洛克（2014）**

669，000棵

669，000棵树在旧金山将每年吸收锁定196，000吨的碳。

240英镑

是一个司机通过降低车速和转速平均每年可以节约的财富，并且每辆车每年可以减少400千克二氧化碳排放量。

10，000亿吨

是在北极永久冻土层下面3米深的土壤中碳的储存量。到2100年，预计全球气温上升将释放1000亿吨的碳。

> **我们需要一个能源奇迹。这可能会令人望而却步，但在科学领域，奇迹总是在发生。**
>
> **——比尔·盖茨（2015）**

发生了什么？

酸雨

在20世纪70年代，科学家们意识到酸雨正在吞噬建筑物、剥夺树木的营养、将湖泊变成野生动物的死亡陷阱。酸雨主要是由人类活动释放的二氧化硫在空气中反应而形成的。如今，汽车已安装了催化转化器，发电站利用“涤气”技术减少排放到大气中的二氧化硫。

臭氧层空洞

氯氟烃（CFCs）被认为是更安全的制冷剂，取代了早期在冰箱里使用的致命的甲基氯。在1974年的一篇论文中，首次提出了氯氟烃破坏臭氧层的证据，并最终得到了卫星数据的支持。数据显示，臭氧层上有一个大陆陆地大小的空洞。1987年，在《蒙特利尔议定书》作用下逐步淘汰了氯氟烃。托马斯·米奇尼发现了氯氟烃，也发现了四乙基铅。

含铅汽油

1926年引入的四乙基铅是一种“抗爆剂”，添加四乙基铅合成的含铅汽油使发动机运行效率更高。但由于其毒性作用，它在20世纪70年代开始被淘汰。随着抗爆替代剂的发展，四乙基铅不再被需要，无铅汽油也成为常态。今天，大气中铅的浓度是20世纪80年代的五十分之一。

捕捞鱼类、开采矿物，我们的海洋承受着巨大的压力。但许多人正在努力保护我们的蓝色星球。海伦 · 斯比蒂向我们展示了我们面前的水是多么平静。

海洋天堂

Harvested for fish, mined for minerals, our seas are under intense pressure. But many people are working hard to protect our blue planet. Helen Scales reveals how calmer waters lie ahead.

Ocean Paradise

海洋蕴藏着丰富的可以支撑合成新药物及生物技术的复杂化合物以及结构。

距离陆地数千千米之外，在清澈湛蓝的南太平洋海域中有一片隐藏的绿洲。海龟滑翔，剑鱼聚集在一起寻找配偶，珊瑚礁里生活着生命，许多物种只在这个偏远的角落能够找到。在更深处那永恒的黑暗之渊中，从深海热泉喷涌出的水柱如同高耸巨大的黑色烟囱。这里潜伏着许多怪异而奇妙的生物：铁甲蜗牛，2米长的蠕虫，还有多毛的雪蟹，它们以蟹腿毛中生存着的细菌为食。

在这个海洋杂居圈的中心是复活节岛。这个被岛屿上生活的6000名居民称为拉帕努伊的地方，只是世界地图上的一个小点。拉帕努伊人正大胆计划在他们的岛屿周围建造一个巨大的海洋公园，以保护这些海洋奇观。

“这真的是一个特别的地方，”皮尤慈善信托基金会全球海洋遗产项目的负责人马特·兰德说，他正在帮助建立复活节岛保护区，“我们处在海洋保护的黄金时代。”

兰德将其与一个世纪前的情况进行了比较，当时正值第一批国家公园在陆地上建立，如黄石公园和约塞米蒂公园。最近，世界各国领导人开始认真关注海洋，世界各地都出现了新的海洋公园。

2014年，美国扩大了在太平洋中部偏远岛屿的储备。与此同时，2015年是全球特别忙碌的一年，新西兰宣布了克马德克海洋保护区，英国在皮特凯恩岛附近也建立了保护区，智利建立了纳兹卡－德温图拉斯海洋公园，帕劳将80％的水域变成了保护区。皮尤慈善信托基金的目标是到2020年建立15个这样的大型保护区储备。复活节岛是迄今为止最大的保护区，面积达63.2万平方千米，相当于法国的面积。

▾保护天堂

复活节岛（拉帕努伊岛）水晶般清澈的海水。在复活节岛附近建造一个巨大的新海洋公园的计划正在进行中，希望可以借此使野生动物在这个地区茁壮成长，为子孙后代保护住我们的海洋

▸ **生物性发光的美丽**
在阿拉斯加威廉王子湾深处漂浮着一只水晶水母。维多利亚多管发光水母在北美西海岸被发现

不仅仅是海岸公园。在全球范围内，对海洋的关注正在不断升温。有些人正在努力保护海洋免受人类的影响，有些人正在寻找巧妙的方法来清理我们已经制造的混乱，一些人认为最终的解决办法是合理利用海洋。所有这些努力以及未来更多的努力，都是因为人们已经深知海洋的重要性：无论是对野生动物还是对我们人类自己而言，海洋都是极其重要的。

海洋赏金

如今人类比以往任何时候都更了解覆盖了地球70％的海水。研究范围从庞大到微小。科学家曾追踪大鲸的全球迁徙，但他们最近发现90％的海洋生物都是微小的。海洋里所有的细菌、病毒和其他微生物的重量加在一起相当于2400亿头非洲象。随着人们对海洋的发现越来越多，我们也看到了人类的生活在很大程度上依赖于这个广阔的领域。

在所有海洋收益中，最明显的就是食物，至少有10亿人靠海洋养活自己。然后是我们呼吸的空气。大气中大约一半的氧气来自浮游植物，这要归功于成群的光合作用单层藻类，它们在浅海中漂浮吸收太阳的能量。

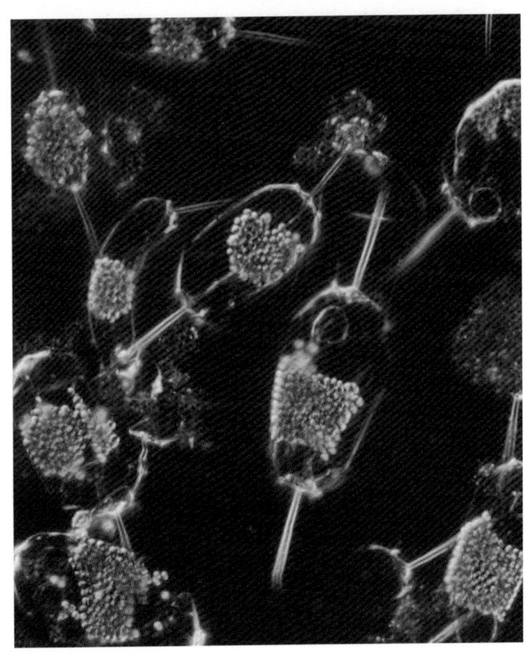

▴ **海洋流浪者**
浮游植物是可以进行光合作用的微生物，是许多物种的重要食物来源，它们在吸收二氧化碳方面起着至关重要的作用

◂ **一天的工作**

在菲律宾马尼拉湾的海岸上，渔民们准备出海捕鱼一整天。在 20 世纪 90 年代，这里的鱼类总量已趋于平稳

海洋也吸收了大量的二氧化碳，减少了气候变化的影响。海洋在仅仅4个小时内吸收的二氧化碳相当于一个普通的燃煤发电站的年排放量。海洋蕴藏着丰富的可以支撑合成新药物及生物技术的复杂化合物以及结构。我们已经有了基于海螺毒液的强力止痛药和基于水母的发光蛋白，它们正在改变科学家研究基因和细胞的方式。还有更多的事情要做。数以百计的海洋药物正在进行临床前试验，从抗癌药物到急需的抗生素。有一天，我们可能会看到受到海马的尾巴启发研发的盔甲，仿照贝壳的摩托车头盔，以及从珊瑚礁黏液中合成的防晒霜。

海洋的麻烦

遗憾的是，随着我们越来越多地认识和使用海洋生物，我们发现人类对海洋的影响也是空前的，即使在复活节岛这样的偏远地区也是如此。

在复活节岛的海滩上，拉帕 · 那恩斯收集了成堆的塑料垃圾。同样的事情也发生在世界各地。计算表明，有约30万吨塑料在浅海中漂浮，相当于1500头蓝鲸的重量，而且每年会增加800多万吨。

人类采取各种各样的措施来解决海洋中的塑料问题。许多城市甚至整个国家禁止使用一次性塑料袋，这种塑料袋在海上漂浮如同水母，引诱海龟和其他动物食用它们。另一种方法是移除已经存在的塑料。这就像从沙滩上捡垃圾一样简单，旋转的洋流会不断地往沙滩上倾倒他们的负荷。在菲律宾和喀麦隆，废弃的渔网被回收利用制作地毯。伦敦动物学会的一个项目“网络”与当地社区合作，收集破碎的尼龙网，这些尼龙网污染了水源，并杀死和伤害海洋生物。到目前为止，他们已经清除和再利用了88吨的尼龙网，足以环绕地球两圈。

在太平洋的偏远地区，大量的塑料垃圾来自远洋捕鱼船队。较之以前，他们会冒更大的危险去更远的海洋捕捞，以寻找日益稀少的鱼类。渔民废弃的捕鱼箱、渔线和渔网被冲刷到复活节岛上。他们仍会乘小船出去冒险，通过用石头加重把钓线沉到很深的地方。部分岛屿的新海洋保护区将允许这些传统和可持续的捕鱼技术继续下去。与此同时，工业舰队将被禁止。

过度捕捞是海洋面临的最大问题之一。自一个世纪前渔业工业化以来，全球野生鱼类的捕获总量一直在稳步增长，到20世纪90年代已经达到9000万吨左右。

尽管渔业技术不断进步，我们拥有更大的渔船、更大的渔网、更牢固、更长的钓鱼线，但总体渔获量并没有上升。我们可能已经到达了“峰渔”。

▾ **张冠李戴**

在西班牙特内里费岛的沿海，一只绿色的海龟试图吃一个塑料袋。海龟经常把塑料袋误认为是水母。许多海洋物种将人造废物当成潜在的食物来源，这可能会带来灾难性的后果

现在，正在采用新技术来保证捕鱼的可持续性。在设备上安装拖网以让被困的海龟逃脱。安装在渔网内的摄像头使得渔民可以观察到他们捕获的物种，并放掉禁止捕捞的物种。过去这种“捕鱼副产品”会被带出水面，倒在甲板上直至死亡。为了打击在复活节岛海洋保护区和其他地方的非法捕鱼，一个新的基于卫星的监视系统将追踪公海上的船只。

复活节岛及更远的地方正面临着的海水升温是另一个遍及各地的威胁，还有一个不太为人所知的碳排放的后果——酸度增加。二氧化碳在海洋中溶解会使海水酸化，就像汽水中的气泡一样。在过去的200年里，海洋pH值下降了30%，到2100年可能下降150%。对于许多海洋生物来说，这是个噩耗。尤其是那些生活在碳酸钙外壳和骨骼里的海洋生物，比如珊瑚、蛤蜊和浮游生物，它们可能会失去它们的保护壳。

海洋保护区无法阻止海水变暖、海水酸化，但它们可以帮助生态系统在更广泛的压力下生存，正如马特·兰德所指出的那样："海洋保护区是我们保持海洋弹性的最佳希望之一。"

▲**塑料难题**

科学家估计，每年有800万吨的塑料沉入海洋，还有30万吨仍在海洋中漂浮

天堂公园

海洋保护区的一个关键理念是允许物种和栖息地恢复、生存和尽可能保持健康。减少较小的局部问题的影响将改善海洋生态系统抵御和适应诸如气候变化和酸化水域等全球问题的能力，而彻底解决这些问题将需要更长的时间。

保护区的优势大于它们的局限。随着鱼类、龙虾和其他生活在保护区里的物种越来越大，它们会产生更多的后代，其中一些漂流进其他区

废弃的渔网会严重地伤害或杀死海洋里的野生生物。

域。当附近有保护区时，渔民们经常可以捕到更多的鱼。

随着新威胁的出现，海洋保护区有助于控制威胁的扩散。深海矿山曾经是科幻小说的素材，但如今科技的进步，以及稀有矿物和金属价格的飙升，意味着威胁正快速到来。第一个深海矿不久以后将在巴布亚新几内亚开始切割海床。热液喷口是主要的目标，因为它们含有制造数字时代电子元器件所需要的元素。科学家和自然资源保护者正在推动建立海洋保护区的网络，以保护这些脆弱的生态系统。

然而，海洋保护区仅为健康海洋的一部分。专家认为应该将海洋的10％到30％都列为保护区。虽然保护区总数正在上升，但只刚刚超过3％。(如果只计算那些诸如复活节岛那样禁止所有破坏性活动的高度保护区，也就是所谓“不作为”区，这一数字将会更低。)即使30％受到保护，仍有许多未被保护的海洋。因此，有些人认为拯救海洋最好的方法不是将其隔离，而是利用它们。

新的视角

位于康涅狄格州海岸的顶针岛海洋农场是一个3D农场。从表面上看，只有漂着浮标的8万平方米的区域是可见的。但水下有长发般的海带垂下来，还有悬垂的绳索和贻贝。海床上则铺满了装有蛤蜊和牡蛎的金属笼子。

“这很简单，”布伦 · 史密斯说，他以前是一个商业渔民，后来变成了海洋农民，“我们不需要对抗重力。”他的想法确实很简单，但很聪明。他利用水柱来种植海藻和贝类，为当地提供可持续的海鲜。史密斯的3D农场更为先进，它实际上是在清理海洋。

传统的养鱼场也许正是主要的污染者，渔场排放出大量的鱼粪、未吃的食物(通常是由野生鱼做成的)，以及帮助鱼类在过度拥挤环境中存活的药物。随着来自农田的化肥，以及养鱼场的营养的注入，藻类开始大量繁殖。海水中的氧气被用来分解藻类，使得其他物种无法生存，进而产生“死亡地带”。相比之下，史密斯的农场是零投入的：没有药物，没有食物。更好的是，海带和贝类能吸收营养，降低形成死亡区域的可能性。

“我们的农场是恢复引擎。”史密斯说。它们甚至可以帮助减缓气候变化。海带生长得非常快，吸收了大量的二氧化碳。据估计，如果海藻农场覆盖9％的海洋，那么人类每年的碳排放将被全部吸收。

史密斯并没有计划通过打造大型工业农场来接管海洋。他的模式是建立小规模、可适应性强的项目网络，这些项目可以给当地带来就业机会，并可以在世界上任何地方与当地的海洋生物协同工作。同时他指出：“海洋中有10，000种可食用的植物。”

在康涅狄格的冷水海域，海带生长得最好。

它可以转化为生物燃料、肥料和牲畜的食物。史密斯正在努力说服美国人尝试吃海带。他正与厨师合作开发他所谓的“新气候烹饪”。

研究表明，以海藻而非传统饲料为食的牛，释放出的甲烷将会减少90％，而甲烷是一种强有力的温室气体。

考虑到淡水资源的减少，陆地农业面临着困难。史密斯并不认为海鲜是一种奢侈品，而是绝对的必需品。他所有的农场需要的只是一大片海水。正如他所说：“零输入食物将是地球上最实惠的食物。”

海洋乐观主义

纵观人类历史，我们对海洋的看法发生了变化。海洋已经从一个未知的、可怕的地方变成了一个无穷无尽的食品储藏室，并且能够养活数十亿人。与此同时，我们开始把海洋当作一个巨大的垃圾箱。

现在，随着越来越多的人认识到健康海洋的重要性，新一波的改变再次塑造了人类与水域的关系。无论是守护海洋，还是寻找新的方法来养活自己，抑或是清理恢复海洋，都有理由让我们对海洋的未来持乐观态度。幸运的是，在未来的几年里，从深海热泉生活的毛腿蟹到拉帕纳的渔民，仍然有各种各样的生物可以从海洋中获取鱼类来养活他们的家人。

“我们在保护海洋方面取得了巨大的进步。”马特·兰德说。但他警告说，现在是采取行动的时候了。“我们的机会之窗正在关闭，还有很多事情需要做。”

自然界的所有迹象都表明，另一场物种大灭绝即将到来 —— 而这一次，人类将取代陨石，成为本次大灭绝的根本原因。但正如邓肯·吉尔发现的，我们也正在积极地研究拯救濒危物种的方法。

抵御物种大灭绝

Beating Mass Extinction

All the signs in Nature suggest another mass extinction is imminent-and this time humans, rather than a meteorite, are the root cause. But we're also working on ways to save the species facing peril, as Duncan Geere discovers.

在世界各地，人类正从生命之树上砍下巨枝。自上个冰河世纪(大约在1万年前结束)以来，植物、哺乳动物、鸟类、昆虫、两栖动物和爬行动物的灭绝率急剧上升。据估计，目前每年有高达14万种物种消失。这是一个问题，不仅是对濒临灭绝的物种而言，对人类也是如此。我们从我们的同伴那里获取安全食品、洁净水资源、服饰，甚至是我们呼吸的空气。

2009年，斯德哥尔摩适应力中心将生物多样性损失列为全球九大“环境安全界限”之一(其他界限包括臭氧消耗、气候变化和海洋酸化等)，如果这个世界没有遭受不可逆转的环境变化，这些界限将不会被逾越。如果没有地球的生物多样性，人类将不会存在。即使是最保守的物种损失估计也会引起恐慌。

建筑奇迹

斯瓦尔巴全球种子库的屋顶和正面都装饰着不锈钢棱镜和平面镜。当光线在其上反射时，它们会发出一种幽灵般的光芒，这种光芒随每一天和每个季节的不同而发生变化

地球正处于危险之中

最新的计算来自由斯坦福大学的保罗·埃利希和来自墨西哥国立自治大学的杰尔拉多·塞巴洛斯领导的一组生物学家。他们的研究结果显示：地球正处在一次灭绝事件的初期，本次灭绝至少和恐龙灭绝一样巨大，甚至堪比地球历史上的其他5次大灭绝。埃利希说："我们还未到如此地步，但我们可以很容易地在一个世纪内实现。"

他们的论文提出了一个最好的案例：只有当我们看到物种灭绝的时候，才会将它们视为灭绝，而在人类出现之前，地球上的"正常"物种灭绝率是此前估计的两倍。他们的发现只是罗列了这些假设吗？埃利希解释说："今天的物种灭绝速度比没有物种大灭绝的

▾ **北极的家**

种子库的入口藏于山腰间，而种子则深藏在地下

▲ **种子贮藏**

斯瓦尔巴贮藏的冷冻种子样品来自世界各地

▲ **气候控制**

斯瓦尔巴的种子被小心地储存在一个受控环境中

时期还要快数十到数百倍。”换句话说，“有非常明显的迹象表明，我们正在步入第六次物种大灭绝事件。”

应该指出的是，关于人类对地球影响的可怕警告并非史无前例，此前几次都不同程度地证实了其准确性。在1968年出版的《人口爆炸》一书中，作者埃利希将近几十年来学术界对地球不断上升的人口的关注带入了主流，来预测全球范围内的大规模饥荒、疾病和社会动荡。几年后，他预言了到2000年英国将仅仅是“一小群贫穷的岛屿”。然而多亏了绿色革命，他的预测基本上没能实现。埃利希承认，社会比他预期的更有弹性，但同时他也重申了人口过剩是一个严重的问题。

> **有非常明显的迹象表明，我们正在步入第六次物种大灭绝事件。**
>
> **——斯坦福大学的保罗·埃利希博士**

知道了这一点，你就会理解埃利希对物种灭绝的预测。但他并不是唯一一位对生物多样性丧失速度感到震惊的学者。2011年，由安东尼·巴诺斯基(埃利希最新论文的合著者)领导的生物学家在《自然》杂志上发表了一篇论文，其中描述了此次正在发展的物种大灭绝。他写道："目前的物种灭绝率远高于化石记录的预期。"就在2015年4月，由联合国环境规划署的提姆纽波特领导的一个小组报告说，人类对13％的物种数量减少负有直接责任。埃利希说，他的研究结果是"对几乎每一位科学家都知晓的理论的一个保守证实"。

储备自然

大约在同一时间，埃利希正在对人类的未来做出可怕的预测，一场环境运动正在全球范围内蓬勃发展。第一个地球日在1970年被设立，绿色和平组织成立于1971年。在世界各地，各种分散的、资金匮乏的保护计划开始形成一个更广泛的网络，致力于保护世界上的动植物。

1992年，168个国家签署了《联合国生物多样性公约》，承认保护生物多样性是"人类共同关心的问题"。该公约支持了许多保护当今世界生物多样性的法律，它被视为是保护和可持续发展的重要文件。例如，全球植物保护战略作为其赞助下的一个主要项目，其中包括16个雄心壮志的目标，旨在了解和保护植物多样性。另一个例子是2004年生效的一项条约，它的目标是通过保护

斯瓦尔巴群岛存储量最大的种子（百万）

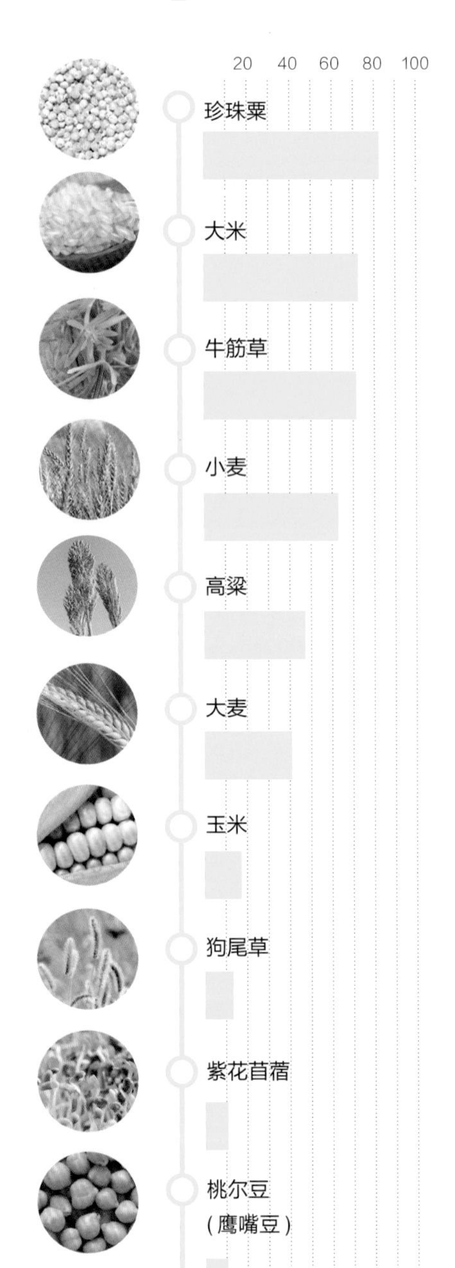

并可持续利用世界上的植物来保证粮食安全。

需要建立一个全球农作物多样化信托基金，以确保可获得对粮食和农业至关重要的植物多样性。该基金组织总部位于德国，通常被称为农作物信托，它资助了全球基因库网络，种子和其他遗传物质可以被保存几十年，甚至数百年。

“我们在全世界范围内开展收集农作物多样性的工作以保护它们，并使它们能够长期供应给农民、育种者和科学家。”农作物信托的布莱恩·莱纳夫解释道，“拥有这种多样性对未来十分重要，以保证科学家和育种者可以种植出能够应对更高温度、更少水、新疾病和新害虫的农作物。没有多样性，农业建设就不存在了。”

自然界的诺克斯堡

农作物信托基金会的合作对象囊括代表整个国家的国家基因银行，以及那些专注于特定农作物的机构，例如菲律宾的国际水稻研究所。但它也有自己的一个种子库——斯瓦尔巴全球种子库。从山侧挖建，位于距离北极只有1300千米的一个寒冷的岛屿上，那里有超过4个月的极夜。“我们需要给世界基因库做好备份，”来自有助于操作该设备的北欧基因资源中心的罗兰·冯·博思默说，“这就是斯瓦尔巴全球种子库。”

拥有这种多样性对未来十分重要……没有多样性，农业建设就不存在了。

——布莱恩·莱纳夫，农作物信托

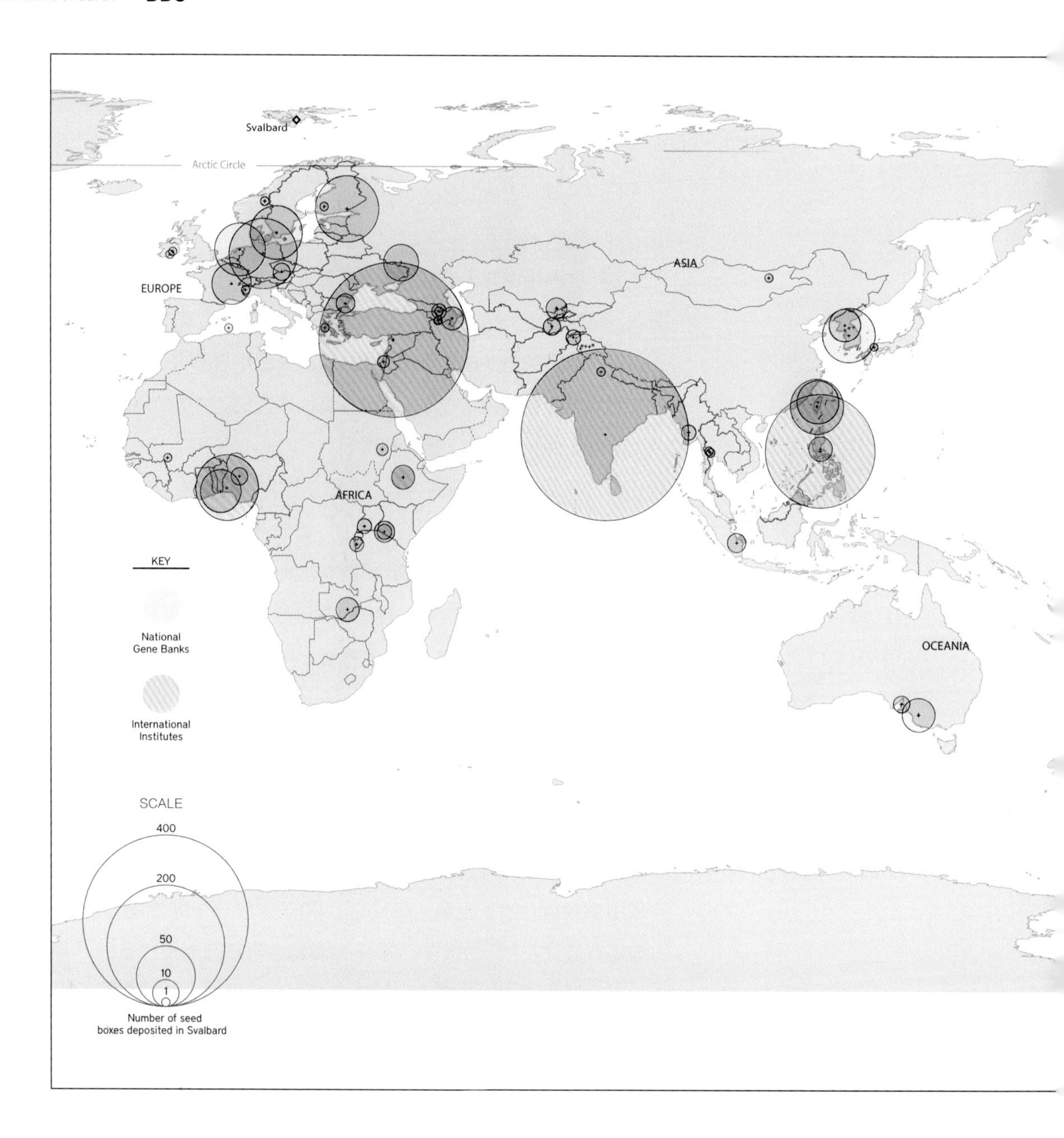

来自5103个物种和232个国家(包括一些像南斯拉夫这样已经不存在的国家)的种子陈列在斯瓦尔巴种子库上的货架上。之所以选择斯瓦尔巴，是因为它地质上的稳定性，冰冻的地面使得种子可以被冷却到更易储存的必要温度。这个偏远的地方很少有机会被破坏，入口在海平面130米以上，这表明即使地球上的冰盖都融化了，它也不会受到海平面上升的威胁。莱纳夫承认自己“不是一个非常虔诚的人”，他将其描述为像一座大教堂。“太安静了，”他说，“在那里你会感觉非常安全。”

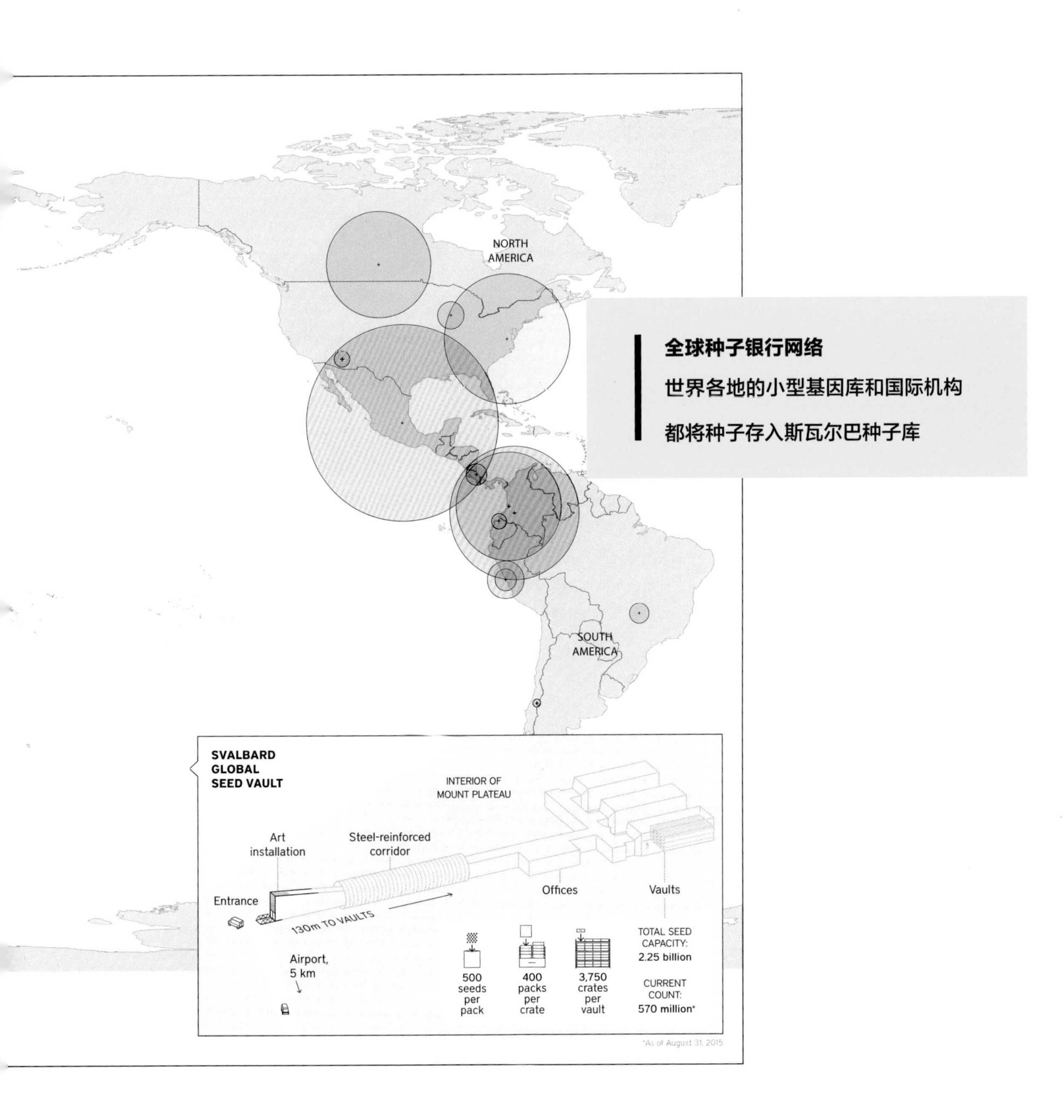

全球种子银行网络

世界各地的小型基因库和国际机构

都将种子存入斯瓦尔巴种子库

全球基因库在三个区域划分样本：它们的“本土”银行，另外一个国家的一家银行，以及斯瓦尔巴银行。只有存储机构有访问这些银行的权限。因此，支取是很少见的。“我们已经工作了8年，到目前为止从未被支取过！”冯·波斯默说，“希望办理手续不烦琐。他们提出所需要的材料，然后我们将其寄过去。”

种子库建在斯瓦尔巴群岛的冻结岩石下，被设计可使用成百上千年——如果不是千年期限，其财务状况会更加岌岌可危，特别是一些对此项目价值持怀疑态度的机构，他们认为运营种子银行

如果这些物种灭绝，
我们也将随之消失

蜜蜂

昆虫传粉的历史已达1亿年之久。如今，约70%的农业仍依赖于它们。但是化肥、杀虫剂、栖息地的丧失、入侵物种和疾病都是全球蜜蜂数量大幅下滑的原因，这可能会给粮食生产带来灾难性的后果。

蝙蝠

这些哺乳动物在食品生产中起着至关重要的作用，特别是在热带地区。他们给花朵授粉，传播水果种子，而且也会消耗害虫，为我们节省数百万美元的农药。没有蝙蝠，我们就没有香蕉、杧果和龙舌兰。

圣迭戈动物园将800多个物种的8400个样本保存在液氮中

的资金可更好地用于保护自然栖息地上的农作物。运营成本由挪威政府和农作物信托基金分担，但出于政治原因，该政府资助需由议会表决通过，农作物信托基金则依赖于世界各地的慈善基金会和其他政府的捐赠。“这绝对是一个长期的项目，没有人能保证资金。”冯·波斯默说。

诺亚方舟2

不仅仅是植物种子储存在基因库中，动物生物多样性在全球近12个“冷冻动物园”中也以同样的方式被低温保存。第一批中的一家在圣迭戈动物园，从1976年开始，800多个物种的8400个样本被保存在液氮中。储存的样本可以被无限期地保存，未来可被用于人工授精、体外受精或克隆。

珊瑚

珊瑚礁是地球上最丰富的生态系统。它们提供了大量的生物财富——鱼类、软体动物、鲨鱼、海龟、海绵、甲壳类动物等等。它们保护海岸线免受风暴、过滤水和储存碳的威胁。对 1% 的地球表面而言，有积极作用。

浮游生物

你喜欢呼吸吗？你要为此感谢浮游生物，因为大气中 50% 到 85% 的氧气由它产生。这些微小的生物也将碳循环到海底。不仅如此，它们还是世界食物网的基础，几乎可作为所有动物的食物。

真菌

真菌是自然界的回收工，将废物转化为各种植物和动物所需的重要营养物质。不仅如此，它们还有助于生产各种奶酪、巧克力、软饮料和许多重要的药物，如青霉素和胆固醇控制的他汀类药物。

美国鱼类和野生动物服务公司通过使用20年前的雪貂精子，改善了陷入困境的黑足鼬种群的遗传多样性。20世纪80年代早期，在大平原上，曾经有大量的黑足鼬被猎杀殆尽。为了拯救这个物种，将最后24只围捕并圈养；其中6只死亡，其余18只通过圈养繁殖使种群数量重新增长到数百只。但拥有如此小的基因库意味着种群正变得越来越接近于近亲繁殖。因此，在2008年，科学家们找到了20年前储存的冷冻精子样本。自那以后，近亲繁殖减少了5.8%。

但在世界自然保护区中，动物的生物多样性被保留了下来。世界上有成千上万种动物，它们因为被保护所以能够在人类发展的冲击下维持挣扎求生的生态过程。几个研究案例表明：这些保护区对植物和动物物种有积极的影响，但许多生态学家也表示，这并不足以对抗我们所看到的生物多样性的丧失。

英格兰西部大学的马克 · 斯特尔博士就是其中之一。“虽然自然保护区在使一些稀有物种适应恶劣环境的过程中发挥着非常重要的作用，但如果我们想要维持和增强生物多样性，目前的保护区域系统并不充分。”他解释说，“如果我们不能在更辽阔的地表环境中嵌入野生动物的栖息地并创造广泛而有弹性的生态网络，那么我

▾低湿贮藏

圣迭戈动物园在液态氢中包邮了 800 多个动物种的 8400 个样本。

▸ 多亏了精子库，濒危的黑足雪貂有望增加遗传多样性

们将继续看到野生动物从我们的生活中消失。”

一些国家已然开始建造这样的嵌入式栖息地。野生动物走廊允许植物和动物在绿色空间之间迁徙、加入孤立的种群，并为它们能找到生存所需的资源提供条件。“欧洲绿带”作为一个雄心勃勃的项目，希望把铁幕变成一条绿色的走廊，从欧洲最北端一直延伸到20多个不同的国家，直至抵达地中海。

然而，我们迄今为止所取得的成就终还是远不足以减缓整个地球目前正发生的物种大灭绝的速度。斯瓦尔巴种子库架子上的一把种子，或者是国家公园里的20头大象，并没有发挥它们的生态作用。依赖于它们的植物和动物种群终将死去，除非这种深刻的变化很快发生。

埃利希说：“我们必须记住，如果人口和消费持续增长，那希望就渺茫了。仔细研究这些问题的科学家们知道我们前进的方向和我们未做的事情。我们早该采取行动了。”

SAVING EARTH

拯救地球

为了保护我们的星球想出的大大小小各种方法

无人驾驶汽车成为街头巷尾的热议话题。但是其他可以改造城市景观的尖端科技呢？格雷厄姆·霍顿将向我们展示最前沿的科技进步。

智慧城市

Driverless cars are the talk of the town. But what about other cutting edge tech that looks set to change our urban landscapes? Graham Southorn reveals the latest advances.

Smart Cities

未来城市将会是什么样子呢？那里也许有大量无人驾驶出租车在街道上穿梭，无人机在头顶上盘旋，摩天大楼里也能有城市农场。还有更多在我们看来是无形的，却更为深远的变化，可以生产能源的人行道，无处不在的传感器，吸收污染的广告牌，以及可以预测一切——从流感暴发到老鼠侵扰的数据。

无论哪种预测，最为肯定的是，城市将变得更加繁忙。根据联合国的报告，目前54％的世界人口生活在城镇。到2050年，这一数字将提升至66％。在世界上的一些地区，这已经成为事实——73％的欧洲人和82％的北美人现在都在城镇生活。

随着城市化进程的不断加剧，污染问题日益严重。世界卫生组织的数据显示，在全球91个国家的1600个城市中，只有12％的城市达到空气质量的最低标准。其中半数地区的污染水平比推荐的正常水平高出2.5倍，使居民面临严重且长期的健康问题。

由于温室气体的排放，城市也是气候变化的一大贡献者。根据NASA的大都市碳项目的数据显示，70％排放到大气中的二氧化碳是由城市人类活动造成的。综合而言，世界上最大的50个城市排放到大气中的二氧化碳比俄罗斯一个国家的排放量还要多，几乎是日本的两倍。

卢茨探路者是一款无人驾驶的“豆荚车”，它可以巡航6小时左右，速度可达每小时15英里

54％的世界人口生活在城镇。到2050年，这一数字将提升至66％。

大都市的崛起

城市也吞噬着世界上大量的资源。多伦多大学领导的一项学术研究发现，拥有1000万及以上人口的全球27个大都市所能容纳的人口仅占全球人口总数的6.7%。然而，他们消耗了全球9.3%的

▸ **熙熙攘攘的大都市**
世界上最典型的城市，图中繁忙的街道是日本东京的涩谷十字路口。作为首都，其拥有 1335 万人口。

能源，并制造了全球12.6％的垃圾。

随着大都市的崛起，到2020年，千万级的大都市数量将达到37个，这将是另一个难题。显然，更大的城市会面临更多的问题。但研究表明，问题的产生与经济增长并不成正比。在圣菲研究所工作的杰弗里·韦斯特教授和他的同事们发现，当城市的面积增加一倍时，犯罪、污染和疾病等增加了一倍以上。“每个城市看起来都各有特点，不尽相同，”韦斯特说，“但是，城市似乎遵循着一些有趣的限制。我们发现了一些令人惊讶的比例定律：如果你把城市的大小增加一倍，社会经济指标，即那些涉及人类之间的互动指标，就增加了15％。”

但是仍存希望。相同的社会经济因素，也在以“超线性”的方式增长，如：工资、专利，以及韦斯特和他的同事所说的“超创造性人类”。韦斯特说：“解铃还须系铃人，城市是所有问题的根源，也是解决方案的根本，因为这里有更多的聪明人聚集，而他们是吸引创新和创意的磁铁。”

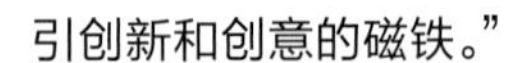

▸ **假肉**

是世界上第一个由实验室制作出的牛肉汉堡。像这样的肉类可以帮助解决全球粮食短缺的问题和应对气候变化，因为将会有更少的奶牛排放温室气体甲烷。

共享经济

一个聪明的想法是“共享经济”，它利用了未充分利用的资源，如共享私人卧室的爱彼迎，共享办公室的流动空间，以及共享私家车的优步，这些私家车通常每天有23小时是空闲的。这一想法同自动驾驶技术一起，可以改变城市。“如果共享的、完全自动驾驶的车辆取代了汽车和巴士，将会发生什么呢？”经济合作与发展组织（OECD）的菲利普·克里斯特在国际交通论坛上提出这样的疑问。OECD在2015年的一份报告中回答了这一问题。像里斯本这样有地铁网络支撑的城市，有多达90％的汽车不必要出行而不会对旅行时间产生任何影响。这是24小时的平均结果。即使在工作日的早晨，汽车需求量也减少了44％。如果里斯本没有地铁，而且每辆车一次只能搭载一名乘客，那么在交通高峰时段所需的车辆也可减少23％。

汽车数量的减少也将导致不再需要很多停车位。实际上，完全可以取消街边停车场。这将释放相当于210个足球场大小的空间，省下的空间可用来改造成海湾或自行车道。我们也不需要那么多路外停车场，这样又有170个足球场大小的停车位被空出来，也许它们可以被改造成小公园。

一些空置的空间可用于搭建垂直农场，从而节省从农村或海外进口农产品所需要的能源。一些现有的办公大楼，在它们的玻璃幕墙周围可以种庄稼，例如东京九层楼高的保圣那总部大楼。在那里，工人们可以在午休时间采摘绿色食物。

其他垂直农场使用人工照明在室内种植植物。这个想法最初来自1999年哥伦比亚大学的迪克森·德波米耶教授。他认为垂直农场不仅可以生产食物，还可以解决城市的垃圾问题，废水可以被回收到水厂，而食物垃圾也可以作为肥料。

实验室制作的汉堡

在城市种植的可能不仅仅是蔬菜。也许只需要20年的时间，我们就能在工业级、成本效益分析的层面上“种植”食用肉类。该过程包括在不伤害牛的前提下从活着的奶牛身上提取肌肉干细胞，然后饲养它们，使得它们繁殖并长出可以合成蛋白质的肌肉纤维。一小块肌肉就足以产生22，000磅的肉。目前两磅肉的成本是48英镑，这比传统养殖肉要贵，但大大低于2013年首次花费22万英镑在实验室制作出的汉堡。

由于无人驾驶汽车在路上穿梭，未来的城市也将会适应我们的需要。软件算法将有助于消除街头犯罪。智能电网只有在需要时才会感知到需求量和供电量。传感器将捕捉从水位到垃圾桶、路灯等各种各样的数据，以保持城市的高效运转。

未来的城市在哪里？很有可能，你现在已经身在其中。

街灯只有在检测到有行人经过时才会打开

from Mars to Saturn

智能技术解决方案

前沿的创新使我们的城市变成了未来的大都市

▸ 位于西班牙北岸的桑坦德，用传感器来辅助城市生活

全市范围传感器

来自城市丛林的实时数据

近年来，从无到有建立的智慧城市登上了新闻头条，从韩国的松岛新城到中国的天津再到阿布扎比的马斯达尔。正因为传感器技术很便宜，已经建立的城市开始大量安装传感器。领先的是西班牙的桑坦德，其人口只有18万。欧盟已经投入超过670万英镑用以购买15，000余个传感器，或埋在人行道和停车场下，或嵌入灯柱，或安装在公交车和出租车上。传感器向中央控制中心提供数据，让当局立即了解交通拥堵、空气质量、噪声水平和可用停车位等信息。这也节省了城市能源和资金。街灯只有检测到行人时才会打开，土壤传感器则会记录公园里的湿度，以便只在必要时才会浇水。这些数据可以在网上找到，市民可以通过他们的智能手机进行访问，让他们了解并为他们提供这种即时反馈的工具。比如在你家附近发现了一条破损的人行道。在桑坦德，有一个相关的应用程序可选用。

应对气候变化的家园

为洪水灾区建造的水陆两用房屋

据预测，全球海平面将会上升，而世界上许多大城市又都位于沿海地区，因此迫切需要可应对于此的基础设施。荷兰马斯博梅尔地区打造的32间两栖房屋，旨在适应不断上升的水位，而非设置障碍。通常情况下，房屋坐落在陆地上。但当水位上升时，它们开始漂浮。因为被固定在灵活的系泊柱上，它们可上升2.5米。更有甚者，阿姆斯特丹艾堡的一个社区有75座房屋漂浮在湖上，连接在一起形成了Waterbuurt区。这些房子是三层楼的联排别墅，由混凝土管和顶部的钢架组成，其地下室半浸在水中。

在其他地方，工程师们通常都在考虑如何让下水道自然排水，而非被淹没。在洛杉矶开展的一个试点项目，计划用铺路石取代沥青，以保证积水排出。而在英国，塔玛克建筑公司已经推出了一种防止山洪暴发的秘密武器。透水剂是一种多孔混凝土，在60秒内就可吸收多达4000升的水。

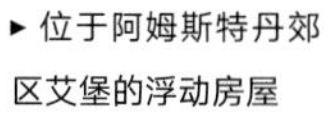
▸ 位于阿姆斯特丹郊区艾堡的浮动房屋

路面动力

用太阳能板覆盖道路

未来城市可以生产部分自用电力，这要归功于能源的利用方式——合理利用且避免了浪费。比如阳光，投射到摩天大楼和其他建筑的太阳能可以通过所谓的光伏玻璃转化为电能，它像一个太阳能板一样，但可让光线通过。在传统玻璃上印刷一层由矿物钙钛矿制成的太阳能薄膜电池，这是一种制造方法。目前，这种技术的效率足以将约20%的阳光转化为电能。可以通过涂装路面来实现更大的太阳能板表面积。荷兰一个70米长的循环路面原型在6个月内产生了足够为一个家庭供电一年的电量。

公共空间也可以利用“大众力量”。行人踏步的动能可以通过将运动转化为电能的地砖来捕捉。帕维根公司生产的地砖适用于低电压照明的广告显示和街灯，以及给智能手机充电。他们已经在伦敦希斯罗机场、密苏里州的韦伯斯特大学和法国的圣欧默火车站投入使用。

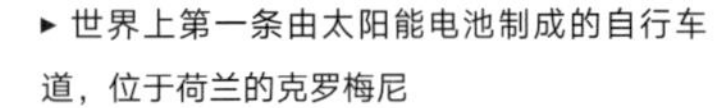
▸ 世界上第一条由太阳能电池制成的自行车道，位于荷兰的克罗梅尼

▸ 亚马逊已经公布了一个未来交付系统——Prime Air，它将使用无人机送货

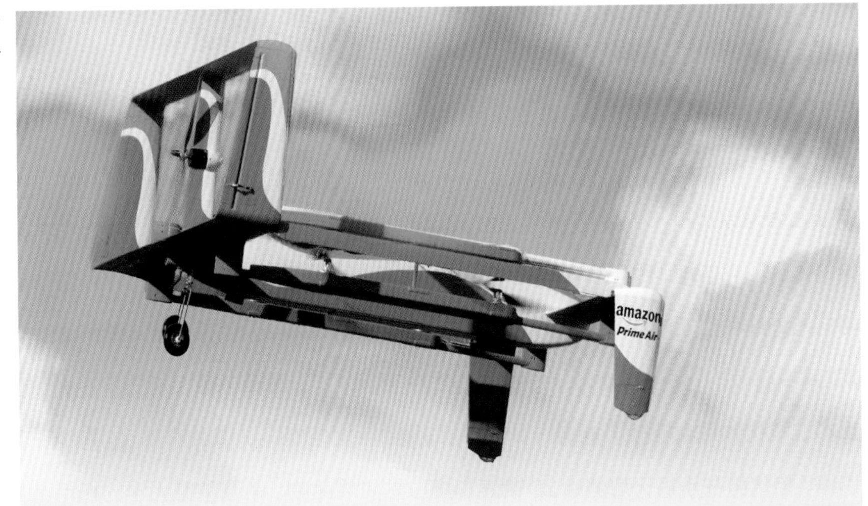

无人机工人

无人驾驶的飞行器飞到天空去做家务，这样我们就不用做了

城市将会变得更加繁忙，不仅是在地面上，也在天空中。无人机舰队不受交通拥挤的阻碍，按照需求为消费者和企业快递包裹，为不能离开家的病人提供药品、移植器官。事实上，亚马逊已经公布了一个未来交付系统——Prime Air，它将使用无人机送货。无人机还可以协助监测交通状况，紧急情况下为急救人员提供重要信息，以及清洁高层建筑窗户。而且，如果利兹大学的研究取得成果，无人机将可以对基础设施和道路进行维修。科学家们正在研制一种能填满凹坑的无人机，还有一种可以像鸟一样栖息在街灯上的无人机。但只有当无人机协同工作时，它们才能真正改变城市的本质。建筑设计师克里斯 · 格林设想，成群的无人驾驶飞机在屋顶之间飞来飞去，播种和照料植物，创造出一种城市分配网络。它不仅给我们提供了新鲜食物的新来源，而且是一种新的心态。“就像天上的植物园。”他在2015年的工作未来技术峰会上说。

污染净化器

从混凝土到广告牌，新技术吸收有害气体

两项技术可以使城市更清洁。一种是可实现废气零排放的电动汽车，另一种是可净化污染的建筑和广告牌。污染净化器利用一种光电化学反应，将二氧化钛用作催化剂。在阳光中的紫外线和空气中的水分子的作用下，二氧化钛从汽车尾气（柴油发动机是最大的罪魁祸首）中分解出对环境危害更小的氮氧化物。2014年，谢菲尔德大学的学者们用显微镜级的二氧化钛颗粒覆盖了10米x20米的海报。涂层使海报价值100英镑，远高于其本来价格，但优势在于每天可消除20辆汽车排放的氮氧化物。谢菲尔德大学的托尼·瑞安教授说："如果全国的横幅、旗帜或广告海报都能做到这一点，那么我们的空气质量就会好得多。"在芝加哥和荷兰的亨格罗的150米长的人行道上也增加了二氧化钛，在阳光明媚的日子里，可以使氮氧化物含量减少45%。2015年，食烟混凝土被推到全球聚光灯下，它被用作2015年米兰世博会意大利馆的建筑材料。

意大利米兰的意大利馆，由食烟混凝土制成

它使用的水比传统农场少99%，植物的生长速度是传统农场的两倍。

▸ 中国北京郊区的一个农场，在人造光下生长的莴苣

城市农场

在室内种植作物比在户外种植要快

室内农场的想法似乎是显而易见的。害虫和疾病更容易被控制，恶劣的天气从来都不是问题，也不需要土壤，因为水培系统在可提供营养的水中种植庄稼。挑战主要是能源效率问题，种植植物的盈利要比其为所有电力系统供电的成本要高。高价格农作物，如生菜、西红柿和草本植物，在如今的垂直农场中最常见。但随着LED变得越来越高效，未来可能会有所改变。在福岛核事故导致粮食短缺后，日本的米瑞建立了垂直农场。它在一个仓库的货架上种植莴苣，用发光二极管来产生最有利于光合作用的光。生产10，000颗莴苣，每天使用的水比传统农场减少了99%，植物的生长速度是传统农场的两倍。像芝加哥近郊那样的生态农场，进一步考虑利用循环水。鱼缸里的鱼会产生废物，这些废物可作为植物肥料。植物过滤水，水又归还给鱼。生态农场典型的产品是蔬菜或新鲜的鱼。

▲在希腊的特里卡拉小镇上，一辆免费的城市移动者 2 公共汽车在 GPS、激光和无线摄像机的引导下，正在进行实时交通测试

无人驾驶汽车

解放双手的驾驶即将照进现实

无人驾驶汽车穿行城市之间的想法并非痴人说梦。首先，道路会更安全。正如自动驾驶汽车先驱者保罗·纽曼教授所说，事故通常是由于注意力不集中和决策失误造成的。当然，电脑不会出现这样的失误。无人驾驶汽车也能帮你省钱。你不需要拥有一辆车，只要在你需要的时候招唤一辆车，就像你今天使用优步和来福车的应用一样。事实上，优步与卡内基梅隆大学已经在合作开发无人驾驶技术。人工智能、传感器和地图测绘技术的快速发展使得汽车公司预测：到2025年，他们即可推出能够自动驾驶的汽车。为了实现这一目标，计算机控制的车辆将需要准备好适应我们这个不完美的世界。在密歇根大学的Mcity设施中，无人驾驶汽车已适应了在一个虚构的城市环境中利用粗糙的地形、肮脏的标志和不同的街道标记行驶。那我们呢？我们为无人驾驶汽车做好准备了吗？ 在希腊的特里卡拉，人们已经习惯了无人驾驶技术，已经有6辆自动公交车以每小时12英里的速度穿行城市。尽管缓慢，但未来即将到来。

垃圾变水(和黄金)

回收我们的污水可能听起来很可怕，但将来可能是十分必要的

人类的饮用水近期将由垃圾提供，这听起来似乎让人不悦，但我们还是得习惯这个想法。对城市人口以每月500万的惊人速度增长的发展中国家来说，这一想法将是一根救命稻草。废物未经适当消毒的地方存在水供应受污染的风险，从而导致霍乱、痢疾和伤寒的暴发。即使在像加利福尼亚这样富裕的州，干旱也会导致水供应受限。从垃圾中获取水是一种解决方案，目前西雅图贾尼基生物能源的一台叫作全能处理器的机器已经将其实现。它通过煮沸未经处理的污水，提取水蒸气来驱动蒸汽引擎，从而产生电能。部分电力用以驱动机器，剩余部分则被卖给电网。机器将水蒸馏并过滤，使之可以饮用。燃烧产生的灰可以用作肥料。这并不是人类垃圾变废为宝的唯一途径。在美国，科学家们在污水中发现了金、银和稀有金属。根据亚利桑那大学的计算，尽管提取贵金属存在难度，但一个100万人口的城市每年产生的污水将价值900万英镑。

▸ 比尔 · 盖茨正在饮用污水经全能处理器处理后的再生水

居住建筑

由植物制成的房屋将吸收温室气体二氧化碳

建筑师们常常拥有远大梦想，其中最为宏伟的莫过于，梦想建筑不仅仅是建造的，而是从零开始。建筑师兼设计师米切尔·约阿希姆从“折叠”中获得灵感，这是一种园丁们通过编织树枝来创建拱门和屏幕的技术。在他的设计Fab Tree Hab中，通过使用一个之后会被移除的预制支架，植物被种植成一个格子形状。这种方法不仅利于环境保护，让居住的建筑吸收大气中的二氧化碳，还能节省砍伐树木和运输树木所需的能量。更为雄心勃勃的是“生活建筑”的先驱瑞秋·阿姆斯特朗。她与化学家马丁·汉兹克合作，研究了原生细胞用于建筑材料的可能性。这些脂肪酸细胞不含DNA，但它们表现得像活的一样，将大气中的二氧化碳转化成像珊瑚一样的碳酸盐硬壳。原生细胞甚至可以拯救世界上最伟大的城市之一威尼斯，通过种植人工礁石来巩固城市的木质支架。阿姆斯特朗的宏伟思路不仅仅是复制自然，更是要塑造它，这样自然材料就会被编织进你的家，产生热量，过滤废物，再循环水。

▼ Fab Tree Hab 概念车的灵感来自园丁将树枝编织在一起

◂ 收集自行车使用模式的数据有助于像伦敦这样的自行车共享计划

大数据分析

利用大数据让我们的城市如时钟一样运作

伴随随处可见的传感器把数据发送到中央控制室，智能城市将产生大量的数据。据估计，新加坡大小的城市每天产生2.5 PB的数据，这相当于美国研究图书馆的所有信息量。越来越多的城市正在分析这些数据，来看从流感暴发到交通拥堵的各种模式。例如，芝加哥用它来预防鼠疫感染。通过从公众投诉中收集数据，或者直接利用从推特上发送或获取的数据来汇编出有关老鼠目击事件的地图。这些数据将老鼠与各种因素联系在一起，比如食物中毒事件的暴发，满是垃圾的垃圾箱，还有流浪的动物。总共有31个因素被用来创建一种识别可能滋生地点的算法，可以在暴发前进行消毒。分析大数据也能提供新的服务。波士顿、伦敦和巴黎等城市的自行车共享计划都面临着自行车从繁忙地区到安静目的地的问题。收集使用模式的数据可使当局了解自行车在一天之内可能被使用的特定时间，允许网络根据每个车站的候选数量进行重新平衡。

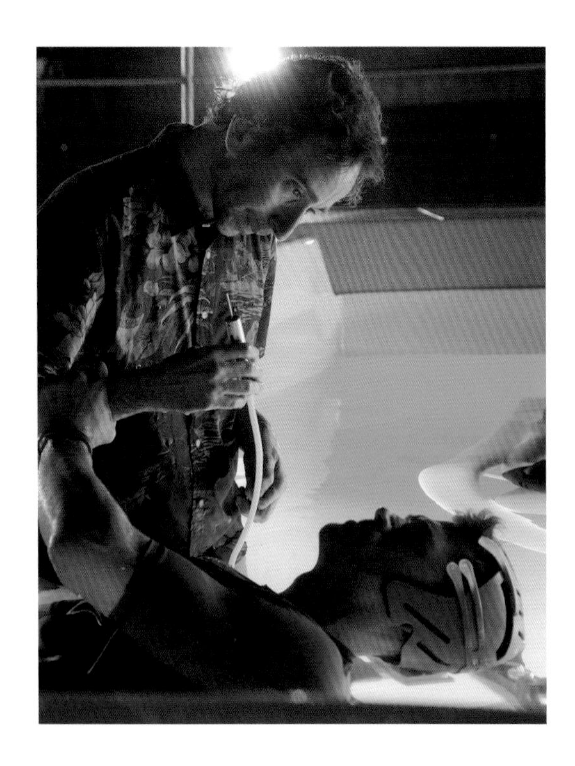

▸ 丹尼尔·伦敦（左）和尼克·扎诺在电视剧《少数派报告》（第一季）的衍生剧中的镜头

犯罪克星

身体和面部识别软件确保我们的街道安全

在科幻惊悚剧《少数派报告》中，突变的预测人可以预测犯罪。如今在智能城市，软件也能做到。在洛杉矶，基于6年犯罪数据的数学模型帮助确定了警力部署的地点和时间。它对可能发生犯罪地点的预测的准确性是人类分析人员的两倍。当算法与闭路电视摄像头匹配时，情况就会大不一样。据报道，格拉斯哥正计划进行一项软件测试，通过将人们的衣服、皮肤和头发与失踪儿童或易受伤害的成年人（如痴呆病人）相匹配来识别个人。格拉斯哥的系统是通过分析一个人的整个身体来运作的，但是其他一些系统已经开始使用面部识别软件。虽然没有警察机关承认使用它，但现在的软件可以通过检测微小的面部表情来感知人群的情绪状态。这样的系统将使警察能够甄别出潜在的害群之马，但他们也会提出一个问题：我们需要监视到什么程度？

高楼大厦

工程技术的进步意味着未来的天空可能不是极限

电梯是20世纪初推动建筑向上发展的创新之一，从那时起，建筑高度就一直在增长。迪拜830米的哈利法塔是目前的纪录保持者，而沙特阿拉伯的吉达塔在2020年完工后将达到1000米。然而，这仍比1956年由建筑师弗兰克 · 劳埃德 · 赖特设计却从未动工的摩天大楼要矮上一头。具有讽刺意味的是，阻碍所谓“超高”建筑的因素之一就是电梯技术。升力轴越高，缆绳越长。超过500米，传统的钢索变得过于沉重，无法在不增加更多电缆和使用更高的机器的情况下进行提升。今天的最高塔采用在中途设置转移大厅的办法，转换电梯后直达顶部。然而，最近的一项创新可能会改变这一点。电梯制造商通力将一根电缆的重量削减了90%，因为它采用的是超轻型碳纤维材料。该公司声称，超级绳索可以支持一个高达1000米的电梯，并宣称将在10年内问世。即使是使用超级绳索，在可预见的将来仍然需要使用一个以上的电梯上升到一英里的高度。

阻碍所谓“超高”建筑的因素之一就是电梯技术。

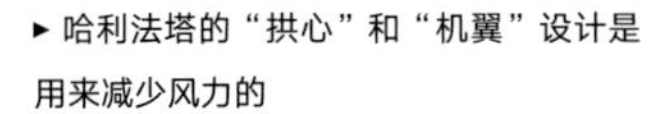

▸ 哈利法塔的“拱心”和“机翼”设计是用来减少风力的

若想将地球从气候变暖的危机中拯救出来，小措施已然是力不能逮，是时候要增大力度了。布莱恩·克莱格阐述了“地球工程”是如何通过应用大规模技术来对抗全球变暖的……

未来工程

Engineering Our Future

Small steps to save Earth from climate change may not be enough. It's time to ramp it up. Brian Clegg reveals how 'geoengineering' proposes using large-scale technologies to battle global warming.

云层注射器

向海洋云层中喷射海水液滴将会使其反射更多太阳光

气温上升了几摄氏度，这听起来似乎无关紧要，但是全球性的微小变化给当地气候带来的影响却是不可限量的。国家研究委员会预测，仅仅3 ℃的升温就会导致美国西南部地区、地中海地区和非洲南部地区的降雨量减少四分之一，并将引发频繁的旱灾。十个夏天中九个都会比二十世纪的夏天更炎热。美国西部出现的野火隐患也将令人担忧地增加600％。粮食产量将下降，许多低洼沿海地区将因海平面上升而被淹没，一些岛国甚至将永远消失。

世界各国政府都在尽职努力地应对气候变化：出台新的政策，通过给低碳生态解决方案提供各种激励政策来改变人们高耗油的生活习惯。这是一个双赢的局面，谁不想减少能源开支的同时也拯

▼一家曾在秘鲁雨林里大量伐木的木材公司，用当地植物恢复植被

救地球呢?但即使我们大幅削减的住宅用能，也只占美国能源消耗总量的15%，其余的则用于商业和运输。

传统的解决方案是通过植树来吸收大气中的温室气体二氧化碳，这就是为什么砍伐森林如此备受关注。地球每年将会有等同于哥斯达黎加大小面积的森林消失。但植树最大程度也只能减少微不足道的五个百分点的排放量。而且即使我们在重新种植项目上投入巨资，植树仍是一项缓慢的解决方案，它们需要很长一段时间去成长，因此这对眼前的排放问题帮助并不大。

其他的一些建议，诸如把建筑物粉刷成白色以将更多的热量反射回太空，这种方法的贡献更是微乎其微。寻找阻止气候变暖办法的努力还在继续，这次我们得想想大规模的方案了。

许多已提出的大规模解决方案备受争议。地球工程好比是引进的一剂新药，我们不知道药效如何，也不确定它是否具有副作用。

世界气候系统非常复杂，以至于一个有益的改善在其他地方却可能引发问题。相似场景建模技术有助于解决此问题，但直到这些技术在现实世界中实现之前，我们都不能完全确定他们的实际作用。

根本性的高科技解决方案尚未提出，但时间已经越来越紧迫，失控的气候变化也许最终还是不可避免。好消息是，工程师们想出了一些创新的（甚至一些稍显疯狂的）思路来拯救我们的地球……

地球工程好比是引进的一剂新药，我们不知道药效如何，也不确定它是否具有副作用。

▲在挪威海岸的巴伦支海中出现了一种藻华

1 供给海藻

浮游植物吸收大气中的温室气体二氧化碳

这是一项颇具争议的地球工程测试。2012年7月，加利福尼亚州商人拉斯·乔治将100吨硫酸铁从加拿大注入太平洋。铁盐或铁粉作为海藻的肥料，可以使海藻繁殖并覆盖海面，从而吸收更多的二氧化碳。它们死后，尸体携带着同化后的碳沉入海底。海藻吸收的二氧化碳比世界上所有森林可吸收二氧化碳的总和还多。一些碳也有可能会被释放，而不是被“锁”在海底。但其对海洋生态系统的影响是不可预测的，有些藻类有毒，同时肥料会降低海水含氧量，进而影响野生动物。

▸ 碳捕蝇纸：由碳捕获树脂支撑的波纹板可用以吸收二氧化碳

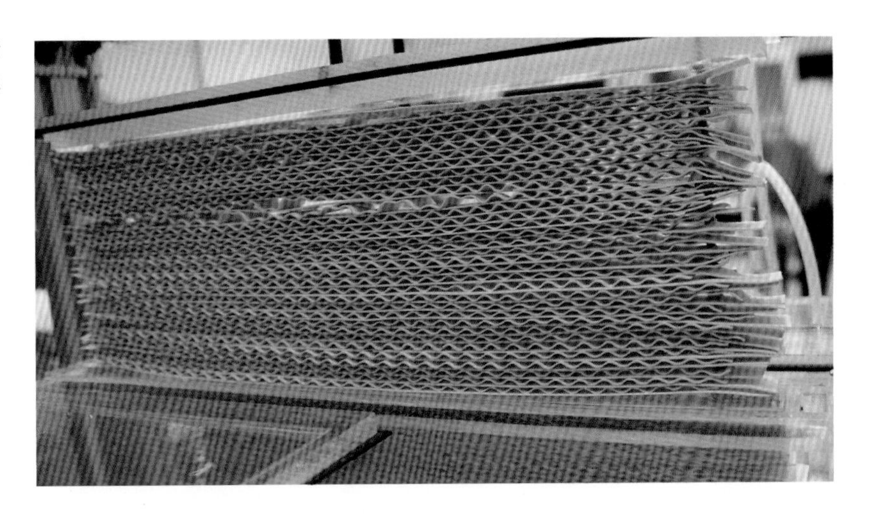

2

碳捕获

将二氧化碳从大气中吸出，然后埋入地下

一些发电厂开始使用所谓的“碳捕获与封存”(CCS)技术，即将燃烧燃料产生的二氧化碳流经化学物质或晶体。之后将被锁困的碳深埋进地下水库（通常是旧油井），在那里，比空气重的气体在数百万年里不会受到干扰。

但在2015年，亚利桑那州立大学开发了一款“碳捕蝇纸”。由特殊树脂制成的薄片可在干燥时吸收二氧化碳，潮湿时释放二氧化碳，这种特性使其成为理想的碳捕捉材料。也许有一天，可以用一张巨大的碳捕蝇纸直接从大气中去除二氧化碳。

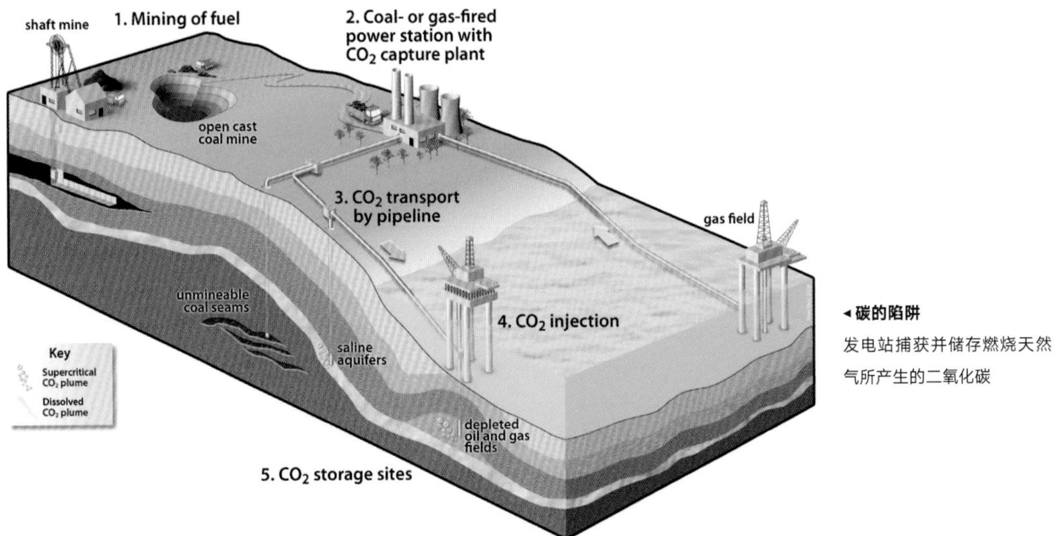

◂ **碳的陷阱**

发电站捕获并储存燃烧天然气所产生的二氧化碳

另一额外的好处是碳酸氢盐是碱性的，可与因水中溶解二氧化碳导致的海洋酸化相互中和。

3

生成碳岩

利用“风化”的自然过程

碳也可以通过将大气中的二氧化碳转化为碳基岩石从而将其“锁住”。这种现象在所谓的“风化”过程中自然发生。在“风化”过程中，陆地上或海洋中的矿物与二氧化碳发生反应，形成诸如海水中的碳酸氢盐和陆地上的碳酸钙，而这是粉笔、石灰石和大理石的主要成分。另一额外的好处是碳酸氢盐是碱性的，可与因水中溶解二氧化碳导致的海洋酸化相互中和。这种方法的主要问题是需要开采和分配大量矿物，甚至是数百万吨。然而与其他一些技术相比，这种方法几乎不可能会带来明显的副作用。

◂在丹麦默恩岛沙滩上，白崖从燧石上陡立

4 搅拌海洋

利用“风化”的自然过程

另一个稍显古怪的建议是用巨棒来搅动海洋。海洋的温度变化很大，越往海洋深处延伸温度就越低。搅动海水将海水混合，让冰冷的海水浮出水面给大气降温。但是这个激进的计划可能会对海洋生物产生巨大的影响，并且会影响诸如厄尔尼诺等海洋驱动的大气效应，以及如墨西哥湾流等海洋运输动力，这将会影响到整个欧洲和美国的东海岸。

用盐或海水液滴喷洒云层，将会增加它们的亮度和反射率。

▲ 高空飞行的飞机可以在云层播撒盐，帮助将太阳的热量反射回太空

5

生成云层覆盖

在海洋上方增加云层覆盖将有助于将更多的阳光反射回太空

一个通俗易懂的道理：阴天时的天气比晴朗时更凉爽。云的作用原理却很复杂，它取决于云层的高度和其组成。云层可以通过制造阴影来降低温度或通过将热量反射回地球来提高温度。我们知道大型火山爆发喷射进高空大气中的硫黄颗粒会将太阳辐射反射回太空，从而导致全球温度下降。因此我们可以利用飞机将硫黄气溶胶喷射到平流层中，从而形成人造的尘埃云，或者是用盐来“播种”海洋云。

海洋上空的云往往比陆地上空的云含有更少的水滴，因此会显得更小更暗。向它们喷洒盐或海水液滴会增加它们的亮度和反射率，但干扰天气系统可能会产生更多的问题。

6

让世界更明亮

将海洋变成一个巨大的按摩浴缸

云层不是唯一的反光镜。更明亮的建筑物、颜色更浅的植被或覆盖有反射材料的深色区域都有助于地球反射阳光。但另一个稍微极端的想法是把我们的海洋变成一个巨大的按摩浴缸。海洋比陆地能吸收更多太阳的能量。但当水中含有白色泡沫时，水的反射效果则更为强烈。如果旅行船可以制造气泡，使海水变成白色的泡沫物质，那么海洋将会把阳光反射回太空中，就像白色极地冰盖一样。

▼白色的泡沫比黑暗的海洋反射更多的光

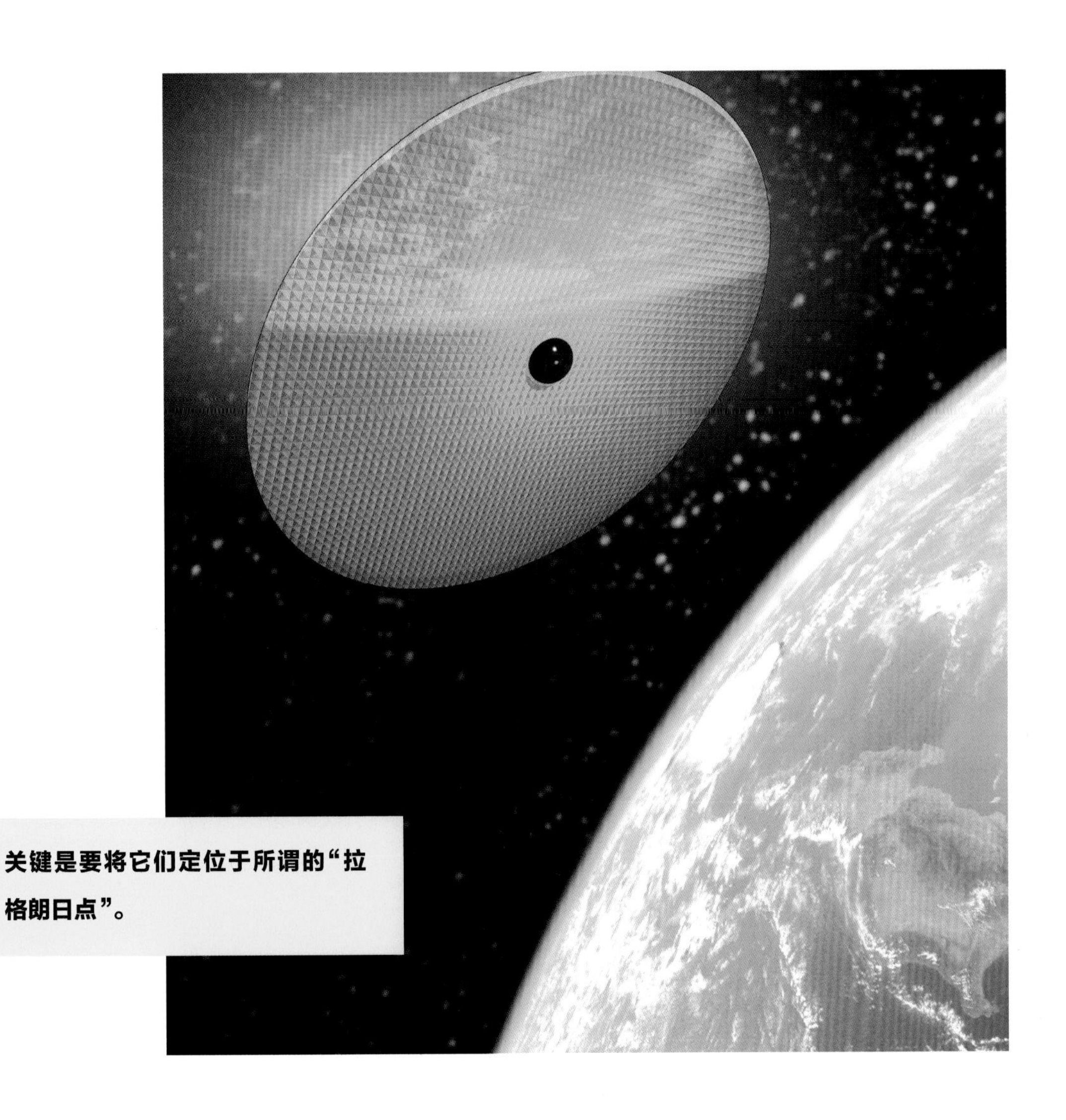

> 关键是要将它们定位于所谓的“拉格朗日点”。

7

在太空中放置阴影或镜子

反射圆盘将会投掷阴影来冷却地球

在地球周围制造一圈遮阳伞可以阻挡部分入射的阳光，或者打造一堵镜子墙将太阳光反射回太空，全球气温将会下降，但这种方法困难重重。火箭可以将钢丝网反射器送入太空。但关键是要将它们定位于所谓的“拉格朗日点”——即地球和太阳引力平衡点，这样它们就不会偏离位置。然后问题归结为成本，目前将1千克物体送入轨道的成本高达14,000英镑，在接下来的十年这个数也不会低于每千克140英镑。再加之其对农业和天气模式的未知影响，以及因遮蔽邻国从而破坏国际关系的危险，这一解决方案似乎是一个希望渺茫的尝试，但也可能是人类最后的手段。

对于现代问题，最显而易见的解决方法并不总是最好的。经历了两个世纪对化石燃料的依赖，我们现在正在目睹它们对地球造成的伤害。但是存在一种更为生态的备选项，邓肯·吉尔揭示了几项最具前景的技术，可以帮助我们摆脱对煤炭、石油和天然气的依赖……

高科技生态生活

The most obvious solutions to modern problems aren't always the best. After two centuries of reliance on fossil fuels, we're now seeing the damage they cause to our planet. But there are eco-alternatives. Duncan Geere reveals the most promising technologies to wean us off coal, oil and natural gas...

Hi-Tech Eco-Living

电动梦想

特斯拉推出的 Model S 在 2.8 秒内即可从 0 加速至每小时 60 英里

from Mars
to Saturn

交通

让我们得以继续在路上行驶的

最有前景的绿色科技

◂特斯拉的Model X
从0加速至每小时60英里仅需3.2秒，配备90千瓦时的电池即可巡航257英里，这辆车的成本约50，000英镑

电动汽车

电动汽车在一个多世纪的时间里一直作为燃油车的陪衬，现在将有所作为了

如果通过时光机回溯到19世纪晚期，你看到的将会只有电动汽车。1911年，《纽约时报》报道，电动汽车是“梦寐以求的”，因为它们更清洁、更安静，而且在与燃油车的竞争中也更为经济。那么是什么改变了这种状况呢？大规模生产。亨利·福特装配线将燃油车的价格降至电动汽车的一半，到1920年已经有效地迫使电动汽车离开了汽车市场。

但现在电动汽车又卷土重来了。特斯拉及其覆盖美国全境的充电桩网络已经解决了人们对电动汽车性能和行驶里程的担忧。同时，价格问题也正被其国际上的竞争对手所解决。特斯拉于2017年面向大众市场推出的Model III，售价仅为24,000英镑。用不了十年，电动汽车将再次成为我们道路上最常见的景象。

燃料电池汽车

氢作为太阳的燃料，同样可以成为另一种替代汽油的燃料

配备燃料电池的汽车是电动汽车的一种，却没有普通意义上的电池。取而代之的是装满了氢气的气泵。在燃料电池中，氢原子分裂成离子和电子：电子产生电能用以驱动电机，而离子与氧气结合产生水。氢燃料车的优势就在于排气管里唯一的尾气只是水蒸气。

但其也存在诸多缺点：大约95%的氢气是由天然气（一种化石燃料）产生的。更为洁净的方法却很难达到同样的效率。氢也是一种相当危险的物质，正如1937年兴登堡灾难中所见，氢能源导致了飞艇失火。因此，如何保证车速达到70英里每小时时氢燃料在金属中仍保持稳定，这将是一项棘手的任务。每种技术都有其自身的局限性，但燃料电池汽车的潜力是巨大的。目前欧洲正在建造一个氢燃料站的“通道”，为燃料电池的未来铺平道路。

氢燃料车的优势就在于排气管里唯一的尾气只是水蒸气。

▾ **氢能源动力**

在燃料电池内部，氢原子分裂成离子和电子，后者产生的电能可以驱动马达

from Mars
to Saturn

能源

科技对煤炭、石油及天然气形成排挤

> **将水抽到地表以下，利用那里的高温把水变成蒸汽。**

可再生能源

从地热能到风能，我们的地球拥有大量尚未开发的资源

目前仍有巨大的能源以化学键的形式储存在地心、大气或海洋中。想办法利用这些有效的但无限的储能是最容易想到的，因为利用它们的同时还可以帮助我们减少碳排放。如今，风力发电场随处可见，其发电量占全球电力使用量的4%。

较不发达的可再生能源有哪些呢？

潮汐比风更容易被预测。历史上只有少数几个地点适合发展潮汐能，但涡轮技术的改进使更多的地点在经济上变得可行。根据2001年世界能源理事会对能源资源的调查，沿海潮汐流的能源潜力超过450千兆瓦。

位于地球的“热点”之上有一些缺点，比如容易发生火山喷发。但像冰岛和日本这样的国家却利用了这种热源。将水抽到地表以下，利用那里的高温把水变成蒸汽，通过这种方式，地热能被证明是更加廉价、可靠、环保的能源。

甚至海盐也能产生能量。渗透能是从海水和淡水在盐度上的差异中获得能量。将海水与淡水用半透膜分离，淡水会通过薄膜流向海水以平衡盐度，借此可以驱动涡轮机。一些国家对此表现出了浓厚的兴趣，但目前只有挪威的托夫特有一个开发利用渗透能的雏形正在运行。

蒸汽能

冰岛的雷克雅未克电站排放的废气也许看起来像是肮脏的污染物，但实际上只是蒸汽

▸ **太阳能**

当光照射在光伏电池上时，它会在半导体材料层（通常是硅材料）上产生电场

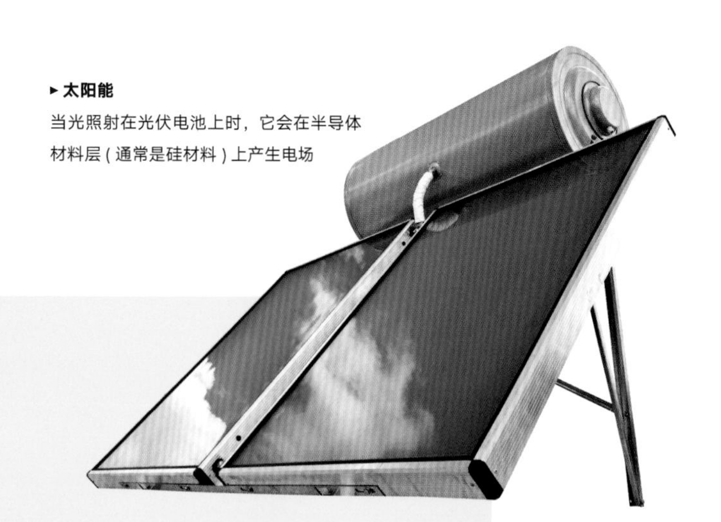

家庭解决方案

在自己家里发电既高效又省钱

目前国家电网和巨型集中式发电站的效率比"微型发电"系统的效率要低得多。在"微型发电"系统中，每个人都能产生一些能量，并只需为他们所创造的和所使用的能量之间的差价支付费用。

在如加利福尼亚、西班牙和日本这样的地方，太阳能光伏发电在一年中的大部分时间里已经比电网更廉价，此外财政激励使得这项技术在欧洲和中国也非常受欢迎。一些公司甚至已经研发出了可以用作窗户和天窗的光伏玻璃，甚至可以用作人行道或台阶。

太阳能对于加热和制冷也很有用。可以用太阳能来加热一箱水，然后使之在建筑物内循环，与此同时，太阳能驱动的热泵还可以提供冷却方案。通过制冷剂在液体和气体之间的转换，便可以在室内和室外之间转移热量。

类似的技术可以用来与地面交换热量。当地表以下温度全年保持在7 ℃至24 ℃之间时，就可以在冬天将热量提取上来，在夏天再将热量传送到地下。虽然安装此系统并不便宜，但从长远来看，你可以节省下数千美元。

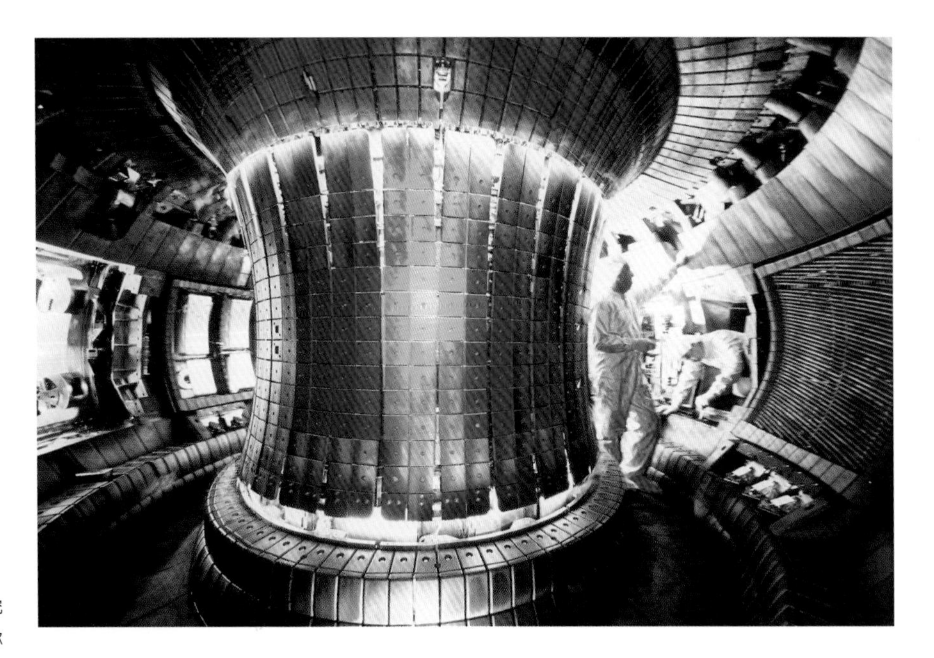

▸ **核科学**

在德国，马克斯·普朗克研究所的技术人员准备通过轴对称偏滤器实验装置进行升级聚变反应堆实验

核能

接近零碳排放使其成为一个极具吸引力的能

核能可谓臭名昭著。核裂变发电厂通过将铀或钚原子炸开从而产生大量的能量，此过程几乎没有碳排放。但其建造的成本很高，会产生危险的废弃物，并且不时还会发生融化引发灾难性的后果。

另一种核裂变并没有以上缺点。钍反应堆是更安全、更简易的燃料，在未来的几十年将是最为可能的方案。但因其不易于产出制造核武器所需的材料，此项技术在冷战期间被边缘化。目前有几个国家正在建设试验反应堆，第一批将于2016年在印度完成。

人们梦寐以求的能源产品是核聚变。传统的核能通过分裂原子产生能量，但核聚变将它们轰击在一起，就如同太阳内部所发生的那样。加州的美国国家点火装置正在探索道路，一项新的设施（国际热核实验反应堆）也正在法国建设。虽然已经取得了部分进展，但还没有人成功地征服最终的挑战——产生出比启动和维持该反应所需能量更多的能量。如果他们能攻克这个难题，我们将拥有比以往所能使用的更多的绿色清洁能源。

from Mars
to Saturn

废品管理

我们的消费行为导致了堆积如山的垃圾，但解决方案已然就在眼前

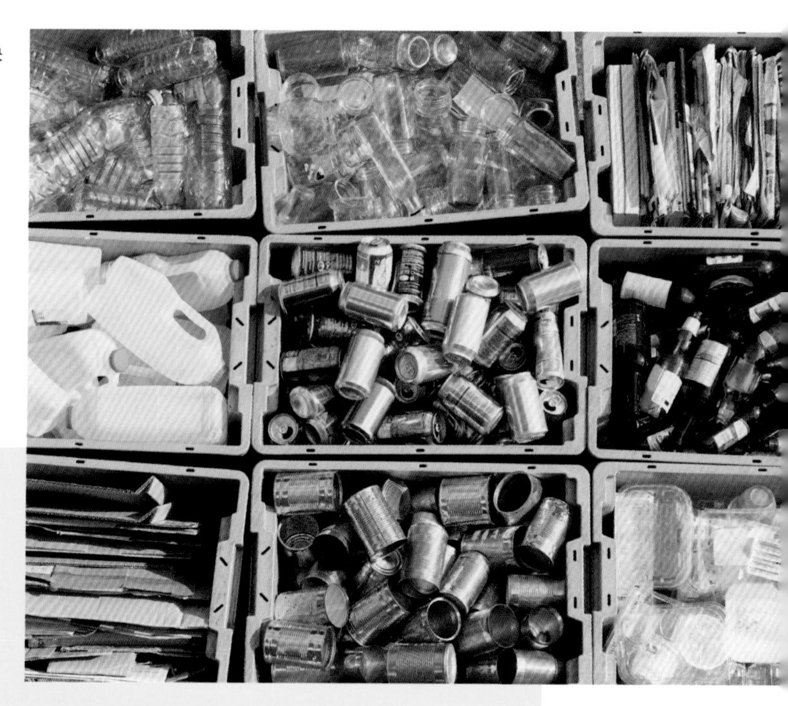

回收

不仅仅是垃圾可以回收，水也可以被再利用从而节省你的金钱

谈到废品时，我们对“减少、再利用、废品回收”这样的口号再熟悉不过了。不幸的是，因为没有一项法律对此做出相应规定，在过去20年里，人们在美国各地对废品的回收利用比例大约为34.5%，远低于大多数发达国家。国家之间的政策差异很大，所以最好的方法就是去当地政府或城市网站看看如何回收垃圾。但回收不仅限于垃圾，我们还可以回收水。如果不是用作饮用水，废水就可以被用来灌溉农田或者冲厕所。你可以轻而易举地安装一个系统，通过这个系统你家下水道的水被过滤并重新输送到你家的马桶或花园。不说别的，它至少可以帮你节省水费。请联系当地的水管工了解更多细节。

热电联产

从煤到垃圾，任何东西都能在燃烧的同时产生热量和电力

北欧国家的许多社区都会通过焚烧垃圾获取热量和能量。借助这一系统，瑞典实现了99％的回收率。瑞典甚至会不远万里从邻国购买垃圾来为其联合热电站提供燃料。这些工厂的效率在某些情况下甚至可以高达80％，这意味着生产同样多的能量，这些工厂比传统发电站所需要消耗的燃料要少得多。它们涉及业务范围也很广：从为整个城市供电和供热的庞大热水管网中的焚化炉，到为单一建筑供电和供热的更小的系统。曼哈顿的标志性蒸汽系统仍被用来为10万幢建筑供热，而美国其他一些城镇也正在使用或计划安装类似的系统。

▾ **关联思考**

瑞典哥德堡能源公司拥有1000千米的地区供暖网络，为该地区90% 以上的公寓楼供暖

也许一些自然灾害会摧毁当地社区。但是那些潜在的全球性灾难，比如灭绝恐龙的灾难，其威力又会如何呢？不要害怕。斯图亚特·克拉克将告诉我们如何做好充分准备。

▶▶

如何拯救地球

Natural disasters can devastate local communities. But what about potential global catastrophes, such as the one that wiped out the dinosaurs? Don't panic. Sturt Clark reveals how we're well prepared.

How to Save Planet Earth

据计算，一场特大海啸甚至可以达到几百米高。

16世纪的诗人约翰·多恩写道：“没有人是一座孤岛。”现在，借助于现代科学我们知道，也没有哪颗行星如孤岛一般存在。大部分自然历史都是随着地球的逐步变化展开的。尽管自然灾害接连不断地发生，但它们多是区域性的，几乎没有造成全球范围内的破坏。但是，偶尔也会有全球性的浩劫席卷而来。

科学家们已经发现了许多浩劫的证据，这些浩劫在过去曾经吞没过地球，而且还可能再次发生。有时这些威胁来自远方，比如向我们疾驰而来的小行星，或者来自太阳的磁性气体喷发。其他时候，这些威胁都是土生土长的，就像失控的温室效应、地球磁场的崩塌或者超级火山爆发。

这些灾难性毁灭都有可能引起全球混乱。它们代表了极端的自然暴力，可能终结文明，甚至毁灭人类，将我们推向灭绝。但正如一句老话所说，凡事有备无患。

从前无知是幸福的，现在我们对大自然在她冷漠的盛怒之下对我们做出的审判范围有了一定的了解。在认识到每一种威胁之后，科学家们努力了解每一种情况，并在适当的情况下开展缓解这种威胁的工作。

在大的时间尺度上看，无论是宇宙还是地球都不是特别安全的地方。但要记住的一点是，在我们的有生之年，发生这些灾难性事件的概率非常小。

我们应该继续我们的日常生活，不用担心这些可怕的事件。然而将其视为人类作为一个物种存在的一种保险，我们已经开始在科学和技术上正视这些问题了。针对不知何时何地将会到来的下一个自然威胁，我们制订了保护我们安全的计划。

1

特大海啸

早期的预警是发现巨浪

山体滑坡本身对当地附近社区便是一种危险，一旦这些坠落物落入海洋，那么局部地区悲剧就会演变成更大的威胁——一场特大海啸。

山体滑坡冲击水面将引发巨浪。如果一颗小行星撞击海洋，也将发生类似的情况。因地震或其他地震活动而产生的普通海啸到达陆地时可能高达几十米。据计算，一场特大海啸甚至可以达到几百米高。

但关于特大海啸能否在现实中发生，目前仍存在相当大的争议。1958年在阿拉斯加的利图亚湾，一次强烈的地震引发了山体滑坡，导致3000万立方米的岩石落入水中。此次事件引发的海啸使海水上升到海拔525米的地方，对海湾周围陆地上的植被造成了严重破坏。尽管如此，并没有切实证据表明海啸是从海湾传播出去的。

1883年，苏门答腊岛附近的喀拉喀托火山爆发了一次灾难性的喷发，震撼了整个世界。旧金山、檀香山和英吉利海峡港口的验潮站测量了这次火山爆发引发的海啸。但是在这些距离上，海浪没有构成危险。

然而这并不足以宽慰。2004年12月下旬，由印度洋的一次地震引发的一次“普通”海啸却夺去了23万余人的生命。本次地震是有史以来第三大地震，海啸高达30米。

由于这场悲剧，联合国已经开始努力建立一个国际早期预警系统。该系统由一个海平面测量站网络和测量地面运动的地震仪组成，用以检测由地震或火山喷发产生的地震波。该系统向国家和区域的预警中心发送实时数据，以便沿海居民可以在数小时内撤离。

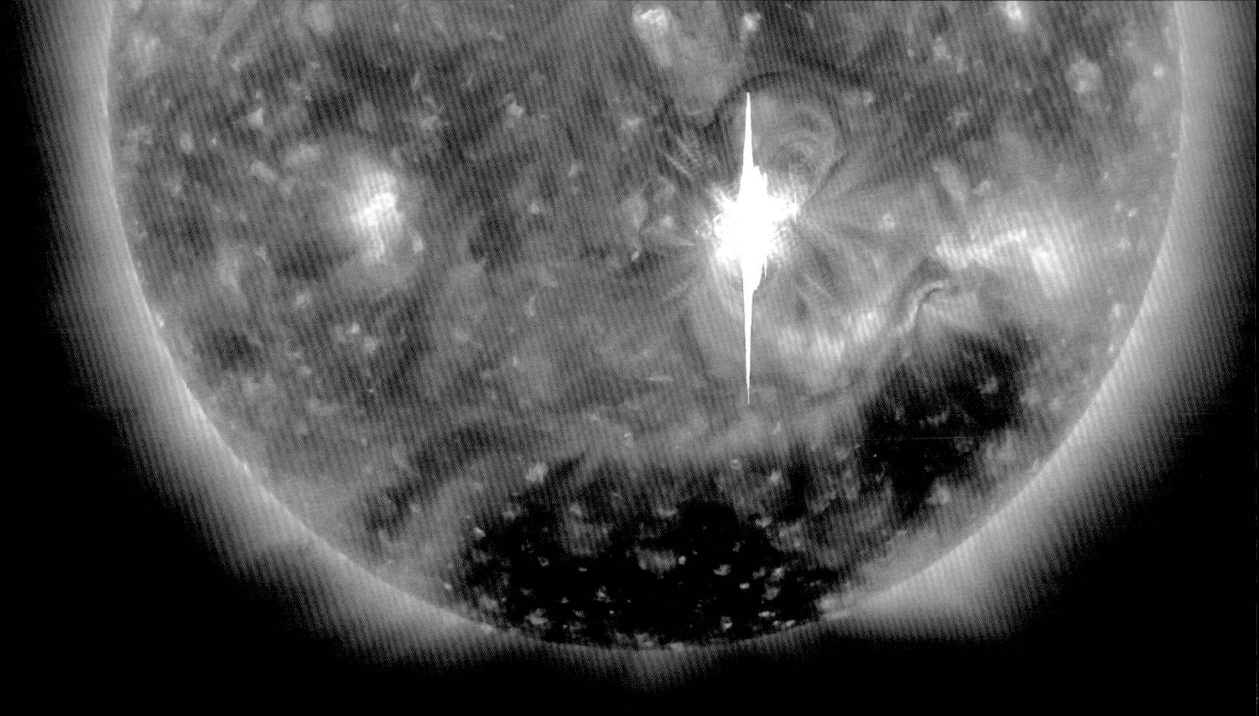

▲一个巨大的 X 级耀斑在太阳上爆发

2

日冕物质抛射

提前发现太阳耀斑有助于保护我们的科技

太阳是一种被称为“等离子体”的大量带电气体，它能够释放太阳系中最具爆炸性的力量——太阳耀斑。这些磁爆释放出数十亿倍于原子弹的能量，并可以引发所谓的“日冕物质抛射”(CME)。

日冕物质抛射如同巨大的等离子体炮弹，可以携带磁能进入太空。如果它们恰好冲入地球轨道，就会冲击地球的大气层，而这正是危险所在。它并不会直接瞄准我们而来，因为日冕物质抛射的辐射将被地球天然的磁性斗篷偏转，或被上层大气吸收。取而代之的是，它将对我们的技术造成影响，且这种影响可能是毁灭性的。

当日冕物质抛射撞击地球时，巨大的磁浪会导致大量的电流流过全球。电力线路尤其容易受到影响。鬼魅般的电流会破坏电力变压器，使发电厂无法运行。

1859年一场大规模日冕物质抛射撞击了地球，致使电报系统瘫痪。自那以后，我们对技术的依赖有增无减，同时我们也了解到，一些卫星已经因日冕物质抛射的冲击而被烧毁。美国国家科学院进行的一项研究估计，如果1859年的日冕物质抛射再次来袭，将会给美国带来2万亿美元的经济损失。

为了了解更多，欧洲太空总署将于2018年发射太阳能卫星。“我们将比以往任何时候都更靠近太阳。”来自伦敦帝国理工学院负责测量太阳磁场活动的蒂姆·霍伯里说道。

如果通过物理学可以掌握日冕物质即将抛射的预警信号，那么我们可以暂时关闭脆弱的系统，以避免不可挽回的损失。

3

地球磁场的崩塌

尽管有人会有所担忧，但我们地球的保护罩也许会变得更强

欧洲空间局的磁场任务“SWARM”于2014年11月正式启动。在前六个月的行动中，三艘宇宙飞船的测量证实了一些噩耗——地球天然的磁性斗篷也许正在以惊人的速度减弱。这促使了人们关于磁极在逆转之后、尚未返回之前将会完全崩塌的揣测。

地质学证据表明：在过去的1亿年里，磁极逆转发生了几百次。虽然有证据表明，在4.1万年前的最后一个冰河时期就曾发生过短暂的逆转，但普遍认为最后一次真正的逆转发生在78万年前。

在被称为日冕物质抛射的猛烈爆发中，地球磁场有助于使高能粒子偏离。如果没有磁场，这些粒子就会流入大气层。它们可以破坏科技，并在生物群中诱发癌症。空气分子会阻止这些粒子中的大部分到达地面，但也存在关于是否因为某一次这样的逆转引发了某些物种的大规模灭绝的争论。

即使人类目前仍然安全，但一旦磁场发生坍塌，生活将和以往大不一样。航空旅行将会被严重破坏。航空乘客也会受到和宇航员类似的辐射，太阳活动活跃的日子航空旅行甚至会停运。而且这种状况不会很快结束，根据计算模型显示，在一次坍塌之后磁场需要用1000到10，000年的时间来恢复。

但在我们过分担心之前，哥伦比亚大学拉蒙特-多尔蒂地球天文台的古磁学专家丹尼斯·肯特给出了一些令人振奋的消息。肯特分析了在凝固的熔岩中形成的磁场后表示：“磁场也许正在迅速减弱，但还没有降低到长时期以来的平均水平以下。在100年里，磁场甚至可能会向其他方向发展。”换而言之，也许会再次变得更加强大。

◂“地球动力学”的模拟，其中彩色线代表磁场

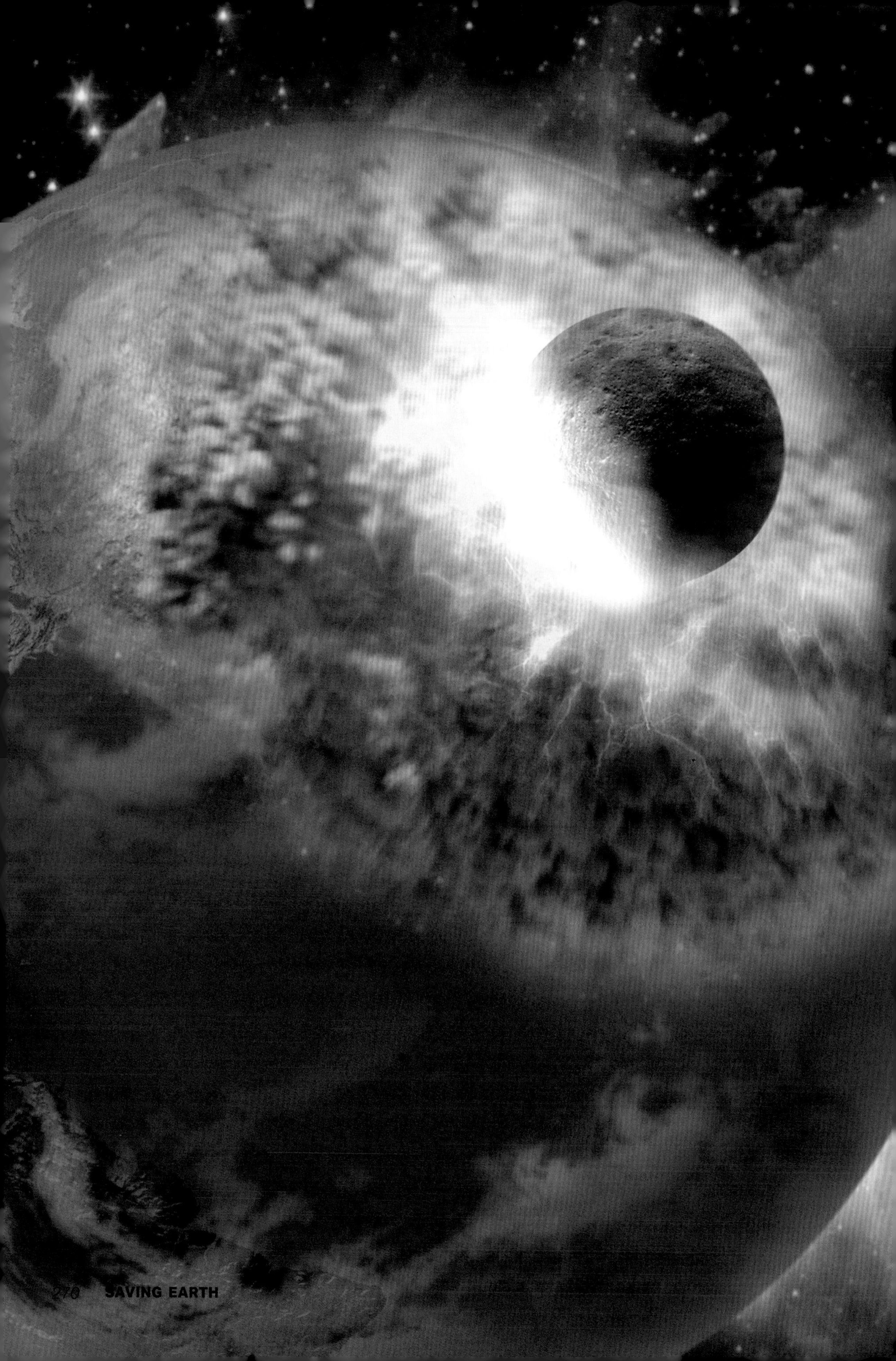

> **一颗“恐龙杀手”小行星的直径有几千米大，但如果仍有尚未被发现的，我会感到非常惊讶。**
>
> ——德特勒夫 · 科希尼，欧洲空间局

4

小行星撞击

应对系统已到位，随时准备发现正在接近的小行星并引导其偏离航线

在地球上的许多岩石中都能找到一层薄薄的黏土。它被称为“铱层”，1980年由路易斯 · 阿尔瓦雷斯发现。铱层的发现意义重大，因为铱元素作为地球上的稀有元素，其在这类黏土层的浓度是它在普通土壤中浓度的100倍。铱层是在6500万年前沉积下来的，但它是如何形成的呢？

在坠落到地球的陨石中可以找到线索，因为这些陨石通常都富含铱元素。因此，阿尔瓦雷斯将铱层解释为一颗巨大的小行星撞击地球的证据。撞击将大量的尘埃抛向大气层遮蔽天日。随着尘埃落回大地便形成了铱层，并由此改变了地球。随着热量和光线被撞击云阻隔，地球上包括恐龙在内的大部分生命都消失了。它们的灭绝为幸存生物的重新殖民打开了新世界的大门，而哺乳动物也成为这其中的主导力量。

因此，今天的我们也想知道：如果小行星再一次撞击地球，我们是否也会被清除。

在过去的十年里，人们一直在努力通过建造望远镜来进行实时观察。这个计划慢慢地让我们对未来更加放心。

“一颗‘恐龙杀手’小行星的直径只需要有几千米大，”欧洲空间局近地目标协调中心的德特勒夫 · 科希尼说道，“尽管有观点认为我们只知道所有小行星的直径都在几十千米以上，但我们发现如此巨大天体的可能性基本上是零。因此，如果仍有尚未被发现的‘恐龙杀手’，我会感到非常惊讶。”

但是更小的小行星仍可能会摧毁一个城市或一片地区。欧洲空间局目前正在开展一项名为“AIM-小行星撞击任务”的项目，以研究名为“狄律摩斯小行星”的双小行星系。美国国家航空航天局将通过一种名为DART(双小行星重定向测试)的推进器撞击该小行星，以此来为该项目做出贡献。之后AIM将测量这些结果，以探究是否有可能将危险的小行星推离其运行轨道。

5

超级火山爆发

美国地质调查局不间断监测黄石公园下的巨大岩浆库

火山爆发实属稀松平常的事，但是超级火山的爆发另当别论。火山爆发指数(VEI)是一个从0开始不设上限的标定系数，用以测量喷出物的体积。

火山爆发指数超过8即可被评定为超级火山，这相当于将有10，000立方千米的物质喷射出来。该定义是基于60万年前怀俄明州黄石火山爆发而得出的。为了给大家一个更为直观的概念，你可以参考1980年圣海伦斯火山喷发，那一次爆发也仅仅喷发了1立方千米的物质。其他潜在的超级火山已经在加州的长谷、印尼的多巴、新西兰的陶波湖等地陆续被发现。

像小行星一样，超级火山对全世界来说也是一种威胁。这是因为它们向大气中排放的大量灰尘将阻隔阳光射向地球。1982年，菲律宾皮纳图博火山爆发导致全球气温下降，直至扬尘重新沉淀下来。公元535至356年，世界各地的许多编年史中都提到了恶劣的天气，以及随之而来的歉收和饥荒。这完全符合超级火山引发的全球火山灰云的特征。

在黄石国家公园，包括美国地质调查局(USGS)在内的一个组织正在使用地震检测设备不间断地监测巨型地下岩浆库。

1980年5月22日华盛顿州圣海伦斯火山喷发，山顶上腾起的火山灰云

4

失控的温室效应

地球工程可以保护我们免受灾难性气候变化的影响

即使是4 ℃的温度上升也可能会引发灾难性的气候变化。

无论是在记录中还是在传说中，金星都是离地球最近的行星。它的大小和质量都和地球相同，但它与地球又截然不同，它的表面如同是普罗米修斯的噩梦。令人窒息的“二氧化碳毛毯”下形成的温室效应已经失控，其表面温度超过400 ℃，约是厨房烤箱温度的两倍。

在地球上，有确凿证据表明大气中二氧化碳的累积，部分原因是人类燃烧化石燃料，其影响是引发全球变暖。人们担心我们的地球也可能会和金星一样，变成另一个人间炼狱。

尽管在这一问题上仍存在争议，但计算模型表明：即使所有的碳都从化石燃料中释放到大气中，我们从太阳那里得到的热量也不足以触发失控的温室效应，更别说进一步将地表温度提高数百度。但这并不值得宽慰，因为即使是4 ℃的温度上升也可能会引发灾难性的气候变化。

地球工程是一门新的学科，目的在于减轻这种情况。然而，在极长的一段时间里，失控的温室效应是不可避免的，也是地球死亡最自然的方式。随着太阳的老化，它将会膨胀，其燃烧着的表面将进一步靠近我们的地球。这将带来更多的热量以致海洋蒸发，把我们的大气层变成一个雾气蒙蒙、潮湿的地方，并最终引发失控的温室效应。

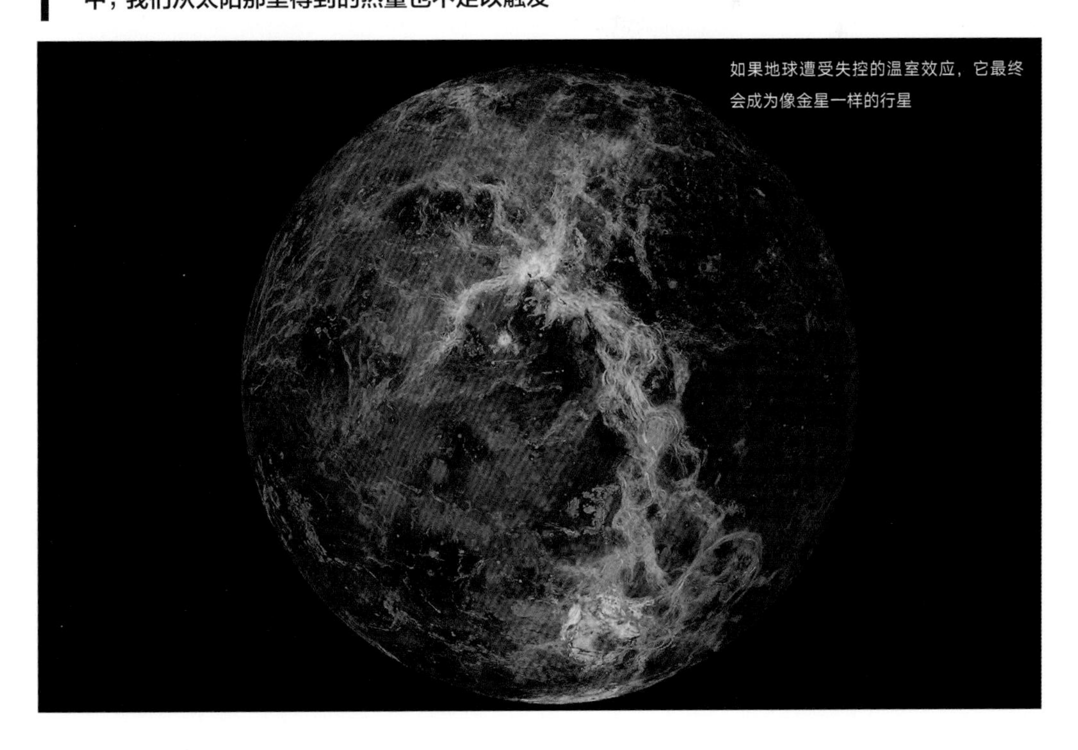

如果地球遭受失控的温室效应，它最终会成为像金星一样的行星

BEYOND EARTH

地球之外

我们对新的可移民行星的探索

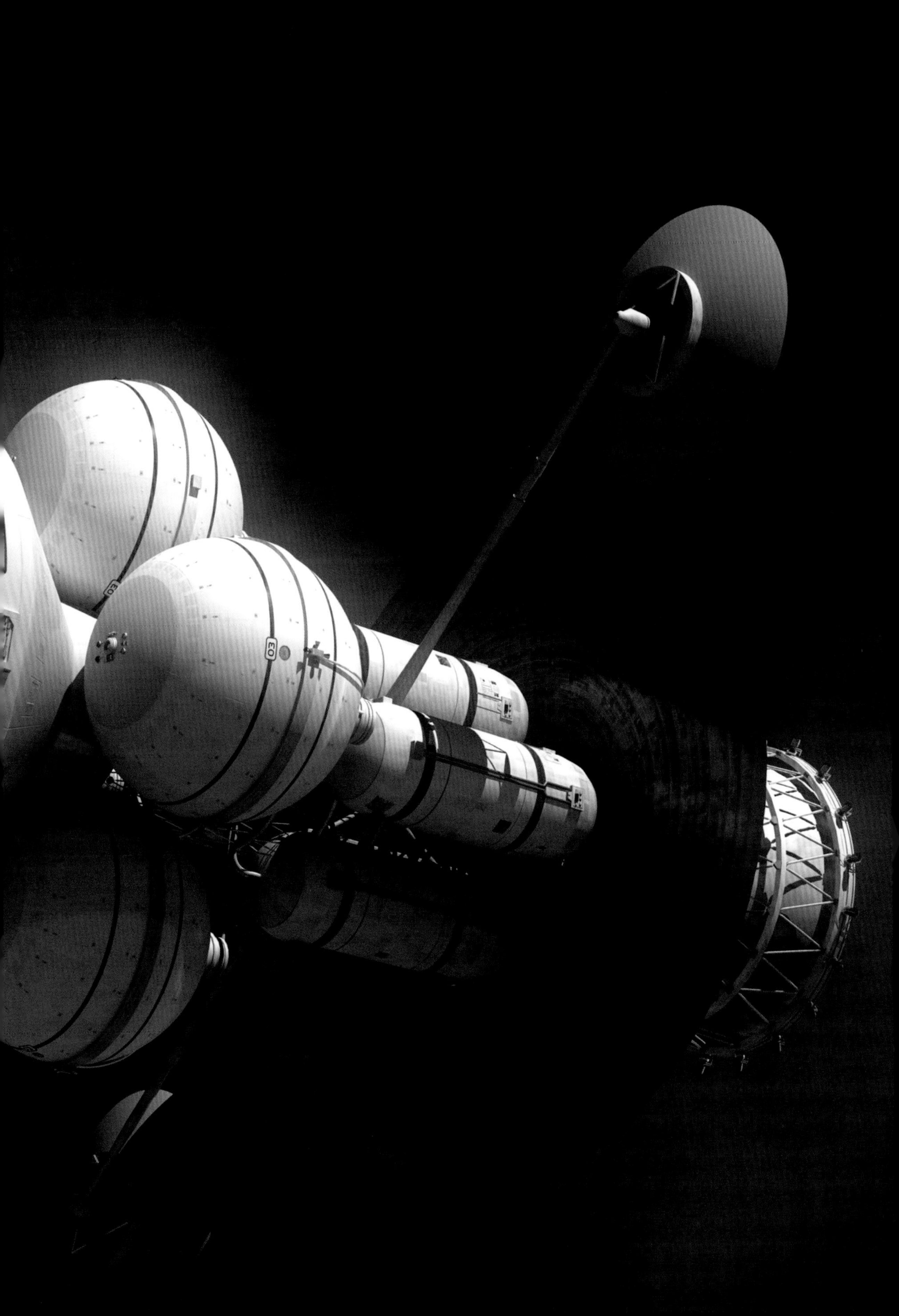

科林·斯图尔特和尼尔·阿什顿报告说：在人类移民遥远星球计划取得巨大飞跃之前，一些太空机构正计划着为火星之旅做个暖场旅行。第一站，月球。

下一个人类的一小步

The Next Small Steps for Man

Before we embark on a giant leap for mankind to colonise a distant planet, space agencies are planning warm-up trips to Mars. First stop, the Moon. Colin Stuart and Neil Ashton report.

最后一次登月
自 1972 年 12 月“阿波罗”17 号任务以来，没有其他宇航员登陆过月球。

“好吧，现在要离开了，别管什么照相机了。”这些普通文字却具有非凡的意义：它们被认为是人类在月球上所讲的最后一句话。那是在1972年的12月，当时即将返航的“阿波罗”17号任务为三年无畏而又大胆的载人探索落下了帷幕。在此期间，有12个人在月球尘埃上留下了他们的历史足迹。

但在过去的40年里，我们的近邻一直没有再和人类接触，只有我们派出的机器人哨兵会过去做些探索工作。然而，如果欧洲空间局(ESA)的新任总干事约翰迪特里希·沃纳准备采取行动的话，这种情况可能会发生变化：他想要在月球上建一个村庄。世界各地的其他太空机构，包括美国国家航空航天局（NASA）和俄罗斯航天机构俄罗斯联邦航天局，也发表了相似的言论。

科研价值的吸引力是显而易见的。“阿波罗”号的宇航员带回地球的月球样品作为一种宝贵的资源，它可以帮助我们了解天体的内部运作原理和历史。然而，这些知识仍然有限，因为只有少量的材料从月球的几个地点被带回。一个可永久居住的团队可以把我们研究月球的能力带上超车道。伦敦大学伯克贝克的行星科学家伊恩·克罗弗德解释说：“有一个很好的类比：如果我们只是在南极洲空投一些自动载荷的设备，而非配置永久人类基础设施，那么科学研究不会得到如此好的助力发展。”

有趣的是，定居月球还可以扩展我们对太阳系以外区域的了解。月球长期以来被认为是建造望远镜以深窥宇宙的绝佳场所。光学望远镜将捕获一种从未见过的银河系中心景象，而射电望远镜也将被从现代文明不断增长的背景噪声中解放出来。人类可以被运载到月球上去，像在地球上建造山顶望远镜一样去建造这些设备。

▲**月球基地**
一个艺术家对月球家园的幻想：在那里，加压后生活区可以容纳四个人，天光提供日光，一个 3D 打印的防护层可以抵御辐射和碎片

由于有这么多未开发的资源，第一个月球基地可能不是由政府主导的太空机构资助，而私营企业可能是第一个。最近的一项研究表明，一种公私合营的伙伴关系可以为NASA任务的成本削减90%。

同时我们也会关注火星移民计划，月亮作为通往那颗红色星球旅程的踏脚石，将会是检测启动阶段科技的绝佳试验地点。

月球生活

带进太空的东西越少越好。每发射1千克的物质到太空要花费1.4万英镑，而这还只是在飞船进入月球轨道之前。降低成本的关键在于如何利用好现有的东西，因此月球当地的资源情况决定了基地将会在哪里落户。

欧洲空间局的总干事约翰迪特里希·沃纳建议在月球的远端

每发射1千克的物质到太空要花费1.4万英镑。降低成本的关键在于如何利用好现有的东西。

◂**升空**
2014年12月5日，NASA无人驾驶的“猎户座”飞船于佛罗里达州卡纳维拉尔角升空

（总是背对着地球的那一面）建造基地。中国也认为这是最好的选择，因为它是安装望远镜的绝佳地点。但缺点是我们需要一个中继卫星系统与地球保持联系。

俄罗斯人正在研究在靠近月球南极的马拉佩特山脉建造基地的可行性，因为那里有大量的水、冰和其他矿物质，此外那里的气候包容性更强。月球需要近一个月的时间来完成绕轴自转一周，所以昼夜均会持续两周左右，南极附近的局部区域几乎总是被照亮的。这意味着温度不会发生巨大的变化，允许太阳能电池板吸收大量的阳光，进而为可能的月球移民地供电。

3D打印的出现可能会改变游戏规则。2014年底，一个套筒扳手的设计通过电子邮件发送给国际空间站(ISS)的宇航员，他们用他们的3D打印机制造了这个装置。研究人员对在月球上使用类似技术的前景感到兴奋。

欧洲空间局已经在与福斯特建筑设计事务所协商，希望使用月球土壤进行3D打印，在月球建立大规模的基础设施。这种所谓的“月壤”将被3D打印在一个轻便的充气支架上。与此同时，NASA已经在与毕格罗航空航天公司合作，该公司提出将在2025年之前投入使用一种小型的可充气的独立太空舱。

月球上存在许多生物问题。由于月球上的重力仅为地球上重力的六分之一，骨骼的脱矿和肌肉的损耗将是一个棘手的问题。另一项关键性的挑战是辐射问题。地球有大气层和磁场，这两者都充当着地球的巨大安全毯，保护我们不受太阳粒子和宇宙射线的影响。如果辐射穿透宇航员的皮肤，它就会把能量注入他们的DNA中，导致辐射疾病、白内障以及更高的癌症风险。因此，太空移民者需要建立一个可防辐射的栖息地。

水、氧气和食物也是必需品。部分月球的水冰可以提供前两项：通过融冰获得水，通过分解水来获取氧气，而室内温室又可以种植新鲜的水果和蔬菜。最后，心理学角度的问题不应该被遗忘。在一个拥挤而陌生的环境中工作是有代价的。我们可以从过去的实验中学到一些经验教训：比如国际空间站和火星500项目中，志愿者们被隔离在一起来再创造一个潜在的火星之旅。

下一站：火星

“德尔塔4重型火箭”名副其实是世界上最强大的火箭。2014年12月5日，它助力NASA的“猎户座”飞船完成了其首次试飞。这艘名为“探索飞行测试1号”的飞船在地球上空5794千米的高空飞行，比地球到国际空间站距离的10倍还要远。经过近4小时的太空飞行后，“猎户座”开始降落，降落速度达到每小时32，187千米，在重返大气层时其温度超过了2000 ℃。第一个任务的目的是测试“猎户座”在外太空任务中所面临的关键风险。

“猎户座”的历史可以追溯到2004年。那时就已经在计划打造一个新的宇航员舱、服务舱和火箭，连同一个月球着陆器也已在酝酿之中。但美国政府的态度转变最终导致该项目被取消，NASA又重新回到规划阶段。在事后反思中确立了两个目标：第一，将宇航员和货物的再补给推向国际空间站。此后，两家私营公司——SpaceX和波音公司被授予了将宇航员和货物运送到空间站的使命。因此，NASA及其主承办人洛克希德·马丁可以专注于开发外太空载人探测任务。第二个目标是打造“猎户座”飞船，它的设计主要来自被取消的星座计划。

除了“猎户座”外，一种名为“太空发射系统”的强大新型火箭也已经被研制出来。预计21世纪30年代，该火箭将有能力将“猎户座”送上

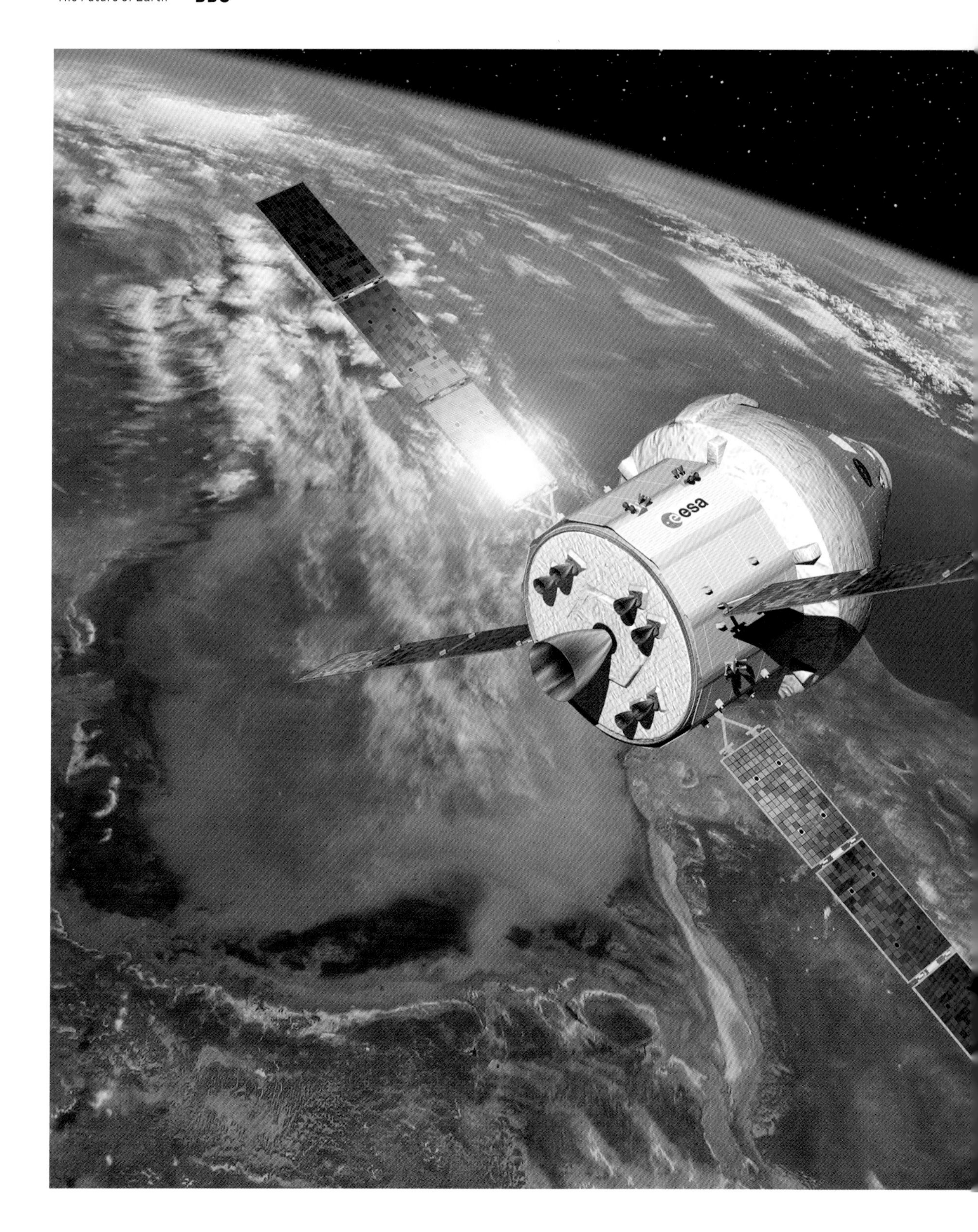
esa

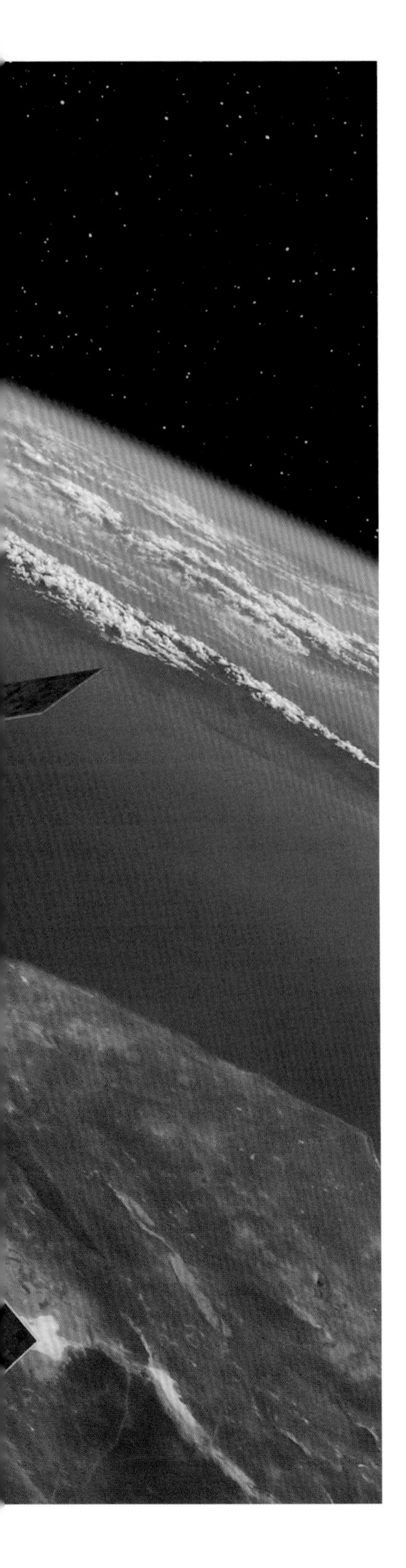

◂ **地球轨道**

2014年，NASA的“猎户座”飞船绕地球飞行了两圈，随后降落在太平洋上

火星。2018年“探索任务1号”将在新的太空发射系统上搭载发射一艘无人驾驶的“猎户座”飞船，并计划将其送入环月轨道。这将用于制导和导航系统，以及辐射保护设备的测试工作。截至2021年，被命名为“探索任务2号”的第一个载人任务将完成发射工作。目前该任务旨在将宇航员送到一颗被发现的小行星上以便收集样本。

在人类乘坐“猎户座”飞船之前，该系统的一个非常重要的部分将会被反复测试。发射中止系统(LAS)安装在机组人员舱周围，配备3个火箭发动机。如果主火箭发射失败，那么在部署降落伞以安全着陆之前，发射中止系统的火箭将会在几毫秒内启动，以使机组人员脱离险境。

目前“猎户座”计划因为没有足够的空间储存水和补给来执行更长久的任务，只能保证4名宇航员执行为期21天的任务。如果想要最终到达火星，需要一个4人组的宇航员团队乘坐一辆运输工具，携带足够的水、氧气，以及在食物耗尽时可以长出更多食物的植物，来保证他们可以完成一次整整7个月的旅程。一旦他们靠近火星，他们会进入一个类似“阿波罗”号的着陆器的独立的登陆舱。

着陆并非易事。NASA的分析预测，一次成功的6人任务将需要在火星表面着陆4万千克质量。“火星一号”因为其体积更小因而其质量较小，但迄今为止，其最大的有效载荷只有1000千克。这就给我们留下了相当多的挑战。

幸运的是，NASA之前的成功案例和其对未来技术的投资为我们提供了解决方案。其中一种可能是通过使运输器穿越火星大气层

（"大气俘获"）以使其减速。因这一过程会产生阻力，从而减少飞船的轨道能量。目前正在开发的是充气式空气动力减速机，通过膨胀作用可以使运输器主体变大变轻并更加耐热，从而可以进一步减速。一些火箭公司也在探索通过反推进技术来着陆运输器——巴克·罗杰斯技术即通过运输器正面启动火箭发动机以使输送器自己减速。

NASA已经收到附加拨款185亿美元，部分是为了用于开发火星任务。该计划的目标是在地球与火星靠近时，大约每26个月就派遣4名宇航员到火星。最大的问题是：谁可以迎接挑战呢？

from Mars
to Saturn

火星任务

专家们揭示了前往火星旅行的挑战

凯文·方 博士

NASA 前雇员，《生命，死亡和人类身体的极限》作者

医生最关心的是什么？

火星任务小组的医生需要学会各项技能，能够胜任从全科到外科的一切工作。预防胜于治疗，所以通过确保宇航员正确饮食并坚持锻炼从而保持身体健康是十分重要的。但仍有很多威胁：失重的影响、太空行走时减压病的风险、地球磁场保护外的强烈辐射，以及微陨星碰撞风险。

在火星表面生活一年之后，人类的身体会发生什么变化？

火星比地球更小，离太阳更远，稀薄的大气层几乎完全由二氧化碳构成，重力约是地球的三分之一。骨骼和肌肉会迅速地消耗掉，心脏也会因此而退化。手眼协调能力受损，免疫系统受到抑制，宇航员也会变得贫血。长时间的失重可以让宇航员变成"沙发土豆"。

苏珊·贝尔教授

致力于 NASA 的人类研究项目，检测宇航员在长期太空任务中所需要的素质

▼ 火星 500 模拟了火星任务：将 6 名宇航员隔离了 520 天

你会为火星任务挑选什么样的人？

极端环境要求适合的候选者彼此兼容协作。他们需得聪明、健康、适应性强、稳定、有很强的应对能力和团队合作能力。内向的人在封闭的、独立的空间里表现出色，但外向人的社交热情也是加分项。“中间性格者”是两种世界中的最佳选项。宇航员需要表现出对他人的关心，并适当地调整自身行为。火星之旅本就前途未卜，你肯定不希望冒险，但往往差之毫厘即会失之千里。确保团队成员的价值共享对他们的和睦相处也至关重要。

查尔斯·科克尔教授

英国天体生物学中心主任，他的实验室在极端环境中研究生命

火星上的最初几天会是什么样子？

大多数系统将在机组人员着陆之前被测试。但最首要的是检查生存必需的系统。太阳会产生罕见但强烈的粒子流，可能会造成严重的辐射损害。因此定居者需要辐射防护，即在栖息地的墙壁上铺装一层火星岩或水。他们还需要检查所有的氧气产生和回收设备是否在工作，然后建立太阳能或核能设备来产生能源。在最初的几个星期里，在他们建立一个简单的温室的过程中，只能吃预存的干燥食物。

除了简单的日常生存，移民者还需要考虑些什么呢？

他们需要掌握如何以更有条理的方式管理事务。作为一个小团体，直接参与民主可能会起作用，但随着人数的增长，他们可能需要一些正式的宪法来管理自己。这将是第一个外星政府。

查里的研究着眼于全球变暖和超级细菌，希望从中学到如何通过创造“超级温室气体”和合成生物，使一个遥远的星球成为生命和人类的最佳选择。

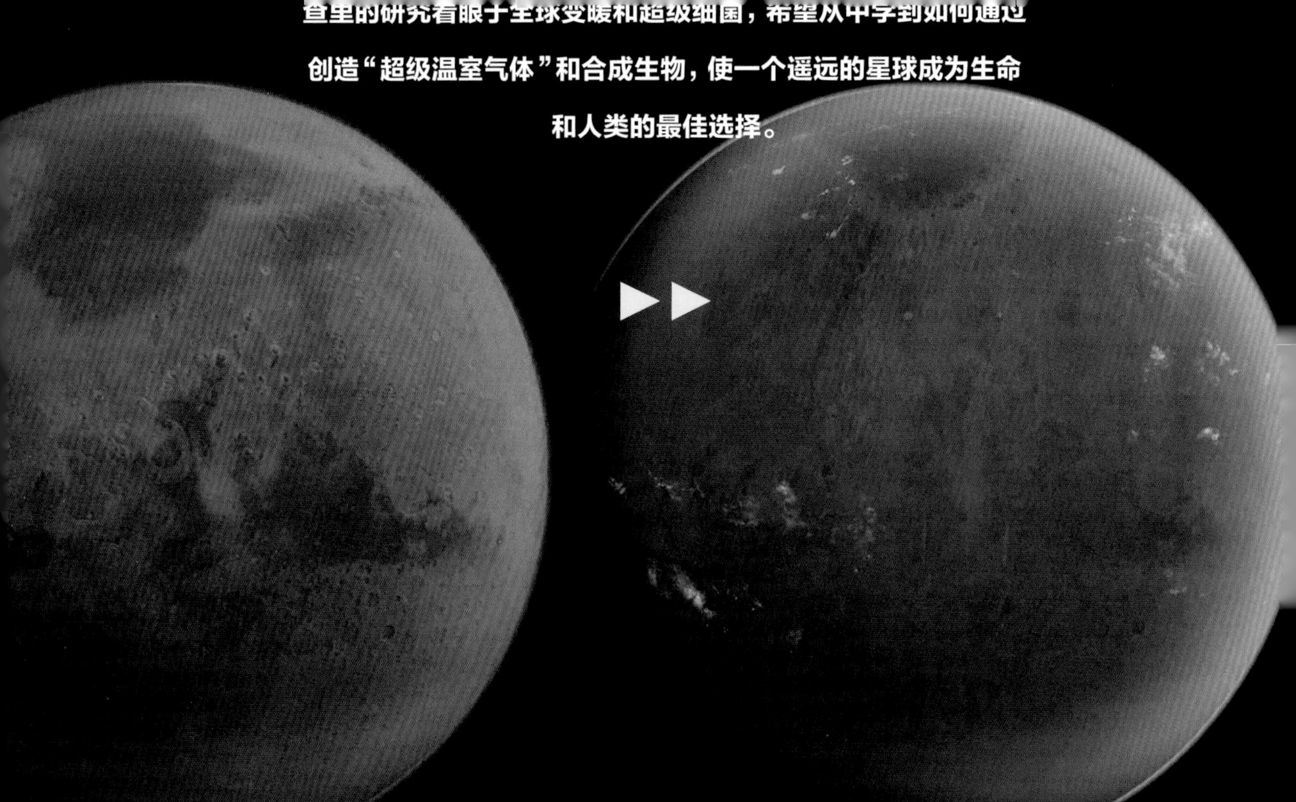

如何打造地球2.0

How to Terraform Earth 2.0

Jv Chamary looks at what global warming and uber-tough microbes can teach us about creating ‘super greenhouse gases’ and synthetic organisms to make a distant planet just right for life-and mankind.

打造地球2.0

地球化一颗行星，如火星，将是一个循序渐进的过程

想象一下，如果一场近乎灭绝级别的威胁迫使人类离开地球，或者我们决定开拓另一个世界。可地球化的最佳起点是什么？

太阳系候选者屈指可数，像土星这样的气态巨行星是不可能的，所以你首先要寻找一颗石质行星。金星和土卫六(土星最大的卫星)曾被提名，但是它们的表面存在极端温差，从462 ℃到-180 ℃。例如，若想给金星降温，你需得在太空中建造一个盾牌以阻隔太阳。

▲ **火星上的水**

艺术家幻想中 30 亿年前火星表面的样子

位于加利福尼亚州山景城的NASA艾姆斯研究中心的天体物理学家克里斯·麦凯博士说："金星和土卫六对于我们所掌握的任何技术而言都太热或太冷了。我们正在思考一个超乎我们认知的问题，这绝对算得上是一次科幻片级别的大讨论。"

太阳系内一个比较靠谱的希望仍是火星。这颗红色的行星，其质量是地球的十分之一，其重力是地球的三分之一，但这两颗行星非常相似。火星的一天大约是24小时，并且有着和地球的轴向几乎相同的倾斜角度(这意味着其季节与地球上的季节相近)，这将有助于植物进行光合作用，即利用太阳能将水和二氧化碳合成碳水化合物，并释放出氧气作为副产品的过程。

科学家们相信，30亿年前火星的三分之一被海洋覆盖。这颗红色星球的一部分曾是蓝色的。

对一个宜居的世界来说，空气中最重要的部分不是氧气的存在，而是其厚度。稠密的大气层吸收了致命的宇宙射线，并提供了使水保持液态的压力。表面温度也会影响液态水形成，这是我们所知的大多数生命所需要的。地球的平均温度是15 ℃，而火星是-60 ℃，加热有助于创造一个稠密的大气层。

全球变暖

地球化过程的第一阶段是气候变化。虽然火星现在是寒冷干燥的沙漠，但它曾经一度温暖而潮湿。一些科学家甚至认为，30亿年前三分之一的火星表面被海洋覆盖。火星曾部分是蓝色的。

人类已经证明了加热整颗行星并非异想天开。事实上，对火星进行改造的方法之一就是再现地球气候变化的成因，向大气中释放气体以促进温室效应，将太阳的热量保存在火星表面。

在火星上，可以借助机器人工厂来挖掘并大

量产出“超级温室气体”—— 碳氟化合物，比二氧化碳更有效，又不像氯氟烃会破坏臭氧层。温度上升将使火星极地冰盖上冰冻的二氧化碳蒸发，使地表温度升高，从而融化冰释放液态水。

但是即使是一个温暖潮湿的火星也并不适合人类。“人类无法在没有空气供给的情况下活动，而火星表面的空气含有高浓度的二氧化碳和低浓度的氧气。”麦凯解释说。火星大气对树木、草类以及一些对氧气要求不高的动物如鼹鼠和昆虫等来说，算是世外桃源了。尽管如此，麦凯认为：如果我们人类需要更多的土地，那么恢复“植物型火星”是值得尝试的，“这样可以提供稠密的大气层，你也就可以不需要穿太空服”。

以火星为例，也就揭示出如何将地球化的原则应用于其他地方，包括遥远的系外行星。麦凯说：“我们会学到很多东西，这些信息会使我们更好地将我们的世界和其他星球联系在一起。”

可呼吸的空气

制造一个富氧大气层是地球化的第二阶段。同样的过程已经在地球上被证明可行了。20亿年前的大氧化过程中，古老的蓝细菌(植物细胞中负责光合作用的叶绿体的祖先)通过释放大量的氧气改变了世界。今天，地球大气中包含了78％的氮、21％的氧气和0.4％的二氧化碳。火星大气中包含95％的二氧化碳，只有3％的氮，以及0.13％的氧气。

“我认为火星不适合地球化，它存在很多问题。”宾夕法尼亚州立大学的行星大气专家詹姆斯·卡斯汀教授说道，他补充说制造可呼吸空气绝非易事。例如，过多的氧气会埋下火灾隐患且对人类来说也是致命的，所以空气需要一种化学惰性的“缓冲”气体，比如氮气，来防止自燃和中毒事件。

但是，火星最大的问题在于其地壳是连续的，因而无法形成碳循环。在地球上，大气中的二氧化碳和水会形成碳酸，这种碳酸会在岩石中生成碳酸钙，这是一种被埋藏在湖泊和海洋中的矿物质。这样就可以从空气中去除碳，而大陆板块在地球上的移动会把这些

命悬一线

生活在地球上最具挑战性环境中的所谓的“极端微生物”，揭示了合成生物学是如何制造出能在其他世界上生存下来的生物的。

有些微生物喜欢那些看上去严酷且不适宜生存的环境，比如南美的阿塔卡马沙漠或南极洲。这些极端微生物包括那些在高温或高盐环境下繁殖的生物，以及在酸性环境中生存的微生物、嗜盐菌和嗜酸生物。

地球上的极端微生物告知了我们生命的极限。1990年，生物学家林恩·罗斯柴尔德博士提出，它们可以作为探索生命在其他星球上的生存机制的研究模型。例如，火星寒冷而干燥，几乎没有液态水，并且其土壤受到空间辐射和氧化剂的影响。罗斯柴尔德认为，将火星类比于沙漠，微生物可能存在于岩石或极地冰盖的“绿洲”中。在水蒸发后残留的矿物岩中可能会有生命，因为它们过滤掉了紫外线，但透过了可用于光合作用的波段。火星生物的新陈代谢可能很低，但足以让它们存活下来。

合成生物可以建立在极端微生物的基础上。2015年，NASA的火星勘测轨道飞行器拍摄到的图像显示，在温暖的季节，火星表面有液体流动。这种液体含有高氯酸盐（溶解的金属盐），对大多数生物都是有毒的。但是，嗜盐菌对高盐环境具有抵抗力，因此他们的基因可能是合成细胞的一部分，这些细胞具备类似地球微生物的能力。

▸ 缓步动物可以在温度跨度从 -272 ℃到 148 ℃、充斥电离辐射以及 6 倍于地球最深海洋压力的环境下生存

◂ **构建积木**
在这些被称为“生物砖”的盒子里放的是装有DNA片段的冷冻瓶，它们可以用来创造合成生命

沉积物拖到地下，那里超过1000 ℃的温度会把这些沉积物重新转化成二氧化碳。卡斯汀说：“地球上有地球化学循环。这个循环过程在很大程度上是由板块构造驱动的。”

假设我们可以攻克种种挑战，那么地球化的时间尺度又如何呢？根据卡斯汀和麦凯的计算，如果所有到达火星的阳光都能被捕获，那么从理论上说，气候变暖可能需要10年的时间。然而，温室效应的效率并非100%，因此很有可能需要100年。根据地球上光合作用的总效率（只有0.01%），氧化过程将需要10万年以上的时间。在此期间，我们可以住在像南极麦克默多研究站这样的定居点里，用圆顶来阻挡紫外线辐射。

卡斯汀的研究包括在恒星周围的行星中寻找存在液态水的宜居环境，即“可居住区域”。他认为，在具备地球化学循环的星球上进行地球化才是最有效的，而火星并不在此列。他说：“一个更好的地球化候选行星将会是一个类似早期地球的行星，然后你就可以用蓝细菌来播种，这就是氧气在地球上的起源。”

播种生命

细菌已经被证明可在含有火星岩的培养基中生长，这表明一些物种可以在这颗红色星球上生存下来。NASA艾姆斯研究中心的生物学家林恩·罗斯柴尔德博士说：“我可以在火星表面找到一些存活的东西。但它们是否会扩散，并真正使之成为人类宜居的星球，这则另当别论了。”

所有已知的物种都适应了地球。在另一个星球上，生命可能会幸存但不会茁壮成长。为了生存和繁衍，生物必须经过基因改造才能与外星环境相匹配。这可能意味着要向在苛刻条件下生存的极端微生物学习。仅仅改造是不够的，还有必要学会用合成生物学来打造生命体，以设计新的生命形式。

合成生物学的任务之一就是在一组标准部件基础上制造生命体，这是一种被称为“生物砖”的基因类积木（上页图）。他们的想法是从这个百宝箱中挑选有用的部件，然后把这些DNA部件连接到一个“底盘”基因组上。为了实现地球化，我们会在其中因地制宜地增加一些理想的特性，比如耐压能力和新陈代谢能力。合成的生命形式甚至可以帮助加速火星的地球化进程，绿色植被的光合作用大约有5%的效率，因此携带植物基因的微生物可以将氧化阶段缩短为几个世纪。

罗斯柴尔德的实验室已经进行了几次概念验证，以论证合成生物学的作用机制。她为参加年度国际基因工程机器竞赛(iGEM)的来自斯坦福大学和布朗大学的学生提供咨询指导。2012年，iGEM团队创造了一种“地狱细胞”，这是一种改良的大肠杆菌细胞，通过标定极端微生物基因中负责提供耐寒、耐干燥和耐辐射的约20

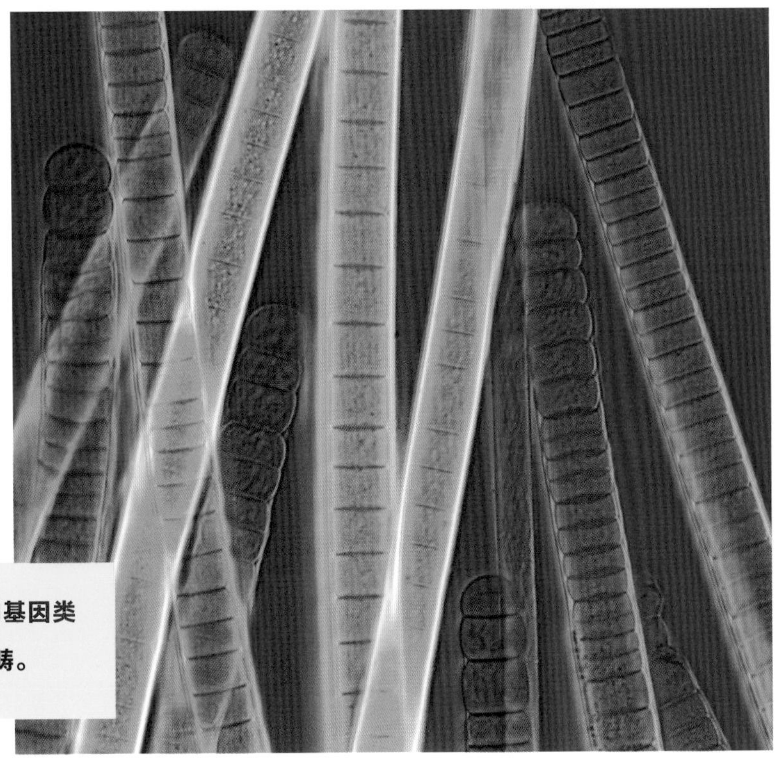

▸ **蓝绿藻**
颤藻，一种蓝细菌，可以用来制造富氧大气

合成生物学涵盖利用基因类积木搭建生命体等范畴。

▲行星生态系统

艺术家幻想中的火星表面在地球化过程中的变化过程

个基因，将其插入对相对较弱的大肠杆菌基因序列，从而对其进行改良。“每个人都赋予这个细胞一些附加能力”，罗斯柴尔德说。

人类已经在开发其他物种来产生我们想要的东西。例如，利用酵母来制作啤酒和面包。合成生物可被应用于诸多领域，从基本生活支持功能，如种植食物或废物回收利用，到生产生物燃料、药品或衣物。

合成生命可实现用任何材料来搭建建筑结构。在另一个iGEM项目中，一种坚硬且具有耐药性的孢子微生物：枯草芽孢杆菌，被证明可用来黏住松散的火星土壤（风化层）以制造砖块。罗斯柴尔德和她的前学生戴安娜·金特里打造了一款可以排泄出矿物质(方解石)的细胞，这种矿物质类似于骨骼，可通过3D打印机将其作为一种类似于木头的涂层。罗斯柴尔德说道：“如果我说我想用骨头在火星上建造栖息地，怕是会被当成一个巨大的笑话，但没有理由不这样做。”

也可以利用进化来设计生命——重复的突变和选择性的繁殖可以

创造出更适应新环境的生物。罗斯柴尔德解释说：“你选中那些你喜欢的，然后让他们重复制造。”当基因与理想特性之间的联系不清楚时，这将显得至关重要。有一种因其坚强特性而被戏称为“柯南细菌”的耐辐射球菌，它的辐射抗性并不是由单一因素决定的，而是由不同的基因组合作用而最终呈现的。“这是达尔文的选择，这是一种非常强大的方法，因为你让生物体知道哪些基因组合在一起可以发挥作用。”罗斯柴尔德说道。

打造生态系统

为了成为我们永久的家园，新的世界必须可以自给自足。这意味着打造一个生态系统需要实现生物相互作用，让能量和物质从一个生命体流向另一个生命体，就像食物链中食肉动物捕食猎物一样。一个被地球化的世界可能看起来不会像地球一样，因此与其叫作地球化不如将这个过程称为“行星生态合成”。

生态系统由生产者提供动力，通常是可光合作用的蓝细菌或植物，通过将光转化为食物来提供能量。生产者被食草动物和其他消费者吃掉，而这些消费者又被食肉动物吃掉，在土壤微生物和真菌的分解作用之下，有机物质又被分解，从而实现能量的循环。

外星生态系统也将这样运作。罗斯柴尔德的另一个名为“能量细胞”的项目，其研究对象是一种蓝藻细菌，它通过光合作用将氮固定在代谢过程中。这种经过改良的鱼腥藻微生物被设计成生产者来制造糖类物质（即食物）。因此，能量细胞可能会成为建立生态系统的先驱。

行星的生态合成将会因为原住生物的存在而变得复杂，这将引发一项重大的伦理问题。即使我们可以改造一个世界，我们应该这样做吗？如果火星存在独立的生命，失去属于他们的保护环境，可能会将火星人赶到地下去生活。从另一种保护的角度来看，我们可以像对待地球上的濒临灭绝的物种一样对待外星人，我们可以通过地球的方式来保护地球的生物多样性。但是，如果我们的生存受到威胁，我们很可能会无视伦理。

不管我们的动机是什么，外星生态都将有机会影响到地球化的顺利与否。“如果火星上的微生物像地球上的一样，你就无法忽视它们，”SETI(搜寻地外智慧)研究所的进化生态学家约翰·隆美尔博士说，“你可能想要催化外行星使之变得更像地球，但它们可能想要把它反推回去。”

在NASA的外空生物计划启动后，隆美尔担任了其行星保护官，这一角色致力于将地球微生物的污染最小化，反之亦然。他开玩笑说：“太空计划，尤其是行星探索，主要由物理学家、机械或航空工程师来管理，除了在啤酒瓶里，他们在其他地方从来没有见过微生物。”这就凸显了为什么航天器必须被消毒。“如果他们做得不好，在我们确认那里是否存在生命之前，我们就已经把火星改造成地球了。”

在未来，我们的星球可能面临着因重置环境而带来的文明崩塌的威胁。隆美尔指出：“拥有一个可利用的新世界，让我们有可能把我们这个物种传播到可以维持生存的地方，如同地球当初那样，但这一过程至少在一段时间内会显得有些不受欢迎。”

研究如何改变另一个世界将有助于确保我们目前的家园在未来保持良好状态。麦凯说：“也许‘地球化’这一词并不准确，但我们需要一个词来阐述地球的‘类地球化’。学习行星管理将帮助我们做得更好。”

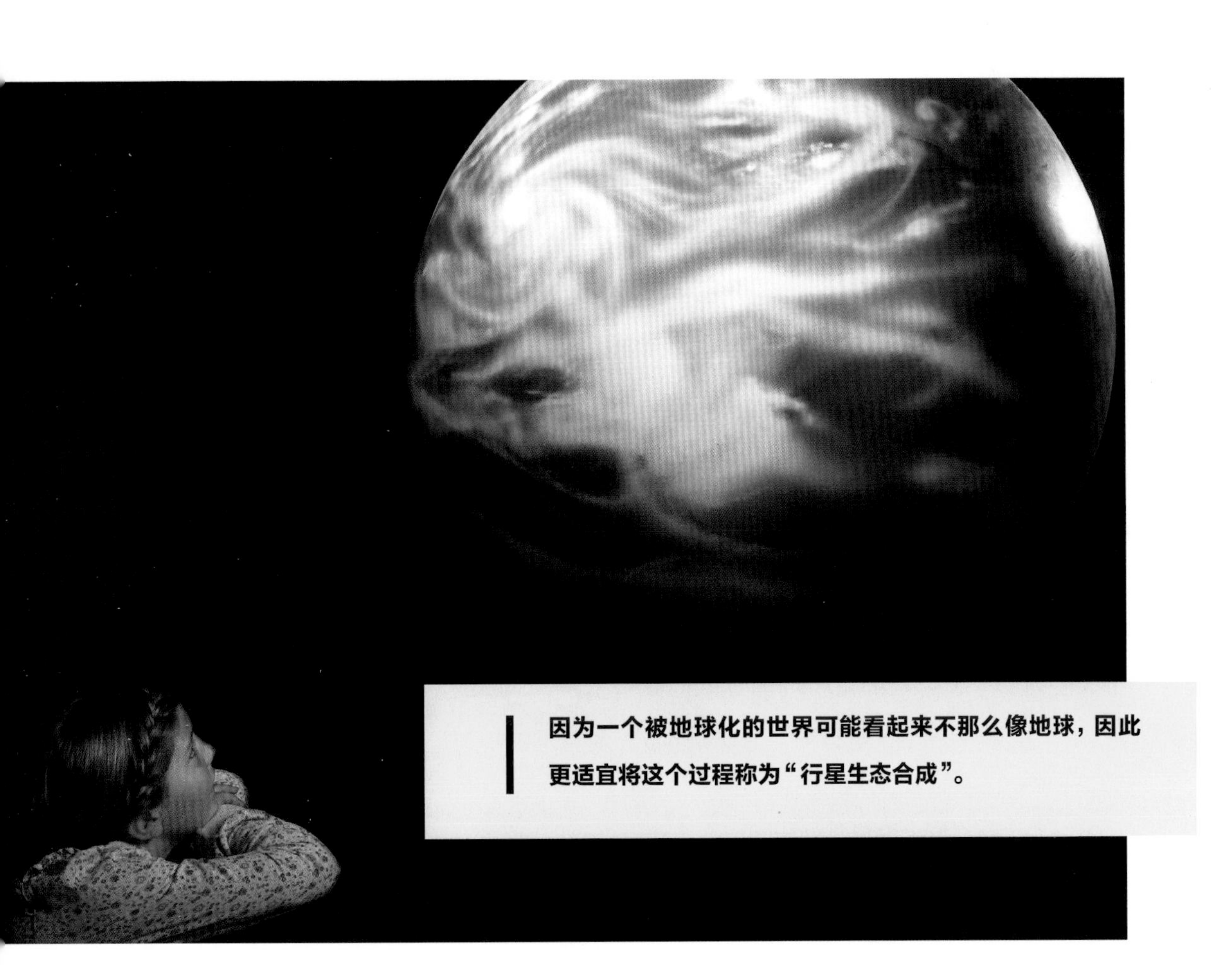

因为一个被地球化的世界可能看起来不那么像地球，因此更适宜将这个过程称为“行星生态合成”。

如果离开地球，我们应该去哪里寻找一个新的星球来移民呢？斯图尔特·克拉克检索了宇宙并揭示了生命存在的关键因素。

▶▶

寻找新的家园

The Hunt for a New Home

If we leave Earth for good, where should we look for a new planet to colonise? Stuart Clark searches the Universe and reveals the key factors we need for life to exist.

早在2015年3月，哥本哈根尼尔斯·玻尔研究所的一个研究小组就使用了一个250年前的名为提丢斯-波得定则（Titius-Bode law）的方程式来预测可居住行星的数量。研究人员表示，有数十亿颗恒星在其“适居带”或称为“宜居带”的区域内将拥有一到三颗行星。虽然这个定则给出了一个简单的方法来预测行星绕行恒星的轨道，但它并不十分准确，即便是针对太阳系。

尽管如此，许多研究人员仍然相信有大量类地行星的存在，甚至在银河系内就有许多。天文学家称这些类地行星为“地球类似物”。目前文献中发表的已知行星系统有1275个，其中501个拥有一颗以上行星，已知的行星总数为2015颗。随着各种空间项目的新发现，这一数字还在增加。迄今为止观测到的行星大

远方的世界

艺术家幻想中仙女座星系中的外行星系

多和地球有着相似的体积，部分具有相似的运行轨道，还有一些具有类似太阳的恒星。但并没有一个同时兼备以上三个条件的。令人惊讶的是，这数百个行星中没有一个是地球的孪生兄弟。这是否意味着地球类似物很罕见？在NASA和其他国家未来几年的任务中，我们会很快为地球找到一个兄弟姐妹吗？

天文学家杰弗里·马西教授是最早发现其他绕行固定恒星的行星的人之一。早在1995年，他就开始报告一系列行星的发现，直至今日。2013年，他和两名同事开始好奇，地球最邻近的孪生姐妹会离地球有多近？

为了找到答案，他们搜罗了开普勒望远镜收集的数据。（开普勒望远镜于2009年发射，持续监测145，000颗恒星，直到2013年它的制导系统故障才结束任务。）马西和他的同事们分析了调研中42，000颗恒星的数据。他们正在寻找的依据是星光变暗，当一个行星在它的母恒星前面经过时它的轮廓会稍微变暗，这种变化可被望远镜观测到。

from Mars
to Saturn

适居带

即围绕着一颗恒星的周围区域，那里的轨道行星的大气条件“正好”支持液态水。适居带的确切位置变化取决于恒星有多热。

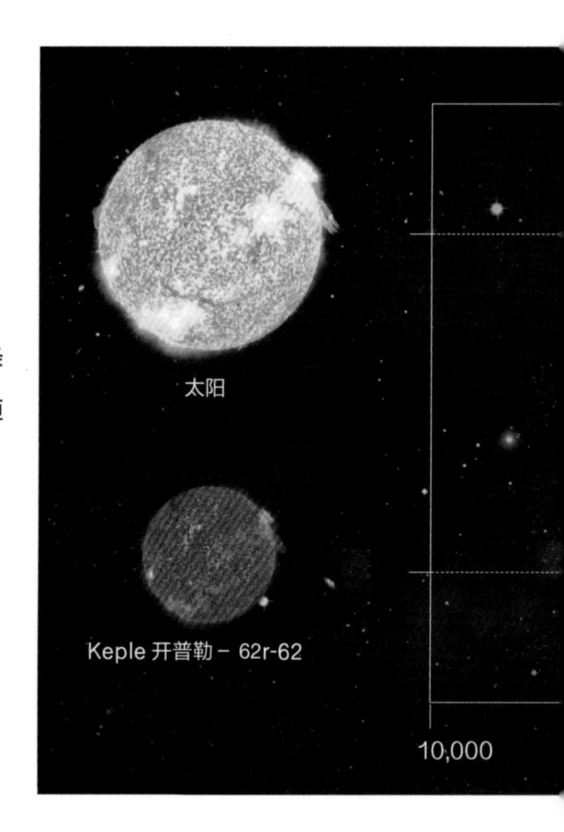

▸发现系外行星

天文学家不能直接观测系外行星，所以他们寻找行星在恒星前面经过时所引发的变暗现象

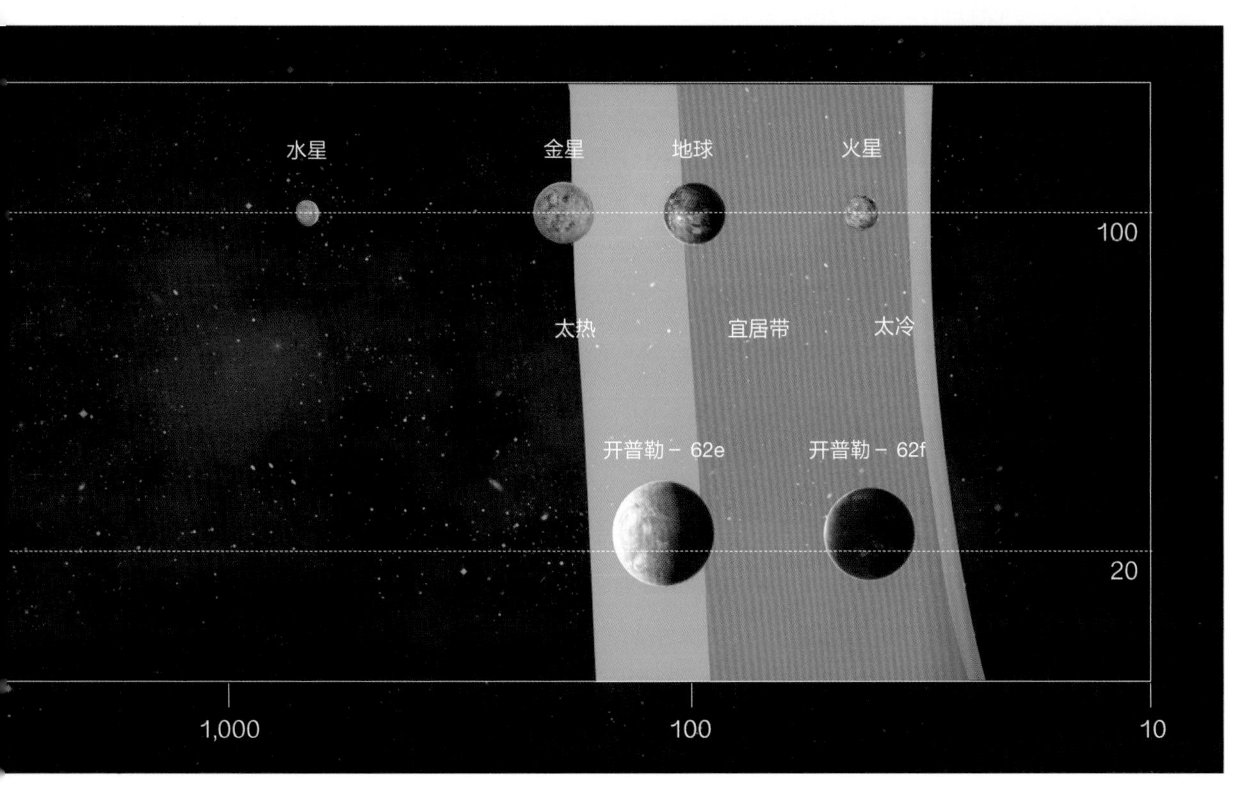

> **离我们最近的类似太阳一样在其宜居带内有颗类地行星的恒星大概只有12光年远，用肉眼就可以看到。**
>
> **——加州大学伯克利分校，埃里克·帕提古拉**

基于该项技术，他们发现了603颗行星，有10个和地球的大小及所接受光辐射量都相近的。但没有一颗是地球的孪生兄弟，在对结果进行统计分析时，他们得出结论：类似太阳的恒星中有五分之一的恒星或可为地球类似星球提供生存港湾。

“当你仰望夜空中成千上万颗星星的时候，离我们最近的类似太阳一样在其宜居带内有颗类地行星的恒星大概只有12光年远，用肉眼就可以看到。这太神奇了！”加州大学伯克利分校的研究生埃里克·帕提古拉感慨道，他领导了开普勒数据的分析工作。

为了量化行星的类地性质，天文学家们提出了地球相似性指数(ESI)的概念。它着眼于行星的半径、密度、逃逸速度和表面温度，并将其与地球进行比较。行星会在0到1之间有一个等级评分，其中1代表与地球一模一样。在这个尺度内，与地球最相似的行星是开普勒-438b。这颗岩石行星是地球半径的1.12倍，表面温度60 ℃，围绕着一颗暗淡的红矮星莱拉（Lyra）运行，其运行距离可以保证其获得充足的光照，使水保持液态。综合各因素评估，它的ESI是0.88。相比之下，在我们自己的太阳系里火星的ESI也只有0.69。不幸的是，开普勒-438b的恒星每100天就会释放强大的耀斑，这可能会消灭开普勒-438b表面的任何生命。

水的世界

为了证明其真实性，一颗行星必须首先被观测到其引发的恒星变暗，然后用地面望远镜确认因其自身重力引发的“摆动”。

因此，现在还没有找到第二个地球。但这并不意味着迄今为止探测到的所有行星都是无法居住的。它们更像是地球的表兄弟，而不是孪生兄弟。

“个人认为，有两颗行星可以脱颖而出。”马西说，“首先是开

可能的新家

开普勒-62f 比地球大 1.4 倍。虽然只能接收大约是地球 40% 的能量，但更大的尺寸意味着它将产生更大的重力，因此将拥有更厚的大气层以锁住热量

普勒-186f，它几乎和地球大小相同，但只能接收到地球从太阳接收到热量的三分之一。第二个是开普勒-62 f，它比地球大1.4倍，接收到的能量是地球的40％。

“可居住性的首要条件是其温度可以保证液态水的存在，这样就可以进行生物化学的相互作用。”一颗比地球接收到的能量要少得多的行星似乎太冷了，但行星的大气层可以扮演重要的角色。

我们听到了很多关于温室效应可以捕获热量的讨论。由于它与工业废气的关系，我们倾向于以消极的方式看待它，然而正是依赖于温室效应的保温效应，地球才得以适宜居住。

马西佐证说：“没有温室效应，地球会变得极度寒冷。”因此，他提供的两个候选者都必须依靠温室效应来弥补它们直接获得能量的不足。针对开普勒-62f，它的巨大的身形将产生更大的引力，因此造就了比地球更厚的大气层，进而提高了其温室效应。

新一代宜居行星的搜寻工作即将开始，有两项新的太空任务将继承开普勒技术展开。它们是在大西洋的两侧发展起来的，且都依赖于中天法理论的检测方法。更灵敏的望远镜探测器将会看到更小的行星。

近观

欧洲空间局(ESA)在2017年发射“CHEOPS”。它将研究附近已知有行星围绕的恒星系统，目标是测量这些行星的半径，并寻找迄今为止尚未被发现的其他行星。

同时，NASA计划的凌日系外行星测量卫星(TESS)，也已推出。它将使用4个板载广角望远镜，对天空中50万颗恒星进行普查。任务小组估计，TESS能找到1000到10，000颗行星。

TESS的带头科学家是麻省理工学院的萨拉·西格尔教授。她对TESS的目标和能力毫不质疑。她说：“如果存在一

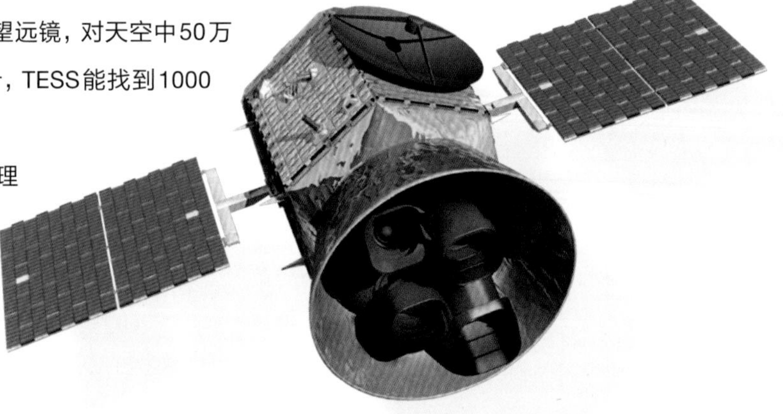

▾**行星猎手**
“TESS望远镜”将对居住区域内的50万颗恒星进行监测

▸ 萨拉·西格尔教授相信，如果有类地行星存在，她的团队将会发现它们

> **如果存在一颗岩石行星穿过一颗小恒星的宜居带，我们就会找到它。**
>
> **——萨拉·西格尔教授，马萨诸塞理工学院**

颗岩石行星穿过一颗小恒星的宜居带，我们就会找到它。”西格尔在2013年的头条新闻中提出了一个可以用来估计未来几年可能发现生命迹象的行星数量的方程式。

在这个方程中包括多个参数，例如待观测的恒星的数量、我们预期在其宜居带中拥有行星的恒星的比例，以及拥有可产生检测迹象生命的恒星的比例。西格尔认为，一些参数如已观察到恒星的数量可以赋予真实值。但其他参数，如拥有可产生检测迹象生命的恒星的比例仍只能是推测值。因此，她的方程式无法给出一个明确的答案，但她认为这仍然是一次有价值的演练。她说：“我想让全世界知道，我们正在对外星生命进行真正的探索。”

朝着这个目标迈出的第一步就是找到尽可能多的宜居行星。天文学家已经小有成果，而CHEOPS和TESS将会加大推进搜索工作。小心，外星人，我们来了！

一旦我们发现了一个新家，我们将如何到达那个星球呢？布莱恩·克莱格着眼于以下几项。

▶▶

通向地球2.0的旅程

Our Journey to Earth 2.0

Once we've spotted a new home, how will we get to that planet? Brian CLEGG looks at the options.

太空旅行

联邦星舰企业号，在 1966 年 9 月 8 日上映的《星际迷航》第一季中出现

太空旅行到遥远的星系需要远距离航行。离太阳最近的恒星比邻星距离约4光年远，这段距离需要探测器以“新视野”号的速度运行7万年。那里没有潜在的宜居行星，因此，为了更深入地探索宇宙，我们需要接近光速的速度。但这种加速度需要地球上所有发电站运行几百年的等效能量。是时候发明一些有创意的星际飞船技术了……

世代星际飞船

除非我们能完全改变推进技术，否则我们必须面对一段数百年的繁星之旅。尽管科幻小说经常让宇航员们睡上几个世纪，但没有证据表明人类能够在此过程中存活。另一种选择是建造一艘飞船，让居住者在几个世纪内顺利生活并抚养家庭：一艘世代星际飞船。在太空中建造、无法降落，这样一个巨大的容器不需要像地球发射的火箭那样具有空气动力，而是可以由模块积累组成，形成一个空间城市。

反物质动力

进行星际旅行可能需要大量的燃料，而这些燃料又需要更多的燃料来运输。答案可能是反物质，即联邦星舰企业号背后的力量。虽然星际迷航中的机制是虚构的，但反物质是真实的，而且是迄今为止最密集的能量源。当物质和反物质碰撞便可产生大量的能量，这是$E = mc^2$的一个戏剧性的演示。麻烦的是需找到一个完整的容器。为了给一艘船提供动力，需要大量的反物质，但迄今为止世界上最好的产源是欧洲核子研究中心的反质子减速机，其每年也只能产生百万分之一克。

曲速引擎

虽然可能目前仍处于高度推测阶段，但NASA并没有放弃曲速引擎。设想把一只蚂蚁放在一张纸上，把纸卷起来，扭曲它，那么蚂蚁从一端到另一端只需要几步。物理学家米给尔·阿库别瑞提出了一种理论驱动模型：在一艘飞船之前收缩空间，并在它后面伸展空间，使星星离我们只有几周的距离。最大的问题是驱动对“负能量”的需求。负能量存量很小，并且尚不清楚驱动器是如何利用它的。不过，曲速引擎将改变对地球2.0的探索。

如果人类被迫离开这个星球，我们的城市将如何应对大自然的生物攻击?刘易斯·达特内尔调查了哪些城市能在这场冲击中幸存下来，并展示了人类工程奇迹的最终命运。

没有人类的地球

Earth Without Man

If humanity is forced to leave this planet, how will our cities fare under nature's biological assault? Lewis Dartnell investigates which cities will best survive the on-slaught, and reveals the fate of our engineering marvels.

大自然统治下的大不列颠

艺术家对后世界末日的伦敦塔桥的幻想

如若人类抛弃了地球，移居他处。虽然在可预见的未来里，我们不太可能将所有人口转移到其他星球，但不妨让我们把这个作为一个思想实验。我们留下的一切将会怎么样?大城市需要多久才恶化衰败?一旦我们走了，大自然要花多长时间来改造我们的建筑环境?

假设每个人都只是匆忙爬上了撤离的船，没有去整理我们的遗留物或者拆除城市，那么衰败过程就会立即开始。

让我们从大自然重新殖民人类城镇的惊人速度开始。当然，这个过程的细节以及它发生的速度，取决于我们讨论的确切位置、气候条件，和迫使人类放弃地球的灾难的性质。让我们聚焦于一个季节性的温带地区，像世界上许多主要城市一样。

一旦人们停止维护街道，碎石就会开始堆积。没有人清理，下水道被堵塞，水开始在地面上聚存。这为城市垃圾或植物的随风飘散提供了完美的条件，比如树叶开始腐烂，在墙根底下或道路两旁开始形成覆盖物。用不了多久，那些随风传播或经头顶上的飞鸟携带的种子就会沉淀下来，并萌发成长为顽强的杂草。

新一代的殖民地将立即开放。即使没有汽车车轮在沥青路面上不断地碾压，路面也很容易断裂。冻融的自然过程(在地质时期可以侵蚀山脉)将会对我们的道路和建筑造成损害。每年冬天，浸在裂缝中的水会冻结和膨胀，从内部瓦解地质材料。不久之后，草丛和其他快速生长的植物就会如同一块柔软的、毛茸茸的地毯一般，出现在曾经不可一世的六车道高速公路上，以及曾令人窒息的城市停车场上。植物的根会扎进细小的开裂和地缝，以及摇摇欲坠的墙壁和道路。与此同时，藤蔓会爬上街道标志和红绿灯，把它们当作某种金属树干，进而覆盖住建筑的檐壁。

没有沥青，大地变得草木茂盛。在一二十年内，像海德公园这样的开放区将重新变成林地。

随着时间的推移，早期植被带来的碎屑以及各种城市垃圾将不断累积，会堆成一个混合着风尘、破碎的混凝土和砖块的有机腐殖质。这种城市土壤会逐渐在我们废弃的街道、停车场和城镇广场上堆积，更大的树木开始扎根。很快，许多一线城市如纽约、伦敦的街道就会像峡谷一样爬满枝枝叶叶，仿佛被森林充斥的人工峡谷。

在没有沥青的地方植被长得更快。在未来的一二十年内，如海德公园这样的开放区域将会恢复成林地。如果没有人为的肥料和除草剂，现代农作物和果园将会迅速地被野生品种竞争出局，而农村农田也将会回归到人类干预之前的状态。

在这种情况下，我们废弃城市的重建过程就像植物在经历火灾或火山爆发等自然灾害后，重新殖民土地的“生态演替”一样。小而耐寒的先驱植物将为更大的灌木和树木铺平道路，直到最终贫瘠的土地被茂密的森林所取代。

▾ **高速公路预警**

如果不进行维护，冬天的持续冻结和解冻会导致道路开裂和坍塌。植物不需要很长时间就能爬过裂缝，撬开沥青，把道路变成布满植物的大道

摇摇欲坠的城市

但我们的城市建筑，如摩天大楼、购物中心和公寓，作为人类

城市的荒芜

野花，如蓝草和布光，如不经常定期杀虫和除草就会茁壮成长

▲**火灾隐患**

雷暴或强烈的阳光被玻璃碎片放大，会引起火灾，如果没有消防队员，将会变得一发不可收拾

消失的纪念碑会持续多久呢？当植被重新占领我们的街道时，被弃城市的火灾风险将稳步上升。植物生长的循环意味着残枝枯叶的积累，夏天的雷雨或者是阳光透过打碎的窗户都会成为肆虐城市的森林火灾的完美导火索。虽然现代建筑法规和建筑材料意味着，今天一个城镇不会像在1666年的伦敦大火中那样被夷为平地，但仍将有很多易燃材料堆放在荒芜的街道，建筑物内也遗留了许多家具和配件。

建筑物的灭火系统没有水，也没有消防员开着消防车对大火做出应对，这些城市大火将在一片废弃的土地上不受控制地肆意蔓延，持续数日，直到整个城市街区被焚烧殆尽。

一座被遗弃的城市即便可以逃脱烈火的伐戮也终将屈服于它的相反元素——水。雨水会从堵塞的排水沟和地沟中溢出，或者通过破旧屋顶上的缝隙向下滴流。一旦暴露在潮湿的环境中，柔软的家具会迅速腐烂，而木质地板和承重梁也将开始腐烂。我们建造的金属钉、螺栓和螺丝也会慢慢地生锈腐蚀。

在温暖的气候中，像白蚁和蚯蚓这样的昆虫也会加入霉菌和其他真菌对建筑的生物攻击中。随着木质结构部件的丢失，屋顶会坍塌，地板会塌陷，砖墙也会向外弯曲。即使是用来黏合砖墙的砂浆也会慢慢地破碎。大多数郊区住宅或公寓大楼在人类遗弃地球后可能无法坚持超过一个世纪。

城市丛林

我们的顶级高科技建筑是什么呢?是现在那些高耸入云、主宰着许多发达城市天际线的摩天大楼?讽刺的是，前沿科技支撑下的这些人类最宏伟的建筑虽然巍峨高耸，但很可能将出现在第一批向没有人类的世界屈服的名单上。有史以来，像城镇公寓或工厂这样的建筑的重量都是由承重墙支撑的，厚而坚固的建筑由砖块或砖石构成。

与之相对，现代高层建筑的强度由中心核心的钢筋混凝土提供，外部的墙壁又轻又薄，基本上是悬挂在结构框架上的所谓的幕墙系统。没有持续的维护，窗户和外观将破裂或脱落，暴露出内部结构。钢筋混凝土可以使混凝土的抗压强度与钢筋的抗拉强度完美结合。但它有一个致命弱点，钢筋的细丝嵌入混凝土中，当天然的酸性雨水渗透时，钢筋内部会生锈。问题就在于被埋的钢筋在生锈的过程中会膨胀，导致混凝土从内部断裂并破碎，直至整个建筑崩塌。

不仅仅是水会侵蚀高层建筑的内部结构，在一个小区域内，摩天大楼的巨大重量给地基带来了巨大的压力。随着洪水在无人照管的城市肆虐，或者地面出现不均匀的起伏，可能会发现这些大楼脚下的地基正在下沉。未来世界在全球变暖的影响下，河流两岸或海岸线上的城市将尤为脆弱。想象一下大小相当于一座50层高的摩天大楼如同比萨斜塔一样斜倾压倒它的近邻，引发一连串的建筑物倒塌，就像多米诺骨牌一样。

在许多温带或亚热带地区，如纽约、芝加哥、伦敦或上海，这种摩天大楼在面对暴风雨和洪水时的无能为力比比皆是。但是今天地球上最高的人造建筑基本上都是在沙漠中。迪拜的哈利法塔高达800米，目前正在沙特阿拉伯建造的吉达塔将延伸到难以置信的1000米高空。虽然这些建筑的玻璃幕墙可能会被沙尘所摧毁，并被反复的沙尘暴所淹没。但是一旦人类消失，这样的建筑将面临的来自水的威胁(尽管海平面会上升) 相对较弱。同样，拉斯维加斯也

鬼城

在乌克兰的普里皮亚特，一个孤独的摩天轮公然抵抗着入侵的植被

▸ 钢筋混凝土支柱正遭受腐蚀的例子

很可能免于大面积的水害，并在莫哈韦沙漠的干燥环境中保存很长时间。

但是对大多数城镇而言，在人类抛弃地球后，用不了一个世纪的时间，城市的景观就会变得面目全非。烧焦或被淹没的建筑残垣在残破中下陷，努力遏制着已吞没整洁街道的森林走廊。从这个意义上说，“城市丛林”这个词可能与新现实相去不远。这个后世界末日的景象不仅仅属于像《我是传奇》这样的电影抑或是《最后生还者》这样的电脑游戏。

今天，这样衰败或荒废的例子并不罕见，不仅是罗马废墟或中世纪的修道院，同时在被人类遗弃的地方也能看到。最著名的是普里皮亚特市，离切尔诺贝利核电站只有两英里远。自从30年前反应堆发生熔融以来，这座城市一直是一座鬼城。但该遗址已经迎来了另一种新的生活方式，在没有人类的干扰的情况下，那里成了植物和动物的天堂。如果人类离开地球，整个地球将沿着类似的路线前进。

想象一下大小相当于一座50层高的摩天大楼如同比萨斜塔一样斜倾压倒它的近邻。

外星人访问地球

但让我们跳跃到遥远的未来，从长远来看，现在起到几百万年以后，地球会变成什么样子？假设一个外星游客在地球上蹒跚而行，或者是人类的一个分支已经忘记了他最初家园的模样，然后重返地球。在如此漫长的时期之后，人类文明的遗迹可能会遗留下什么呢？

到那时，大气污染大部分将被重新吸收，放射性废料也会腐烂。冰河时代和冰川前进的循环将会冲刷地球曾经在高纬度地区上的大部分活动，同时侵蚀会对赤道地区造成影响。城市早已坍塌、侵蚀或掩埋，并销声匿迹。但是，寻找保存完好的城市遗迹的最佳地点可能是在环绕地球的特定海岸线上。

短期海平面上升将会把许多城市暴露在暴风潮和海水腐蚀之下。但是讽刺的是，那些迅速被洪水淹没的地区可能被最好地保存下来。如果一个先前有人居住的区域很快被淹没，下沉到海底，那么实际上它被更好地保护起来，免于物理侵蚀。在一层海洋沉积物中更有助于保存，这种环境中发现了地球上曾有过生命的一些保存完好的化石。像新奥尔良、上海、威尼斯和阿姆斯特丹这样的城市都位于地壳构造下沉的地区，河流三角洲的重量正压缩着下方的土地。这种复合效应更增加了未来海平面上升的影响，因此这些地方很可能会迅速被淹没，从而保留给未来的考古学家。

但是，如果我们要在抛弃我们的摇篮时，留下一个永久的纪念碑，用以铭刻我们的文化和积累的知识，最好的地方是永恒的月球平原。那里正如巴兹·奥尔德林(Buzz Aldrin)所描述的那样，在月球表面的“壮丽荒凉”中，没有水、风或影响建筑活动的天气和侵蚀，我们的作品基本上可以说是永恒的。

著作权合同登记号：图字18-2018-240

图书在版编目（CIP）数据

地球2.0/英国BBC《聚焦》杂志编著；青年天文教师连线，高爽，孟南昆译.--长沙：湖南科学技术出版社，2021.5
ISBN 978-7-5710-0805-5

Ⅰ.①地… Ⅱ.①英… ②青… ③高… ④孟… Ⅲ.①地球科学—普及读物 Ⅳ.①P-49

中国版本图书馆CIP数据核字（2020）第271393号

上架建议：科普

DIQIU 2.0
地球2.0

编　　著：英国BBC《聚焦》杂志
译　　者：青年天文教师连线　高　爽　孟南昆
出 版 人：张旭东
责任编辑：刘　竞
监　　制：邢越超
策划编辑：李齐章
特约编辑：王　屿
版权支持：刘子一　文赛峰
营销支持：文刀刀　周　茜
版式设计：李　洁
装帧设计：董茹嘉
图片来源：Getty Images
出　　版：湖南科学技术出版社
（湖南省长沙市湘雅路276号 邮编：410008）
网　　址：www.hnstp.com
印　　刷：恒美印务（广州）有限公司
经　　销：新华书店
开　　本：889 mm × 1194 mm　1/16
字　　数：460千字
印　　张：20
版　　次：2021年5月第1版
印　　次：2021年5月第1次印刷
书　　号：ISBN 978-7-5710-0805-5
定　　价：128.00元

若有质量问题，请致电质量监督电话：010-59096394
团购电话：010-59320018